常用信息技术
设备组装与维护

主　编：赵素霞

副主编：江彦娥

参　编：李　芳　张翠霞
　　　　毛雪芹　谢夫娜
　　　　吴锦亮

主　审：刘洪海

北京理工大学出版社
BEIJING INSTITUTE OF TECHNOLOGY PRESS

内容简介

本书在知识背景、案例选取、教学要求等环节注重挖掘课程蕴含的思政教育元素，充分发挥了课程承载的思想政治教育功能。基于真实工作项目，聚焦关键工作领域，服务典型工作任务。凝练了行业企业经验，拓展了职业领域和职业能力，从互联网+背景庞杂的内容中，科学地梳理出“计算机组装与维护”课程的六个模块，包括认识PC硬件、PC机拆装与调试、操作系统安装与调试、简单家庭网络搭建、PC机故障诊断与排除、PC机性能测试与优化等核心知识点和技能点，形成新形态一体化教材的知识技能体系。教材选取了企业真实案例中具有典型性、实用性的优质资源，以二维码的形式提供师生所需的案例、课件、微课、视频等资源，使整个知识体系更立体、更厚重。

本书可以作为院校计算机应用技术、计算机网络技术、计算机网络安全等相关专业的实训教学用书，还可作为计算机初学者、计算机爱好者的参考书籍。

图书在版编目（CIP）数据

常用信息技术设备组装与维护 / 赵素霞主编 . -- 北京：北京理工大学出版社，2022.8

ISBN 978-7-5763-1580-6

Ⅰ. ①常… Ⅱ. ①赵… Ⅲ. ①电子计算机－组装－中等专业学校－教材②计算机维护－中等专业学校－教材 Ⅳ. ①TP30

中国版本图书馆CIP数据核字（2022）第142096号

出版发行 / 北京理工大学出版社有限责任公司
社　　址 / 北京市海淀区中关村南大街5号
邮　　编 / 100081
电　　话 / （010）68914775（总编室）
（010）82562903（教材售后服务热线）
（010）68944723（其他图书服务热线）
网　　址 / http://www.bitpress.com.cn
经　　销 / 全国各地新华书店
印　　刷 / 定州市新华印刷有限公司
开　　本 / 889毫米×1194毫米 1/16
印　　张 / 16.5
字　　数 / 370千字
版　　次 / 2022年8月第1版 2022年8月第1次印刷
定　　价 / 78.00元

责任编辑 / 孟祥雪
文案编辑 / 孟祥雪
责任校对 / 周瑞红
责任印制 / 边心超

依据当前相关行业发展实际情况，联合行业、企业、院校组织开发本教材。本书编写过程中融入了职业标准、课程标准，将计算机组装与维护技术进行科学梳理，按知识递进层次，架构合理的教材知识体系，以学习者为中心，依托先进信息技术手段，打造立体化新形态教材。

本书特色：

本书在知识背景、案例选取、教学要求等环节注重挖掘课程蕴含的思政教育元素，注重我国信息技术发展史、改革开放史等内容的融合，实现思政教育与信息技术培养的有机统一，充分发挥了课程承载的思想政治教育功能。

本书面向技能，产教融合，构建科学合理的核心知识技能体系。面向新技术、新工艺、新规范、新要求，凝练行业企业经验，强化职业技能、知识和素养，拓展职业领域和职业能力，从互联网 + 背景庞杂的内容中，科学地梳理出“计算机组装与维护”课程的六个领域，包括认识 PC 硬件、PC 机拆装与调试、操作系统安装与调试、简单家庭网络设置、诊断与排除计算机故障、PC 机性能测试与系统优化等核心知识点和技能点，形成新形态一体化教材的知识技能体系。

本书基于真实工作项目，聚焦关键工作领域，服务典型工作任务。本书在编写过程中，调研了 PC 机领域的龙头企业，结合企业对个人计算机售后服务的岗位技能要求，聚焦 PC 机拆装、操作系统安装与调试、简单家庭网络搭建、故障诊断与排除四个关键工作领域，提炼出设计装机方案、安装操作系统、搭建简单家庭网络、PC 机常见故障案例分析等多个典型工作任务，以聚焦关键工作领域，服务典型工作任务，梳理撰写教材内容。

本书立足岗位，资源丰富，形式新颖，呈现立体化教材资源。以企业岗位需求为导向，教材选取了企业真实案例中具有典型性、实用性的优质资源，以二维码的形式提供师生所需的案例、课件、微课、视频等资源，提高学习的便利性和趣味性，将“知识导图”“知识链接”“知识拓展”“直通职场”等栏目根据内容需要穿插到知识的讲解中，使整个知识体系更立体、更厚重。

由于编者水平有限，加之时间仓促，疏漏之处在所难免，望读者批评指正。

编 者

目录 CONTENTS

学习领域五　诊断与排除计算机故障

学习领域六　PC机性能测试与系统优化

学习领域一

认识 PC 硬件

[1]

知识导图

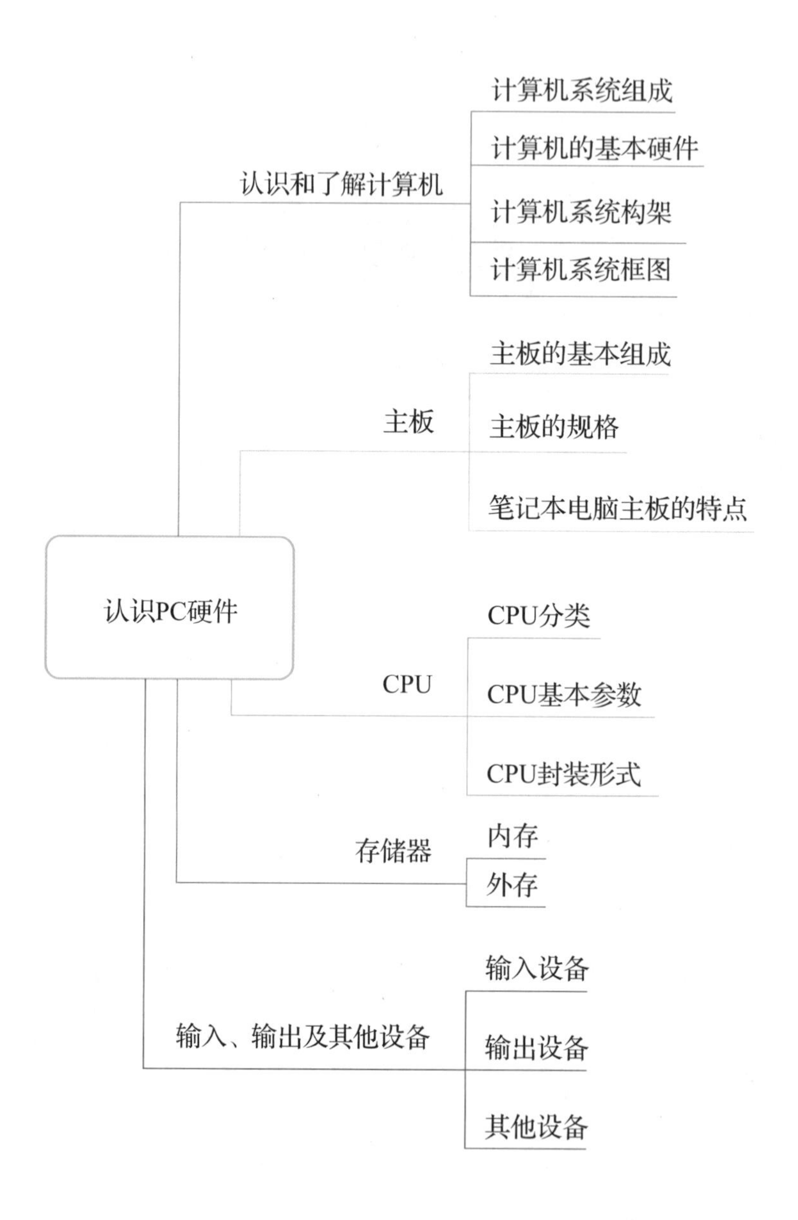
认识PC硬件
认识和了解计算机
计算机系统组成
计算机的基本硬件
计算机系统构架
计算机系统框图
主板
主板的基本组成
主板的规格
笔记本电脑主板的特点
CPU
CPU分类
CPU基本参数
CPU封装形式
存储器
内存
外存
输入、输出及其他设备
输入设备
输出设备
其他设备

工作任务 1　认识和了解计算机

任务描述

随着社会和科技的发展，计算机已经成为我们工作、学习、生活必不可少的工具。它在各行各业中发挥着重要作用，无处不在。大多数人在使用计算机的过程中，仅限于对软件的应用和操作，而对计算机其他知识不甚了解。要想深入了解并掌握计算机维护与故障排除的基本技能，必须对计算机组成及硬件也有一定的了解。

任务清单

任务清单如表 1–1 所示。

表 1–1　认识和了解计算机

任务目标	素质目标： 激发爱国主义情怀； 具有观察、交流、表达的能力； 知识目标： 掌握计算机系统组成； 了解计算机主要硬件； 掌握计算机系统框架图。 能力目标： 能绘制计算机原理框架图
任务重难点	重点： 掌握计算机系统组成； 掌握计算机系统框架图。 难点： 绘制计算机原理框架图
任务内容	1. 计算机系统组成； 2. 计算机基本硬件； 3. 计算机系统框图； 4. Windows 10 家庭版、专业版、企业版的区别； 5. 计算机的发展及分类
工具软件	PC 机 1 台； 任务实施清单
资源链接	微课、图例、PPT 课件、实训报告单

任务实施

（1）分工分组。

2 人 1 组进行练习，组内每人轮流完成工作任务。

（2）组员相互提问计算机硬件系统原理，并将图 1-1 补充完整。

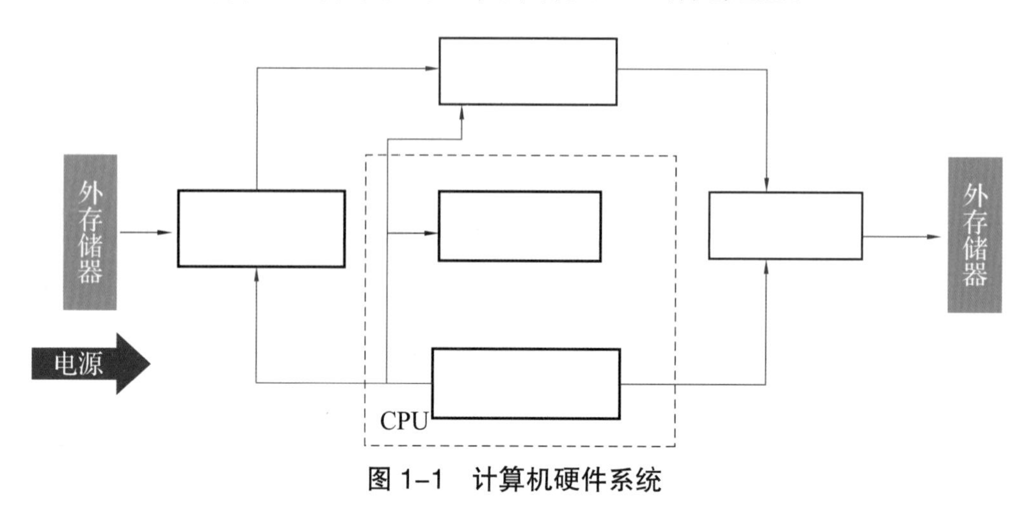

图 1-1　计算机硬件系统

（3）组员面对面交互提问计算机系统组成部分，并将图 1-2 补充完整。

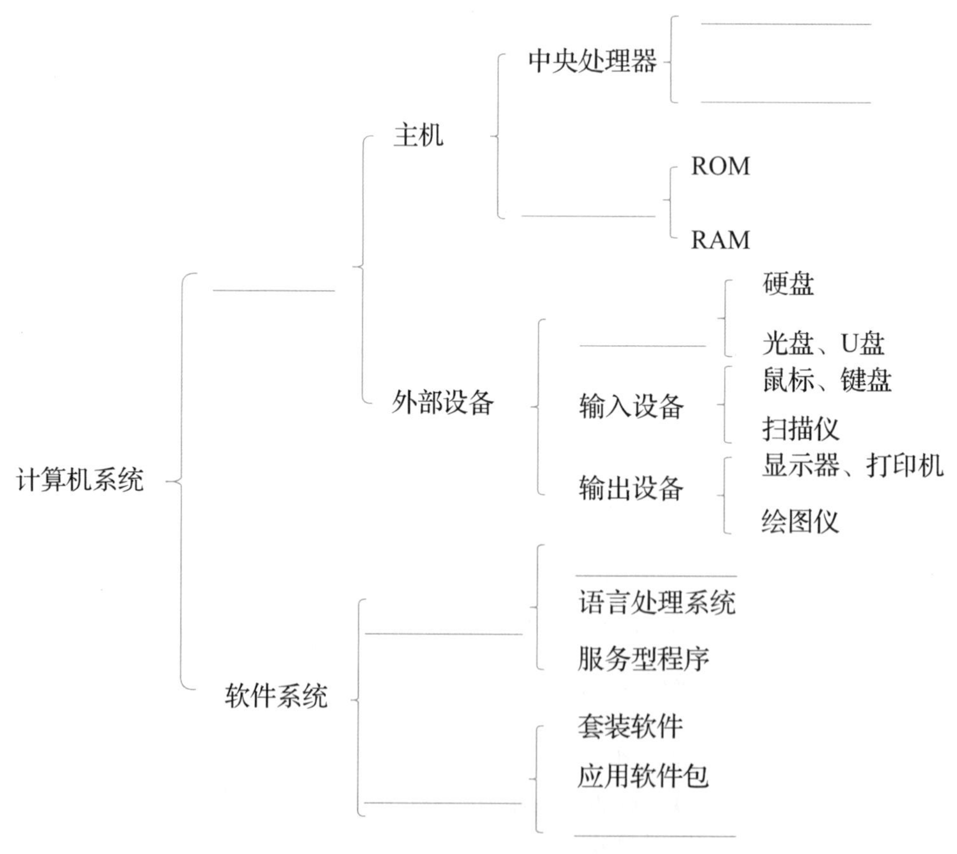

图 1-2　计算机系统组成补充图

（4）组员相互提问各个器件的英文名称及缩写，根据表 1-3 将图 1-3 补充完整。

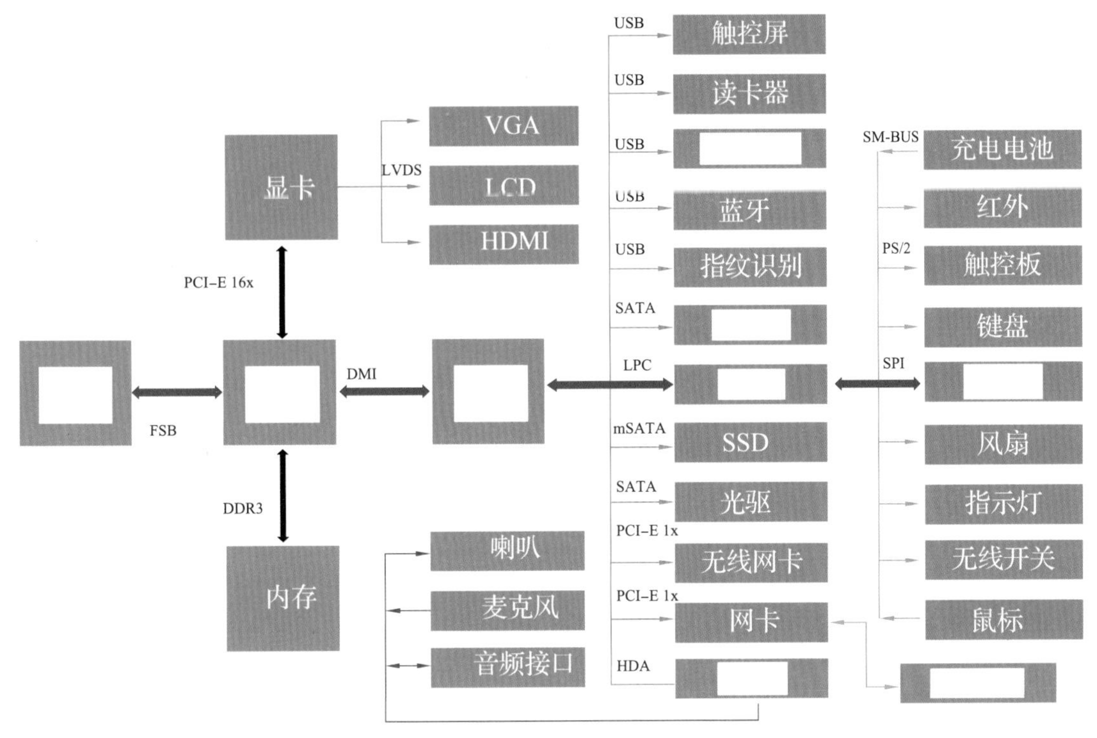

图 1-3　笔记本主要模块接口关系补充图

（5）组员相互提问各个器件所属模块及叙述模块功能，根据笔记本系统实物构架框图将图 1-4 中各功能模块及器件之间进行链接，并将总线或接口的类型补充完整。

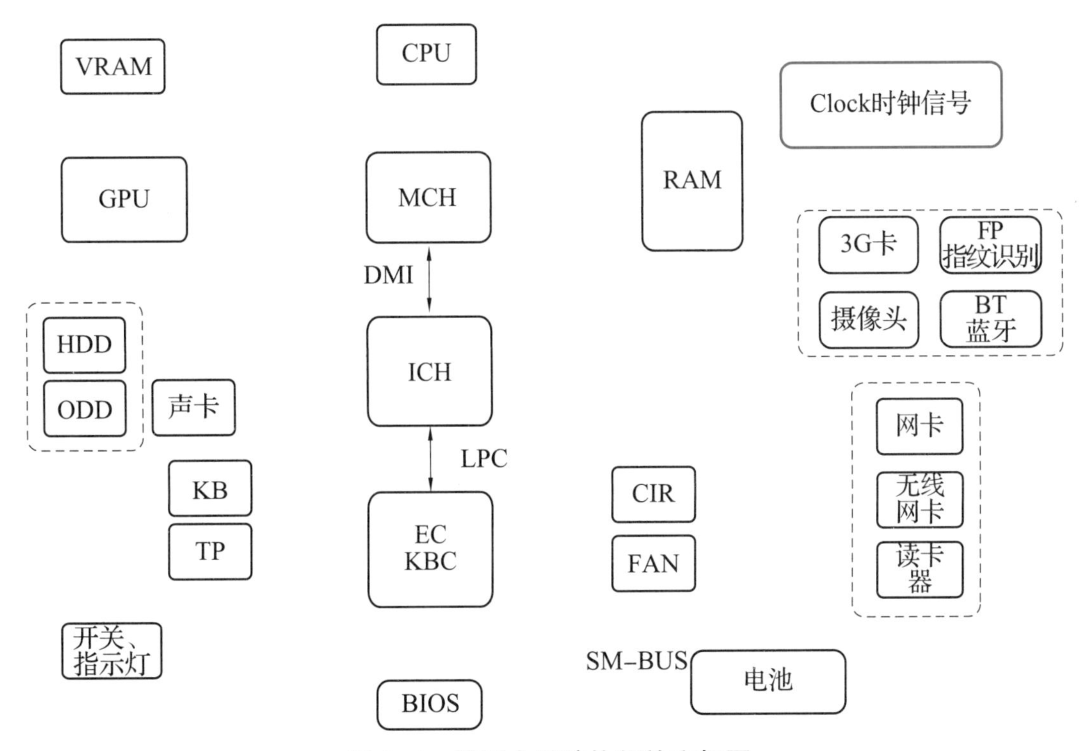

图 1-4　笔记本系统构架补充框图

（6）填写表 1–2，记录绘制结果，完成实训报告。

表 1–2 认识和了解计算机学习结果记录表

图表	绘制结果
计算机硬件系统图	
计算机系统组成图	
笔记本主要模块接口关系图	
笔记本系统构架框图	

知识链接

1.1 计算机系统组成

通常，把不装备任何软件的计算机称为裸机。目前，普通用户所面对的一般都不是裸机，而是在裸机上配置若干软件之后所构成的计算机系统。实际上，在计算机技术的发展进程中，计算机软件随硬件技术的迅速发展而发展。反过来，软件的不断发展与完善，又促进了硬件的新发展。两者的发展密切地交织在一起，缺一不可。一个完整的计算机系统是由硬件系统和软件系统两部分组成的。

计算机硬件是指计算机系统中由电子、机械和光电元件等组成的各种计算机部件和设备，这些部件和设备依据计算机系统结构的要求构成一个有机的整体，称为计算机硬件系统。它是计算机完成工作的物质基础。计算机硬件系统主要由五大部分组成，如图 1–5 所示。

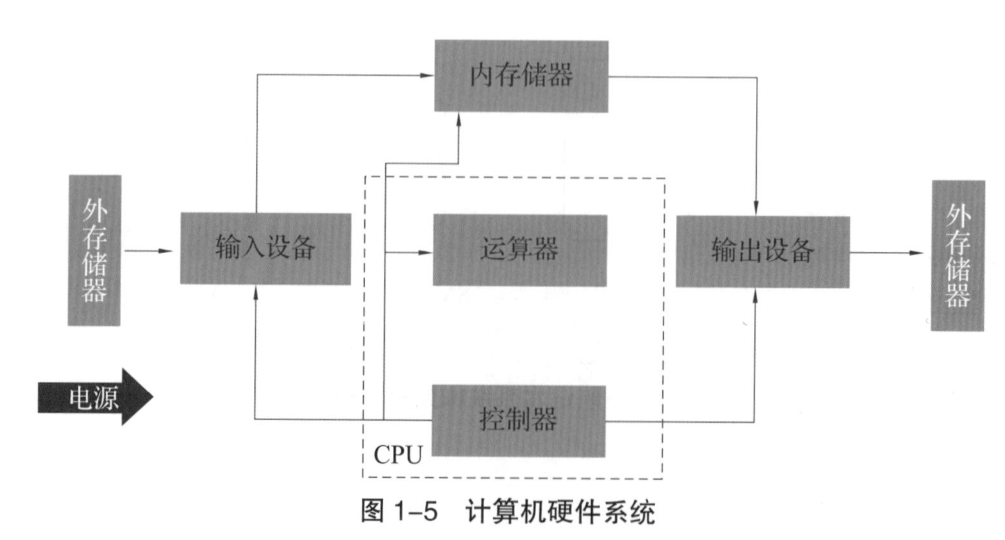

图 1–5 计算机硬件系统

控制器（Control）是整个计算机的中枢神经，其功能是对程序规定的控制信息进行解释，根据其要求进行控制，调度程序、数据、地址，协调计算机各部分工作及内存与外设的访问等。

运算器（Datapath）的功能是对数据进行各种算术运算和逻辑运算，即对数据进行加工处理。

存储器（Memory）的功能是存储程序、数据和各种信号、命令等信息，并在需要时提供这些信息。

输入设备（Input System）是计算机的重要组成部分，输入设备与输出设备合称为外部设备，简称外设，输入设备的作用是将程序、原始数据、文字、字符、控制命令或现场采集的数据等信息输入到计算机。常见的输入设备有键盘、鼠标器、光电输入机、磁带机、磁盘机、光盘机等。

输出设备（Output System）与输入设备同样是计算机的重要组成部分，它把外算机的中间结果或最后结果、机内的各种数据符号及文字或各种控制信号等信息输送出来。微机常用的输出设备有显示终端 CRT、打印机、激光印字机、绘图仪及磁带、光盘机等。

硬件系统原理:（1）输入数据。（2）控制器向输入设备发出指令，将数据存入存储器。（3）控制器向存储器发出取指令命令。（4）程序指令逐条送入控制器，控制器对指令进行译码。（5）控制器向存储器发出取数据命令，将数据送入运算器。（6）控制器向运算器发出运算命令。（7）运算器执行运算，得出运算结果。（8）运算器把运算结果存入存储器。（9）控制器向存储器发出取数据命令，将数据存入输出设备。（10）控制器向输出设备发出输出指令，输出计算结果。

计算机软件是指在硬件设备上运行的各种程序、数据及有关的资料。程序实际上是用于指挥计算机执行各种动作以便完成指定任务的指令集合。

软件系统包括系统软件和应用软件。

系统软件是控制和协调计算机及其外部设备、支持应用软件的开发和运行的软件，起到调度、监控和维护系统的作用。系统软件包括操作系统、各种语言处理程序、各种服务性程序、各种数据库管理系统。

应用软件是相对于系统软件而言的，是为解决实际问题而编制的程序集合。它可以拓宽计算机的应用领域，放大硬件的功能。应用软件包括套装软件、应用软件包、用户程序。常见的应用软件有 QQ、迅雷、PS、360 卫生等。

计算机系统的组成如图 1–6 所示。

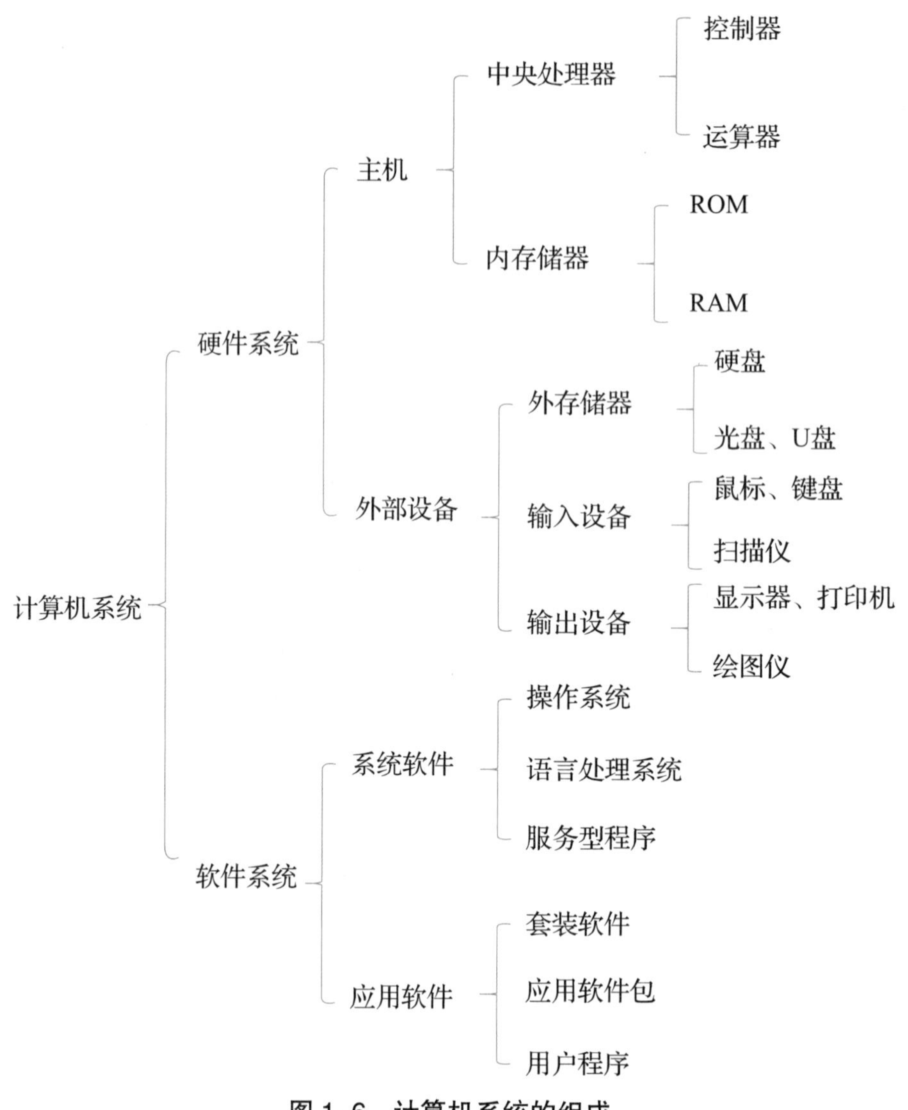

图 1-6 计算机系统的组成

1.2 计算机的基本硬件

计算机的基本硬件包括主板、CPU、内存、硬盘、光驱、显卡、显示器、声卡、网卡、键盘和鼠标、电源等组成。

1. 主板

主板又称母板，计算机里的 CPU、内存、显卡、芯片组（南桥、北桥）、BIOS 等直接安装在主板上，上面还有很多插槽和 I/O 接口。而硬盘、光驱等设备通过线路连接到主板上。

2. CPU

CPU 也称为中央处理器，是计算机中最核心的部件，它由运算器和控制器两大部分组成。

3. 内存

内存又叫主存，由于其外观为条状，故常称作内存条。

4. 硬盘

硬盘是计算机系统中重要的存储器，硬盘因其盘片是金属、质地硬而得名。硬盘作为外存，用来存储操作系统文件和各类型的文件。

5. 光驱

光驱的全称为光盘驱动器，是一种利用激光技术存储信息的装置。光驱需要与光盘配合使用，光盘是一种外部存储设备。

6. 显卡

显卡是显示卡或显示适配器的简称，显卡是 CPU 与显示器之间的接口电路，主要作用是处理 CPU 传送过来的图像数据，然后以一定格式送到显示器，最后在显示器上将图像显示出来。

7. 显示器

显示器是计算机系统中重要的输出设备。用户输入的信息、计算机处理的信息都要通过它显示出来。

8. 声卡

声卡是用来实现声波（模拟信号）与数字信号转换的设备，是多媒体计算机的主要部件。

9. 网卡

网卡也称网络适配器，用于计算机与网络的连接，网卡可以将接收到的其他网络设备传输的数据包拆包，转换成系统能够识别的数据，然后通过总线传输到目标位置，也可将本地计算机中的数据打包传输到网络上。

10. 键盘和鼠标

键盘和鼠标是计算机中主要的输入设备，键盘是用户与计算机进行交换的主要媒介。

11. 电源

电源的作用是将交流电转化为不同电压的直流电，为计算机各个部件供电。

1.3　计算机系统架构

一般来说，个人电脑从系统架构上分为两种，分别是国际商用机器公司（IBM）集成制定的 IBM PC/AT 系统标准，以及苹果电脑所开发的麦金塔系统。我们常见的一般是前者（IBM 集成制定的 PC/AT），IBM PC/AT 系统标准由于采用 x86 开放式架构而获得大部分厂商的支持，成为市场上主流，因此一般所说的 PC 意指 IBM PC/AT 兼容机种。

IBM PC/AT 是美国国际商用机器公司（IBM）于 1984 年发布、1987 年停产的个人电脑产品，正式名称是 IBM 5170 PC/AT。“AT”是英文“先进技术”（Advanced Technology）的缩写，PC/AT 是 IBM 公司自 PC 机发布后的第二代升级产品（也有人认为在此之前发布的 PC/

XT 是第二代产品）。尽管早期的产品存在着与磁盘存储部件相关的瑕疵，但它最终还是迅速流行于商用及普通用户市场，成了 PC 工业最持久的事实标准。至今，由于软件兼容性的原因，最新的 PC 系统都还支持 PC/AT 机的总线结构。

IBM PC/AT 架构电脑的最大特点是开放结构，其硬件功能可以通过插到主板扩展槽的附加扩张界面卡来扩充。主要的标准系统总线有 PCI–E、PCI 和 AGP。也可以通过添加额外的驱动器来升级（如光驱、硬盘、USB 驱动器等），标准的存储设备接口有 ATA、SATA/SATA–2 以及 SCSI。

1.4 计算机系统框架图

系统框架图就是系统整体功能设计图。框架图的单元都是基本单元，模拟框架图的单元可以是一个小系统。框架图是把系统各部分，包括被控对象、控制装置用方框表示，而各信号写在信号线上，一般以方框的左边为输入，右边为输出构成的。不同类型的连接（如电源、信号、时钟等），可以采取不同的方式（颜色、单向还是双向）。

微课：计算机系统框架图

1. 笔记本系统框架图

框图说明:（1）蓝色线表示系统类信号，箭头类型的不同表示控制方式不同。（2）红色线表示各种时钟信号。（3）黑色线表示端口连线。

系统模块：指构成系统的所有功能模块，包括北桥、南桥、显卡、EC 和 BIOS 等，每个功能模块之间，都有相应的总线（BUS）连接，图中以蓝色线表示。

时钟模块：包括时钟芯片，及红色箭头所传递的不同类型、不同频率的时钟信号。

电源模块：包括 EC、3V/5V 电源芯片、CPU 电压模块、芯片组电压模块、内存电压模块和电池充电模块，主要负责将电源的直流电压转换成各系统芯片所需的工作电压，BIOS 和 EC 负责分配电源模块对系统芯片的供电。

扩展坞：各个芯片上一些冗余的功能端口，通过主板上的导线汇合到一个统一端口。

显示模块：包括显示芯片和显存，负责提供显示器所需的信号，显示芯片由北桥 PCI Express 16x 总线直接控制，集成显卡机型的显示芯片集成在北桥。

LPC 总线：是引脚相对较少的一种总线，适合于中低速芯片数据信号的传输，通常由南桥芯片和 EC、IO、Audio、BIOS 等芯片进行连接。

笔记本主要模块接口关系对应表如表 1–3 所示。根据笔记本主要模块接口关系对应表画出笔记本主要模块接口关系图如图 1–7 所示。笔记本系统实物框架图如图 1–8 所示。根据笔记本系统实物框架图画出笔记本系统框架图如图 1–9 所示。

表 1-3　笔记本主要模块接口关系对应表

序号	模块	连接设备	总线或接口	序号	模块	连接设备	总线或接口
1	CPU	北桥	FSB	28	内存	北桥	DDR3
2	北桥	CPU	FSB	29	显卡	北桥	PCI-E 16x
3		内存	DDR3	30		LCD	LVDS
4		显卡	PCI-E 16x	31		VGA	
5		南桥	DMI	32		HDMI	
6	南桥	北桥	DMI	33	硬盘	南桥	SATA
7		硬盘	SATA	34	光驱	南桥	SATA
8		光驱	SATA	35	SSD	南桥	mSATA
9		SSD	mSATA	36	声卡	南桥	HDA
10		声卡	HDA	37		喇叭	
11		网卡	PCI-E 1x	38		麦克风	
12		无线网卡	PCI-E 1x	39		音频接口	
13		指纹识别	USB	40	网卡	南桥	PCI-E
14		蓝牙	USB	41		RJ45	
15		读卡器	USB	42	无线网卡	南桥	PCI-E
16		摄像头	USB	43	无线开关	EC	
17		触控屏	USB	44	电池	EC	SM-BUS
18		EC	LPC	45	BIOS	EC	SPI
19	EC	南桥	LPC	46	风扇	EC	
20		电池	SM-BUS	47	键盘	EC	
21		BIOS	SPI	48	触控板	EC	PS/2
22		风扇		49	红外	EC	
23		键盘					
24		触控板	PS/2				
25		红外					
26		指示灯					
27		无线开关					

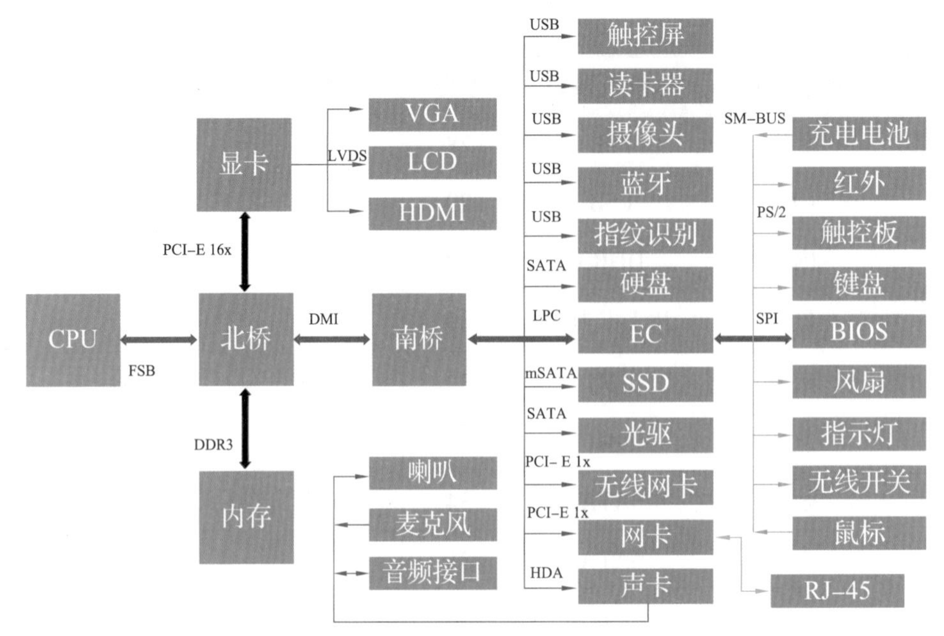

图 1-7 笔记本主要模块接口关系图

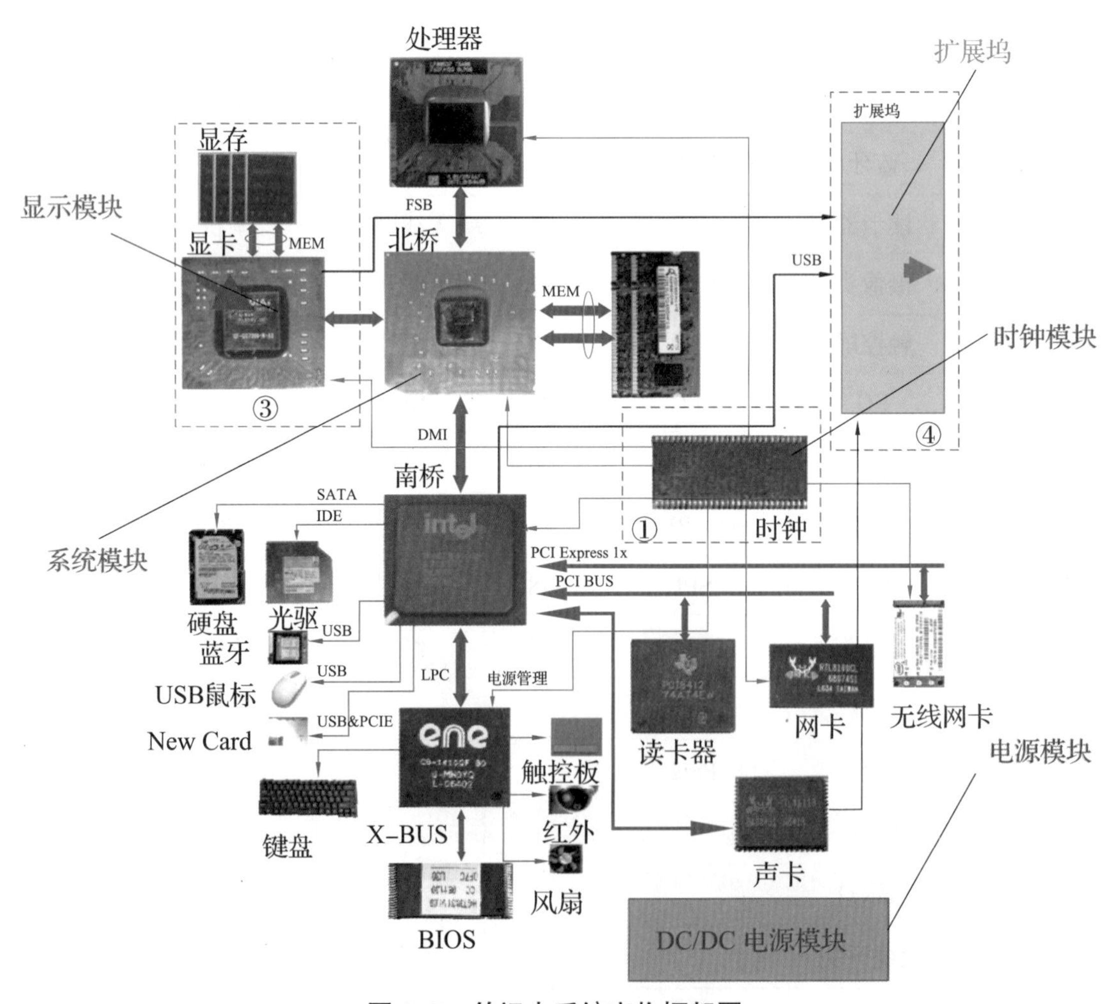

图 1-8 笔记本系统实物框架图

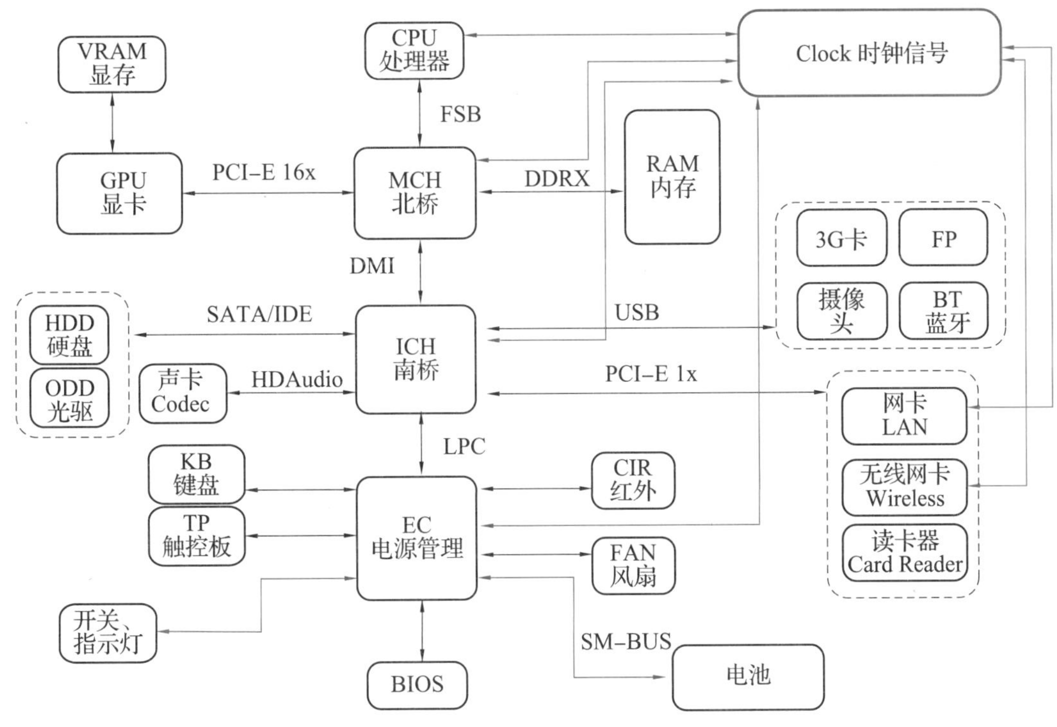

图 1–9　笔记本系统框架图

2. 台式系统框架图

框架图约定说明:（1）绿色线表示系统类信号，箭头类型的不同表示控制方式不同。（2）红色线表示各种时钟信号。（3）黑色线表示端口连线示意。

系统模块：构成系统的所有功能模块，包括北桥、南桥、显卡、Super I/O 和 BIOS 等，每个功能模块之间，都有相应的总线连接，图中以蓝色线表示。

时钟模块：包括时钟芯片，及红色箭头所传递的不同类型、不同频率的时钟信号。

其他模块与笔记本相同。台式系统框架图如图 1–10 所示。

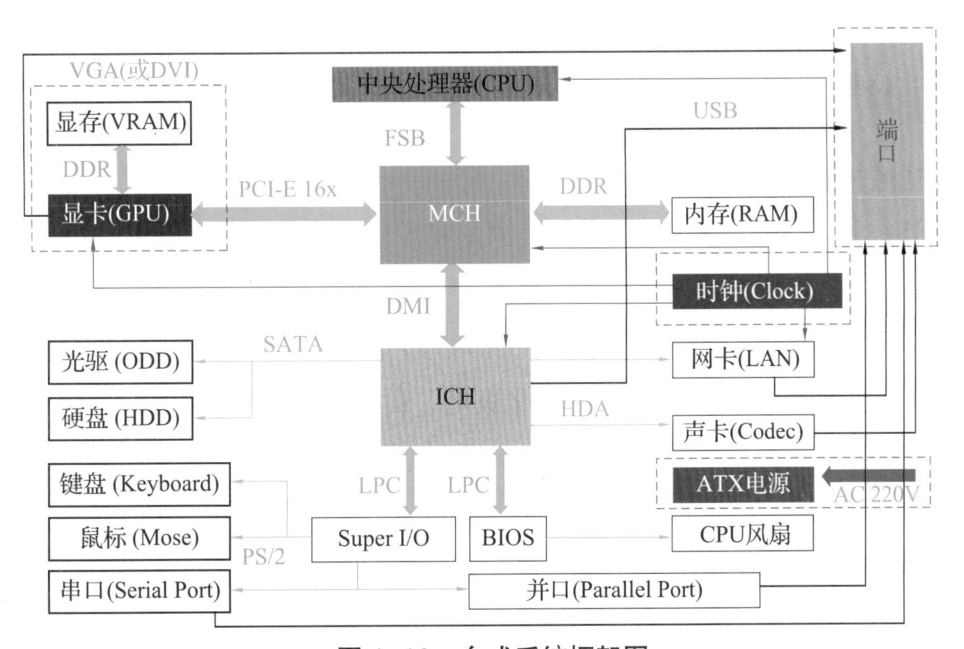

图 1–10　台式系统框架图

3. 台式机与笔记本架构的不同

（1）台式机的键盘为 I/O 芯片控制，笔记本内置的键盘和触控板为 EC 芯片控制。

（2）台式机的电源将转换好的直流电直接供给主板，笔记本会有充电模块与电池。

直通职场 Windows 10家庭版、专业版、企业版的区别

职场情境：顾客想安装 Windows 10 操作系统，但是不知道选择哪个版本。

情境分析：微软公司的 Windows 10 操作系统在电脑上有家庭版、专业版、企业版三种最常见的版本，很多朋友在安装系统时，不知道如何选择，所以了解三者的区别很有必要。

Windows 10 家庭版主要面向的是普通用户，具备 Windows 10 的关键功能，包括全新的开始菜单、Edge 浏览、Windows Hello 生物特征认证登录以及虚拟语音助理 Cortana。功能相对最少，但也最便宜。对于大多数用户来说，家庭版已经能够满足要求。

Windows 10 专业版宣传能够“满足小型企业要求”，除了 Windows 10 家庭版之外的功能，同时还将会为用户带来 Hyper-V 客户端（虚拟化）、BitLocker 全磁盘加密、企业模式 IE 浏览器、远程桌面、Windows 商业应用商店、企业数据保护容器以及接受特别针对商业用户推出的更新功能。强化了保密功能，强化了系统升级功能，价格也相应更贵。

Windows 10 企业版主要面向大型企业，以专业版为基础，增添了大中型企业用来防范针对设备、身份、应用和敏感企业信息的现代安全威胁的先进功能，供微软的批量许可客户使用。更加安全，价格也最贵。

解决方案：将 Windows 10 家庭版、专业版、企业版的区别详细解说给顾客听，并根据顾客的实际需求给出购买建议。

知识拓展 计算机的发展与分类

1. 计算机的发展史

1946 年，第一台计算机 ENIAC 诞生在美国的宾夕法尼亚大学。

它的特点是体积大（30 吨[①]，167 平方米）、费用高、不适合个人使用（300 多人同时工作）。

20 世纪 70 年代，第一台微型计算机“北极星”诞生在美国。1980 年 IBM 开辟了计算机的新纪元。

从第一台计算机的诞生到现在 PC 的飞速发展，共经历了四个阶段（以计算机的核心器件的更新来划分）：

① 1 吨 =1 000 千克。

第一代：电子管计算机时代（1946—1958 年）。

特点：体积大，可靠性不高。程序语言以机器语言和汇编语言为主。

第二代：晶体管计算机时代（1959—1965 年）。

特点：由晶体管分立电路构成，体积变了很多，运算速度得到了提高，出现了一些高级程序设计语言，使程序设计效率提高。

第三代：中小规模集成电路时代（1965—1970 年）。

特点：体积和重量空前缩小，互联网得到了广泛的运用。

第四代：大规模、超大规模集成电路时代（1970 年至今）。

特点：体积和重量空前缩小，互联网得到了广泛的运用。

思政融入

我国在计算机领域的成就

1958 年，中科院计算所成功研制了我国第一台小型电子管通用计算机 103 机（八一型），这标志着我国第一台电子计算机的诞生。

1992 年，国防科技大学研究出银河－Ⅱ通用并行巨型机，峰值速度达每秒 4 亿次浮点运算，为共享主存储器的四处理机向量机，向量中央处理机是采用中小规模集成电路自行设计的，总体上达到 20 世纪 80 年代中后期国际先进水平，它主要用于中期天气预报。

2005 年 5 月 1 日，联想完成并购 IBM PC。联想正式宣布完成对 IBM 全球 PC 业务的收购，联想以合并后年收入约 130 亿美元、个人计算机年销售约 1 400 万台，一跃成为全球第三大 PC 制造商。

2005 年 8 月 5 日，百度 Nasdaq 上市暴涨。国内最大搜索引擎百度公司的股票在美国 Nasdaq 市场挂牌交易，一日之内股价上涨 354%，百度也因此成为股价最高的中国公司，并募集到 1.09 亿美元的资金，比该公司最初预计的数额多出 40%。

2017 年 6 月，神威·太湖之光超级计算机凭借“超级速度”第三次出现在榜单榜首位置，实现三连冠。基于神威·太湖之光，我国科研团队的项目获得了 2016 年超级计算机应用领域最高奖“戈登贝尔”奖，成为我国高性能计算发展史上的里程碑。神威·太湖之光超级计算机如图 1-11 所示。

图 1-11　神威·太湖之光超级计算机

2. 计算机的分类

对于日常工作和生活中常见的微型计算机，根据其外观结构和便携性，又可分为台式计算机和便携式计算机。台式计算机包括台式机与一体机，便携式计算机包括笔记本电脑和平板电脑。

台式机性能强劲，但占用空间较大。台式机的优点就是价格实惠，和笔记本相比，相同价格前提下配置较好，散热性较好，配件更换价格相对便宜；缺点就是笨重，耗电量大。如图 1–12 所示。

图 1–12 台式机

一体机是介于笔记本和台式电脑中间的一种电脑。它一般没有单独的机箱，把主板、CPU、显卡、内存、硬盘等都集成在显示器上面。由于不会经常移动，因此它不必过分追求轻薄而可以采用一些性能更强的台式机的配件。如图 1–13 所示。

图 1–13 一体机

笔记本电脑最大的特点就是机身小巧，相比 PC 携带方便。Notebook Computer，又称手提电脑、掌上电脑或膝上型电脑，是一种小型、可便于携带的个人电脑，通常重 1~3 千克。当前的发展趋势是体积越来越小，重量越来越轻，而功能却愈发强大。有配置电池，可一定时间内脱离外置电源使用，如图 1–14 所示。

图 1–14 笔记本电脑

平板电脑更加轻便，因此携带方便，而且辐射更小，发热量很低；应用很多，使用很方便；而且可以接入 Wi-Fi 网络，能看视频，屏幕清晰；电池方面，待机时间比笔记本电脑长，如图 1-15 所示。

图 1-15　平板电脑

工作任务 2　主板

任务描述

主板相当于计算机的“神经中枢”，主板（Mainboard），或称为母板（Motherboard），有的公司把主板也称作系统底板（Systemboard）。它是构成复杂电子系统例如电子计算机的中心或者主电路板。它的重要之处在于，计算机中几乎所有的部件、设备都在它的基础上运行，一旦主板发生故障，整个系统都不可能正常工作。本任务就详细讲述主板的组成及规格、笔记本电脑主板与台式机主板的区别等内容。

任务清单

任务清单如表 1–4 所示。

表 1–4　主板

任务目标	素质目标： 具有良好的观察能力和辨别能力； 具有发现问题、分析问题及解决问题的能力。 知识目标： 了解主板的规格； 掌握主板的基本组成； 掌握笔记本主板的特点。 能力目标： 能够辨别笔记本主板上的主要芯片、模块及内部接口与作用
任务重难点	重点： 掌握主板的基本组成； 掌握笔记本主板的特点。 难点： 能够辨别笔记本主板上的主要芯片、模块及内部接口与作用
任务内容	1. 主板的规格； 2. 主板的基本组成； 3. 笔记本主板的特点； 4. 辨别主板上的主要芯片、模块及内部接口与作用； 5. 芯片组命名中字母含义
工具软件	PC 机 1 台； 台式机主板、笔记本主板
资源链接	微课、图例、PPT 课件、实训报告单

任务实施

（1）分工分组：

3 人 1 组进行演练，组内每人轮流完成一次场景演练。

监考员 1 人：提供笔记本主板，负责对照记录表进行测试结果记录，并提交结果。

摄像 1 人：负责对演练全程记录。

考生 1 人：描述主板上的主要芯片、模块及内部接口与作用。

（2）按照技术规范进行面对面交互演练，10 min 内完成，提交结果记录表，根据视频及记录结果互评。

（3）每组提供计算机一台，笔记本主板 1 块。

（4）填写表 1–5，记录测试结果，完成实训报告。

表 1–5　笔记本主板记录表

芯片	连接	作用
模块	连接	作用
接口	连接	作用

知识链接

1.5 主板的基本组成

一块主板主要由以下部分组成:(1)电子元器件。包括芯片组、BIOS 芯片、I/O 芯片、时钟芯片、串口芯片、门电路芯片、监控芯片、电源控制芯片、三极管、场效应管、二极管、电阻、电容等。(2)插槽与接口。包括 CPU 插槽、内存插槽、PCI-E 插槽、USB 接口、IDE 接口、SATA 接口、FDD 软驱接口、LPT 并行接口、COM 串行接口、PS/2 键盘鼠标接口等,还包括集成声卡、网卡和显卡接口等。(3)电路。包括供电电路、时钟电路、复位电路、开机电路、BIOS 电路、接口电路等。(4)总线。包括处理器总线、内存总线、I/O 总线、连接器总线、特殊总线等。主板功能模块——台式机主板(技嘉)如图 1-16 所示。

图 1-16 主板功能模块——台式机主板(技嘉)

下面逐一介绍主板上的各个部件。

1. 芯片组

主板上最重要的构成组件是芯片组(Chipset),起着协调和控制数据在 CPU、内存和各个部件之间传输的作用。主板所采用的芯片组型号往往决定了主板的主要性能,如主板所支持的 CPU 类型与最高工作频率、内存类型与最大容量、扩展槽的种类和数量等。

老的主板芯片组由两颗芯片组成,根据芯片在主板上所处的位置不同,通常称为北桥芯片和南桥芯片,如图 1-17 所示。北桥芯片位置与 CPU 插座、内存插槽较近,南桥芯片离 CPU 插座较远,与 I/O 接口、扩展槽较近。北桥芯片提供对 CPU 的类型和主频、内存的类型和最大容量、显卡插槽、ECC 纠错等支持,其管理的是计算机中的高速设备部分。南桥芯片则提供对 KEC(键盘控制器)、RTC(实时时钟控制器)、USB(通用串行总线)、SATA 数据传输方式和 ACPI(高级能源管理)等的支持,其管理的是计算机中的低速设备部分。在双芯片组形式中，北桥芯片起着主导性作用，故称为主桥（Hast Bridge）。

近年来，随着CPU制造工艺的提高，把原本属于北桥芯片的功能部分也集成到CPU芯片内，主板上只剩下一个芯片，称为单芯片组，放在原南桥芯片的位置。目前常见芯片组的生产厂商只有两家：AMD和Intel公司，其芯片组如图1–18、图1–19所示。

图1–17　北桥芯片和南桥芯片

图1–18　AMD芯片组

图1–19　Intel芯片组

2. BIOS芯片

目前主板上BIOS芯片是一种闪存芯片（Flash ROM），如图1–20所示。它具有只读特性，即正常情况下，只能读出数据，不能写入数据，关机后里面的数据也不会丢失。BIOS芯片里面写入了BIOS（Basic Input/Output System，基本输入/输出系统）、自诊断程序、CMOS设置程序、系统自举程序等。开启计算机时，首先运行的就是BIOS芯片里面的程序，开机后系统自检和初始化，然后将操作系统装入内存并运行。

图1–20　BIOS芯片

注意事项　BIOS程序、BIOS芯片、BIOS Setup程序

BIOS在IBM PC兼容机上，是一种业界标准的固件接口。BIOS这个字眼1975年第一次在CP/M操作系统中出现。BIOS是个人电脑启动时加载的第一个软件，它是系统中硬件与软件之间的连接纽带。BIOS描述了一组驱动程序，这组驱动程序协同工作，为系统硬件向操作系统软件提供接口。

BIOS程序保存着计算机最重要的基本输入/输出程序，系统设置信息，开机后自检程序和系统自启动程序。其主要功能是为计算机提供最底层的、最直接的硬件设置和控制。

BIOS 芯片是用来存储 BIOS 程序的物理载体。

BIOS Setup 是用来设置 BIOS 参数的用户程序。

3. I/O 芯片

计算机 I/O 接口用来提供外部设备的连接，比如 PS/2 接口。目前 I/O 芯片除了管理 I/O 接口外，还负责对硬件进行监控，对 CPU 核心电压与温度等进行检测，这样就可以在 BIOS 信息里或通过其他软件看到计算机硬件方面的工作状态和工作情况。目前主板上常见的 I/O 芯片如图 1-21 所示。

图 1-21　I/O 芯片

4. 时钟芯片

时钟芯片是先由晶振产生稳定的脉冲信号，而后经由时钟发生器进行整形和分频，最后再分别传到各个设备。所有的数字电路都需要依靠时钟信号来使组件的运作同步，每单位时间内电路可运作的次数取决于时钟的频率，因此时钟运作的频率即被大家视为系统运作的性能指针。在笔记本的内部，时钟都是由一颗时钟发生器（Clock Generator）来产生的。时钟发生器通常与晶体振荡器芯片组合，构成系统的时钟发生器。系统时钟发生器产生的脉冲信号，不但直接提供 CPU 所需的外部工作频率，而且还提供其他外设和总线所需要的多种时钟信号。时钟芯片与时钟晶振如图 1-22 所示。不同类型的电脑时钟如图 1-23 所示。

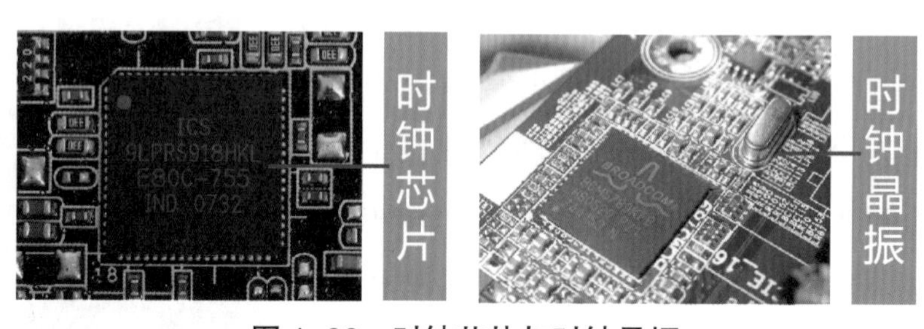

图 1-22　时钟芯片与时钟晶振

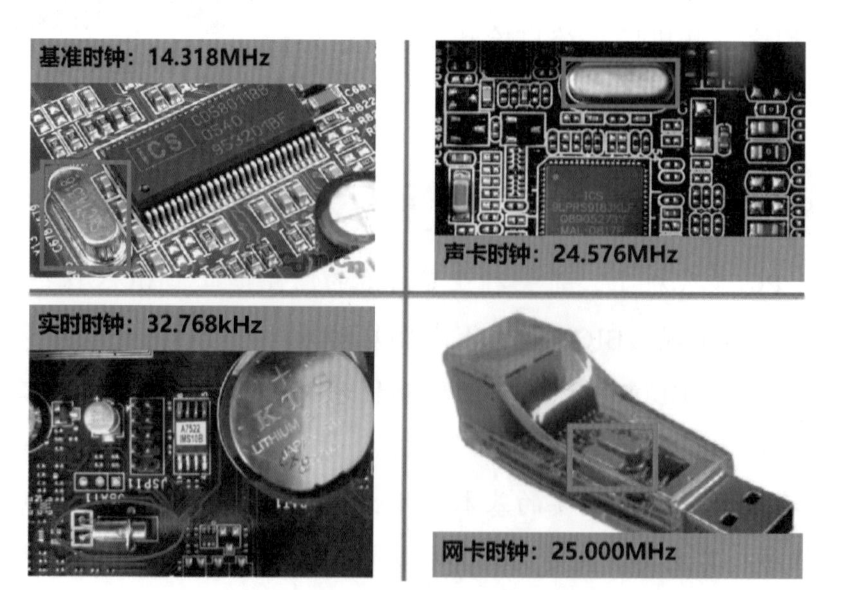

图 1-23　不同类型的电脑时钟

5. 网卡芯片

网卡芯片提供连接网络服务。目前主板上均有网卡芯片与之对应，在主板的背板上也有相应的网卡接口，如图 1–24 所示。

6. 电池与 CMOS 跳线

电池用于关机后为主板上某些部件供电，如 CMOS 和时钟。CMOS 中存储的数据失电后会丢失，时钟失电后会停止工作从而引起时钟不准。目前主板均采用纽扣电池，电压为 3 V，使用寿命为 5 年左右。当发现计算机的时钟不准确时，就得换电池了。电池附近有一根 CMOS 跳线，如图 1–25 所示。跳线有 3 Pin，平时将跳线帽套在 1–2 Pin 上，若将跳线帽套在 2–3 Pin 上，可以清除存储在 CMOS 里的数据。

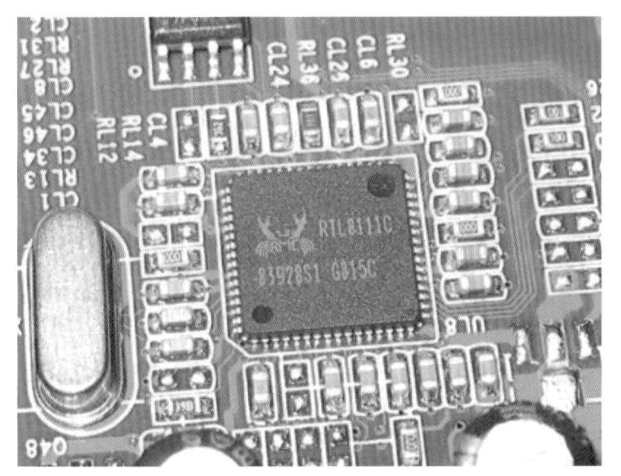

图 1–24　网卡芯片

图 1–25　电池与 CMOS 跳线

7. CPU 插槽

CPU 插槽是主板上安装 CPU 的地方。不同 CPU 系列使用不同插槽。后期 CPU 插槽，数字多数与针脚数量相同。前期 CPU 插槽则根据问世次序命名。如图 1–26 所示。

8. 内存插槽

内存插槽是安装内存条的地方，外观为条形结构，一般在 CPU 插座附近，非常容易识别，如图 1–27 所示。一般主板上有两个以上内存插槽，如果只安装一条内存条，可以将其插在任意一个内存插槽上；如果安装两条内存条构成双通道内存系统，则要插在相同颜色的插槽上。内存条长度一样，但工作电压不同，防呆缺口位置不同，不能混插。

图 1–26　CPU 插槽

图 1–27　内存插槽

9. 总线插槽

主板通常有数条插槽供扩展之用。PCI 插槽是基于 PCI 总线的扩展槽，其颜色一般为乳白色，PCI 推出时间较长，逐渐被 PCI–E 取代。制造商根据逻辑芯片的限制来决定插槽的类型和数量。总线插槽如图 1–28 所示。

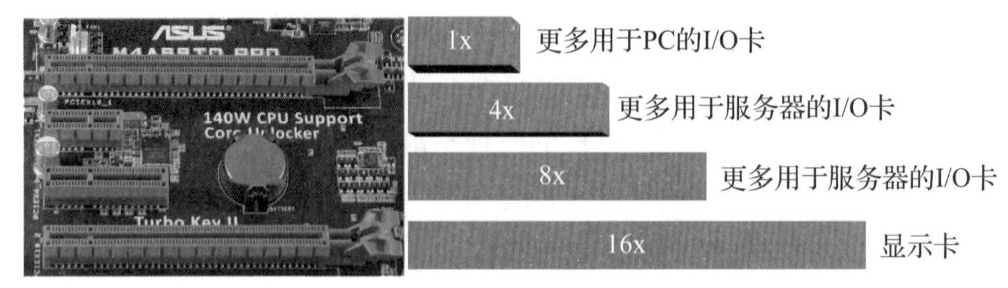

图 1–28　总线插槽

PCI–E 是当前的计算机总线和技口标准，由 Intel 公司提出。PCI–E 标准有 PCI–E1.0 到 PCI–E5.0 五种版本。各个版本的发布时间、编码方式及带宽如表 1–6 所示。PCI –E 有多种规格，包括 PCI–E 1x、PCI–E 2x、PCI–E 4x、PCI–E 8x 及 PCI–E 16x，其中 PCI–E 1x 多用于 PC 的 I/O 卡，PCI–E 2x 用于内部接口而非插槽模式，PCI–E 4x、PCI–E 8x 多用于服务器的 I/O 卡，PCI–E 16x 主要用来插独立显卡。目前大部分主板上都集成了显卡，所以无须插独立显卡就能输出图像信号。较短的 PCI–E 卡可以插入较长的 PCI–E 插槽中使用，支持热插拔。PCI–E 采用串行传输，每台设备都有自己的专用连接，不需要向整个总线请求带宽。PCI–E 的双单工连接能提供更高的传输速率和质量。

表 1–6　PCI–E 各个版本的发布时间、编码方式及带宽

PCI–E 版本	PCI–E 1x	PCI–E 2x	PCI–E 3x	PCI–E 4x	PCI–E 5x
发布时间	2002Q3	2007Q1	2010Q4	2017Q4	2019
编码方式	8b/10b	8b/10b	128b/130b	128b/130b	128b/130b
1x 单向带宽	250 MB/s	500 MB/s	1 GB/s	2 GB/s	4 GB/s
16x 双向带宽	8 GB/s	16 GB/s	32 GB/s	64 GB/s	128 GB/s

10. SATA 接口

SATA 接口用来连接硬盘、固态硬盘、光驱，如图 1–29 所示。SATA 是一种基于行业标准的串行硬件驱动器接口。与并行 ATA 传输方式相比，SATA 接口传输速率更快。SATA 1.0 的传输速率为 1.5 Gb/s，SATA 2.0 为 3 Gb/s，SATA 3.0 为 6 Gb/s。SATA 接口非常小巧，排线也很细，支持热插拔。除了 SATA 接口外，主板上连接固态硬盘的接口还有 mSATA 接口、SATA Express 接口、M.2 接口、U.2 接口等。

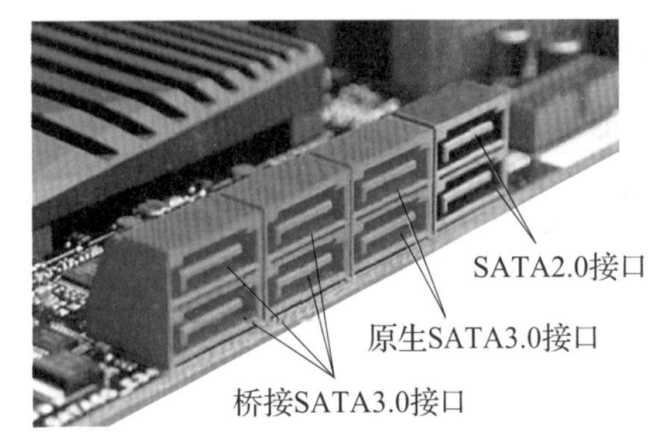

图 1–29　SATA 接口

I/O 接口位于主板的侧面，用来连接显示器、键鼠、网线、音箱及 USB 接口的设备等，不同主板的 1/O 接口有所不同，主板的 I/O 接口如图 1–30 所示。

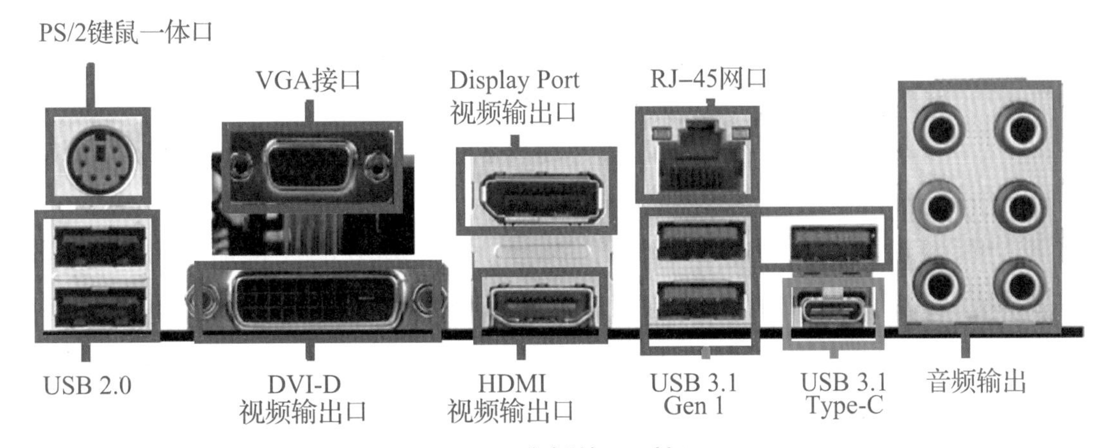

图 1–30　主板的 I/O 接口

11. USB 接口

通用串行总线简称 USB，是连接计算机系统与外部设备的一种串口总线标准，也是一种输入输出接口的技术规范，被广泛地应用于个人电脑和移动设备等信息通信产品，并扩展至摄影设备、数字电视（机顶盒）、游戏机等其他相关领域。USB 是一个外部总线标准，用于规范电脑与外部设备的连接和通信。USB 接口支持设备的即插即用和热插拔功能，一个 USB 控制器最多可以连接 127 个设备，USB 电缆最长允许 5 米。

微课：USB 接口

目前主板上 USB 接口有 3 种标准：USB 1.0/1.1 的最大传输速率为 12 Mb/s，1996 年推出。USB 2.0 的最大传输速率高达 480 Mb/s，与 USB 1.0/1. 1 是相互兼容的。USB 3.0 支持全双工，比 USB 2.0 多了数个触点，并采用发送列表区段来进行数据发包。USB 3.0 供电标准为 900 mA，传输速度为 5 Gb/s。向下兼容 USB 1.0/1.1/2.0。最新一代是 USB 3.1，传输速度为 10 Gb/s，三段式电压 5 V/12 V/20 V，最大供电 100 W，新型 Type C 插型不再分正反。笔记本中常见的 USB 接口如图 1–31 所示。常见 USB 参数对比如表 1–7 所示。

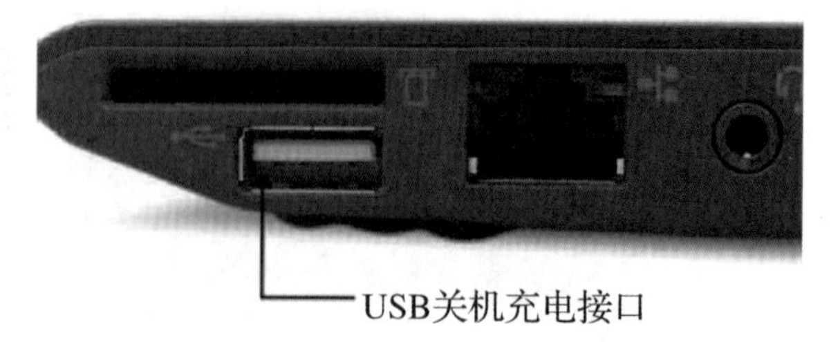

图 1-31 笔记本中常见的 USB 接口

表 1-7 常见 USB 参数对比

版本	供电能力	速率称号	带宽
1.0	5 V 500 mA	低速 Low Speed	1.5 Mb/s（半双工）
1.1	5 V 500 mA	全速 Full Speed	12 Mb/s（半双工）
2.0	5 V 500 mA	高速 Hi-Speed	480 Mb/s（半双工）
3.0	5 V 500 mA	超高速 Super Speed	5 Gb/s（全双工）
3.1	5 V/12 V/20 V 1.5 A/2 A/3 A/5 A	超高速 Super Speed	10 Gb/s（全双工）

USB 接口按尺寸分为 A、B、C、Mini、Micro 五种。USB 的连接器分为 A、B 两种，分别用于主机和设备；其各自的小型化的连接器是 Mini-A 和 Mini-B，另外还有 Mini-AB（可同时支持 Mini-A 及 Mini-B）的插口。USB 标准信号使用分别标记为 D+ 和 D- 的双绞线传输，它们各自使用半双工的差分信号并协同工作，以抵消长导线的电磁干扰。不同类型的 USB 接口如图 1-32 所示。

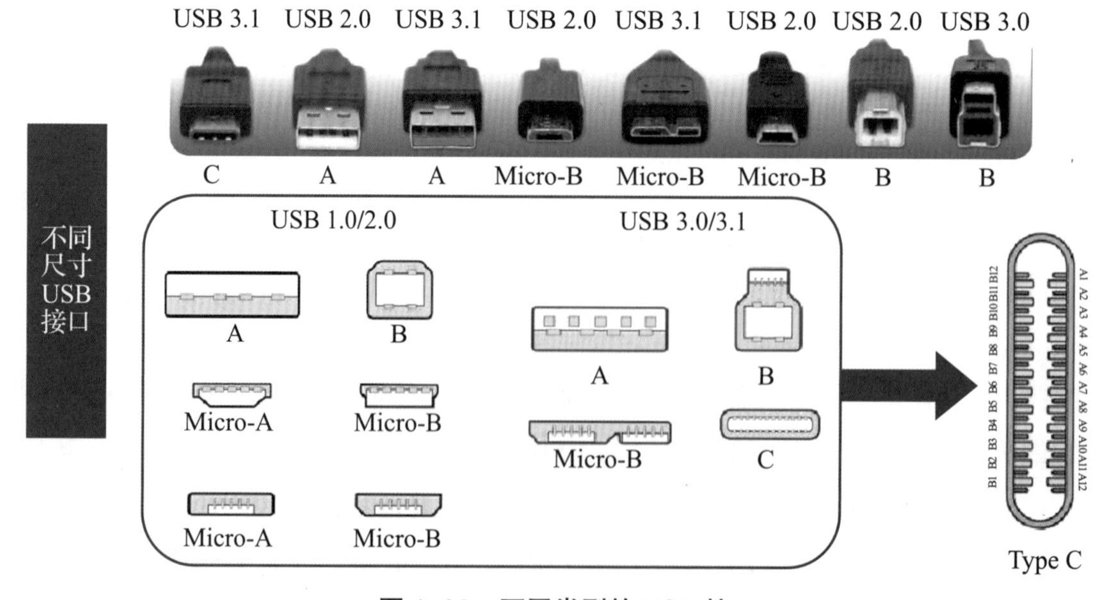

图 1-32 不同类型的 USB 接口

12. PS/2 接口

PS/2 接口是 I/O 接口中比较常见的一种接口，用来连接键盘和鼠标，二者可以用颜色来区分，紫色的接键盘，绿色的接鼠标。其他颜色或半紫半绿则键盘、鼠标均可接。主板上最多有 2 个 PS/2 接口，有的只有 1 个，甚至没有。

13. VGA 接口

VGA 接口是一种 D 型接口，上面共有 15 Pin 空，分成 3 排，每排 5 个。VGA 接口采用模拟信号传输，工作原理是首先将电脑内的数字信号转换为模拟信号，将信号发送到 LCD 显示器，而显示器再将该模拟信号转换为数字信号。现在大部分显示器都带有 VGA 接口，用途十分广泛。

14. DVI 接口

目前的 DVI 接口分为两种，一种是 DVI–D 接口，只能接收数字信号，另一种则是 DVI–I 接口，可同时兼容模拟和数字信号。考虑到兼容性问题，目前在多数主板上一般只会采用 DVD–I 接口，这样可以通过转换接头连接到普通的 VGA 接口。这种 DVI 接口多见于 21.5 寸以上的显示器，小尺寸显示器不常见到。

Display Port 是视频电子标准协会推动的数字式视频接口标准，订定于 2006 年 5 月；目前最新的 1.2 版，订定于 2009 年 11 月 22 日。该接口订定免认证、免授权金，发展中的新型数字式音频 / 视频界面，主要适应于连接电脑和屏幕，或是电脑和家庭剧院系统。有意要取代旧有的 VGA 和 DVI 界面。它既可以用于内部显示连接，也可以用于外部的显示连接。Display Port 可用于同时传输音频和视频。

15. HDMI 接口

HDMI 称为高清晰度多媒体接口，是一种全数字化图像和声音发送接口，可以发送未压缩的音频及视频信号，广泛用于视频设备和计算机中。

16. 网线接口

网线接口用于连接计算机网络，常用的是 RJ–45 接口，8 个触点适配 T568A 或者 T568B 型的双绞线，一般使用的网线都是 T568B 型的直通线。网线接口上方有两盏指示灯，用来反映网线中是否有信号通过。

17. 音频接口

音频接口由 3 个或 6 个圆孔组成，并以不同的颜色区分。3 个为双声道立体声，6 个为环绕立体道。音频接口输出的是模拟信号，可以直接连接耳机、音箱等设备实现音频播放。

右上蓝色插孔为音频线路输入；右中绿色插孔为前置左右声道；右下红色插孔为麦克风输入；左上橙色插孔为中置声道和低音声道；左中黑色插孔为后置环绕左右声道；左下灰色插孔为 7.1 声道的侧置环绕左右声道，5.1 声道则改为音频光纤输出接口。

18. Thunderbolt 接口

Thunderbolt 是由英特尔发表的连接器标准，早期使用光纤，后期与苹果公司共同研发，并改用铜线和苹果的 Mini Display Port 接口外形，因此它既能以双向 10 Gb/s 传输数据

（10 Gb/s + 10 Gb/s），也能兼容 Mini Display Port 设备直接连接 Thunderbolt 接口传输视频与声音信号，还可连接 Apple Thunderbolt Display 直接同时输出视频、声音与数据。Thunderbolt 接口如图 1–33 所示。

19. S/PDIF 接口

S/PDIF 是一种数字传输接口，可使用光纤或同轴电缆输出，把音频输出至解码器上，能保持高保真度的输出结果。可以实现与 MD（Mini–Disc）播放器、CD 播放器、功放、解码器等设备的连接，实现音频流的光纤数据传输。S/PDIF 接口如图 1–34 所示。

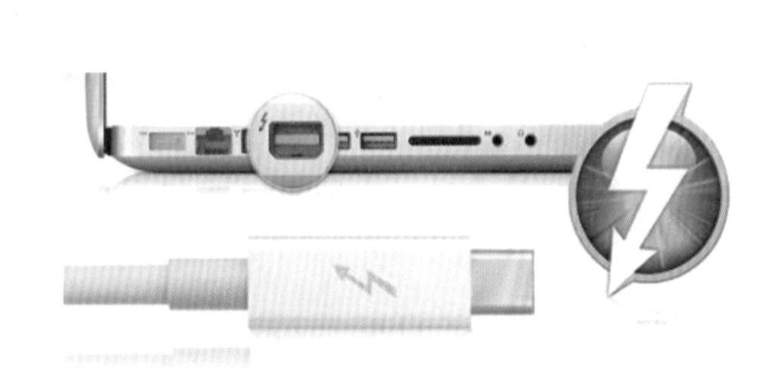

图 1–33 Thunderbolt 接口

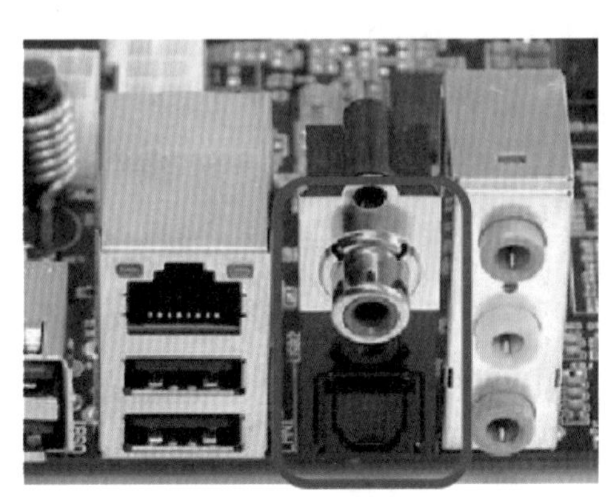

图 1–34 S/PDIF 接口

20. 电源接口

电源接口有主板供电接口、CPU 供电接口。主板供电接口是一个双排 24 孔或 20 孔的长方形插孔；CPU 供电接口为 4 孔或 8 孔，插孔外边有卡扣，如图 1–35 所示。电源插孔采用防呆设计，只能在一个方向上插入，故不必担心插错。

图 1–35 主板电源接口

21. 总线

总线是指计算机组件间规范化的交换数据的方式，即以一种通用的方式为各组件提供数据传送和控制逻辑。从另一个角度来看，如果说主板是一座城市，那么总线就像是城市里的公共汽车，能按照固定行车路线，传输来回不停运作的比特。这些线路在同一时间内都仅能负责传输一个比特。因此，必须同时采用多条线路才能发送更多数据，而总线可同时传输的数据数就称为宽度，以比特为单位，总线宽度越大，传输性能就越佳。总线的带宽（即单位时间内可以传输的总数据数）为：总线带宽 = 频率 × 宽度。

PC 上一般有五种总线：

数据总线：在 CPU 与 RAM 之间来回传送需要处理或是需要存储的数据。

地址总线：用来指定在 RAM（Random Access Memory）之中存储的数据的地址。

控制总线：将微处理器控制单元（Control Unit）的信号，传送到周边设备，一般常见的为 USB BUS 和 1394 BUS。

扩展总线：可连接扩展槽和电脑。

局部总线：取代更高速数据传输的扩展总线。

1.6 主板的规格

台式主板规格一般是标准的，这直接决定了其可替换性，这也是其产品特点之一。常见台式主板规格介绍，包括 ATX、ITX 等，如图 1-36 所示。

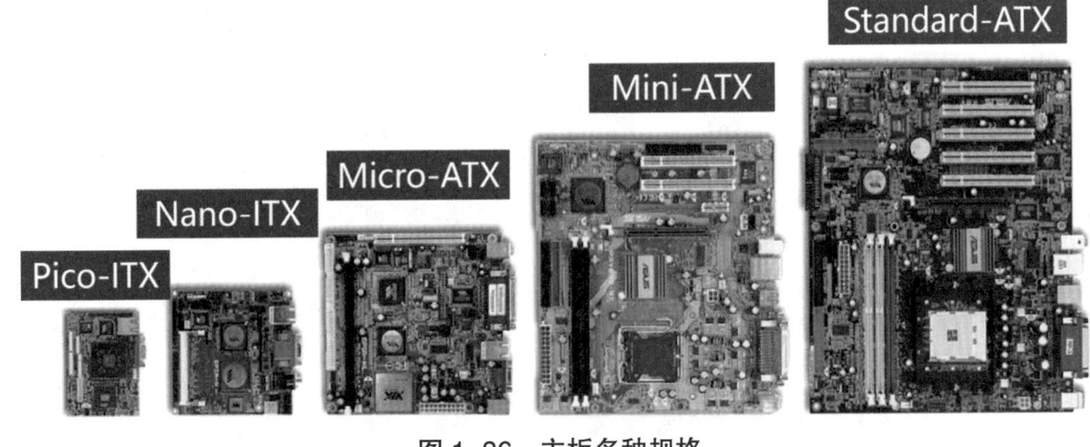

图 1-36 主板多种规格

AT：已被淘汰。IBM 为了产生 IBM 个人电脑 /AT（一种使用 Intel 80286 的机器），创立此规格。又称 Full AT，在 Intel 80386 年代很流行，现被 ATX 取代。

ATX：由 Intel 于 1995 年发表。截至 2007 年仍然是最受 DIY 一族欢迎的规格。其他派生的主板规格（包括 Micro-ATX、Mini-ATX 与 FlexATX）保留了 ATX 基本的背板设置，但主板的面积减少，扩充槽的数目也有所删减。此规格经历多次变更；最新 2.3 版本规格于 2007 年发表。标准的 ATX 主机版，长 12 英寸，宽 9.6 英寸（305 毫米 ×244 毫米）。这也容许标准的 ATX 机箱容纳较小的 Micro-ATX 主板。

Micro-ATX：ATX 的缩小版本（短 25%）。可安装于大部分 ATX 机箱，会使用较小的电源供应器，但扩充槽数目比 ATX 少。

Mini-ATX：由建棋 AOpen Inc. 在 2006 年所研发。其尺寸为 11.2″ × 8.2″（284 毫米 × 208 毫米）。Mini-ATX 比 ATX 略小。非常适合家庭戏院电脑（HTPC）之应用以及车用电脑等工业级应用。

FlexATX：Micro-ATX 规格的分支，比 Micro-ATX 小，对主板的设计、组件位置及形状提供更大弹性。

ITX：威盛电子比 Micro-ATX 更小、更高集成度的规格，多用于小型设备，如客户端及数字视频转换盒内。

1.7 笔记本电脑主板的特点

与台式机主板不同的是，笔记本机型为了满足外置功能模块的布局，会通过排线或转接口转接相应的功能小板，英文名称 Daughter Board，简称 D/B。通常会以此功能小板包含的主要功能为此小板命名，如果此功能小板上主要包含 USB 接口，就可以称这块小板为 USB 板。为了配合不同笔记本电脑整体机构设计的需要，不同机型电脑主机的主板通常会有不同的外形，有别于台式电脑的主板。笔记本主板如图 1-37 所示。

图 1-37 笔记本主板

笔记本主板与台式主板的差异：（1）非标准的（可替换性差）；（2）相对较小（可扩展性差）；（3）移动专用芯片、元器件（与体积、功耗、发热有关）；（4）双面元器件分布。

直通职场 卖旧电脑，怎样防止泄密？

职场情境：

客户的笔记本电脑已经购买了 6 年了，想卖掉之后，再买一台新的笔记本电脑。但是客户很害怕自己的账号被盗取，因为他的朋友刚刚卖掉自己的旧电脑，而且硬盘已经格式化了，但支付宝还是被盗刷了。客户询问：为什么硬盘格式化了之后，支付宝账号还是会被盗刷呢？卖旧电脑，怎样防止泄密？

情境解析：

卖旧电脑时，明明硬盘已经格式化了，结果支付宝还是被盗刷，是因为盗窃分子使用了专用的硬盘数据恢复软件。简单的格式化，并不能完全删除电脑中的信息，使用专用硬盘数据恢复软件可以恢复账号和重要的数据。

如何确保废旧电脑不会被泄露重要信息？

首先，电脑里的文件不能简单删除，不要选择快速格式化，要使用低级格式化工具格式化硬盘数据，要进行多次低级格式化。其次，对于敏感重要的信息的硬盘，要进行加密。最后，硬盘尽量不要卖，拆下来保持或者拆毁。

硬盘密码在 BIOS 里面设置，如果设置了硬盘密码，那么每次在开机的时候都需要输入硬盘密码，硬盘密码一般保存在 BIOS 芯片里面或者保存在硬盘芯片里面。当你忘记设置的硬盘密码的时候，如果硬盘密码保存在 BIOS 芯片里面，不管是笔记本还是台式机，只要将 CMOS 放电就可以了，或者是重新刷 BIOS 芯片；如果硬盘密码保存在硬盘芯片里面，就比较麻烦了，一般情况只能换硬盘。

解决方案：

1. 耐心给客户讲解支付宝账号被盗刷的原因。

2. 告知客户卖旧电脑防止泄密的做法。

知识拓展 芯片组命名中字母含义

当前市面上主要有两种品牌的芯片组，分别是 Intel 和 AMD，芯片组往往分系列，同系列各个型号用字母来区分，命名有一定规则，掌握这些规则，可以在一定程度上快速了解芯片组的定位和特点。Intel 芯片组如图 1–38 所示，AMD 芯片组如图 1–39 所示。

1. Intel 芯片组命名中字母含义

M：Mobile 移动版本，用于笔记本电脑

P：主流版本，无集成显卡（4 系列及之前）

G：主流的集成显卡芯片组（4 系列及之前）

H：消费入门级芯片组（5 系列及之后）

Z：消费主流级芯片组（5 系列及之后）

B：商用入门级芯片组

Q：面向商业用户的企业级芯片组

X：面向发烧友的消费芯片组

图 1-38　Intel 芯片组

2. AMD 芯片组命名中字母含义

M：Mobile 移动版本，用于笔记本电脑

G：Graphics 主流的集成显卡芯片组

X：高端消费芯片组

FX：面向发烧友的顶级芯片组

2017 年以后：

A：入门级芯片组

B：主流芯片组

X：发烧友级芯片组

图 1-39　AMD 芯片组

工作任务 3 CPU

任务描述

CPU 是计算机最核心的组成部分，相当于一个人的大脑，控制着所有的操作，所有的控制指令都从这里发出。因此它的重要性不言而喻。本任务主要讲述 CPU 的类型、基本参数及封装类型等内容。

任务清单

任务清单如表 1-8 所示。

表 1-8 CPU

任务目标	素质目标: 具有良好的学习方法和学习习惯; 具有发现问题、分析问题及解决问题的能力。 知识目标: 掌握 CPU 的分类; 了解 CPU 基本参数; 掌握 CPU 封装形式。 能力目标: 应用 Intel 酷睿 i 系列 CPU 命名规则
任务重难点	重点: 掌握 CPU 的分类; 掌握 CPU 封装形式。 难点: 应用 Intel 酷睿 i 系列 CPU 命名规则
任务内容	1. CPU 的分类; 2. CPU 基本参数; 3. CPU 封装形式; 4. Intel 酷睿 i 系列 CPU 命名规则
工具软件	PC 机 1 台; 三种类型封装 CPU
资源链接	微课、图例、PPT 课件、实训报告单

任务实施

（1）分工分组。

2 人 1 组进行练习，组内每人轮流完成工作任务。根据回答及记录结果互评，10 min 内完成，提交结果记录表。

（2）组员面对面交互提问 CPU 的分类有哪些，Core i7 2930MX M 的含义是什么。

（3）写出 CPU 基本参数:

（4）写出 CPU 的封装形式:

（5）填写表 1–9，完成实训报告。

表 1–9 CPU 记录表

项目	结果
CPU 分类	
Core i7 2930MX M	
CPU 基本参数	
CPU 封装形式	

知识链接

1.8 CPU分类

当前市面上主要有两种品牌的 CPU，分别是 Intel 和 AMD，下面就来认识一下。

1. Intel CPU 按品牌分类

Intel CPU 是由全球最大的半导体芯片制造商 Intel 公司生成的一系列 CPU，也是个人计算机中最早的 CPU 品牌，Intel CPU 面向不同的用户推出了很多系列，目前酷睿、奔腾、赛扬系列用于台式机和笔记本电脑。至强、安腾系列用于服务器。凌动系列用于智能手机、平板和低成本的 PC。Quark SoC 系列用于可穿戴设备。如图 1–40 所示。

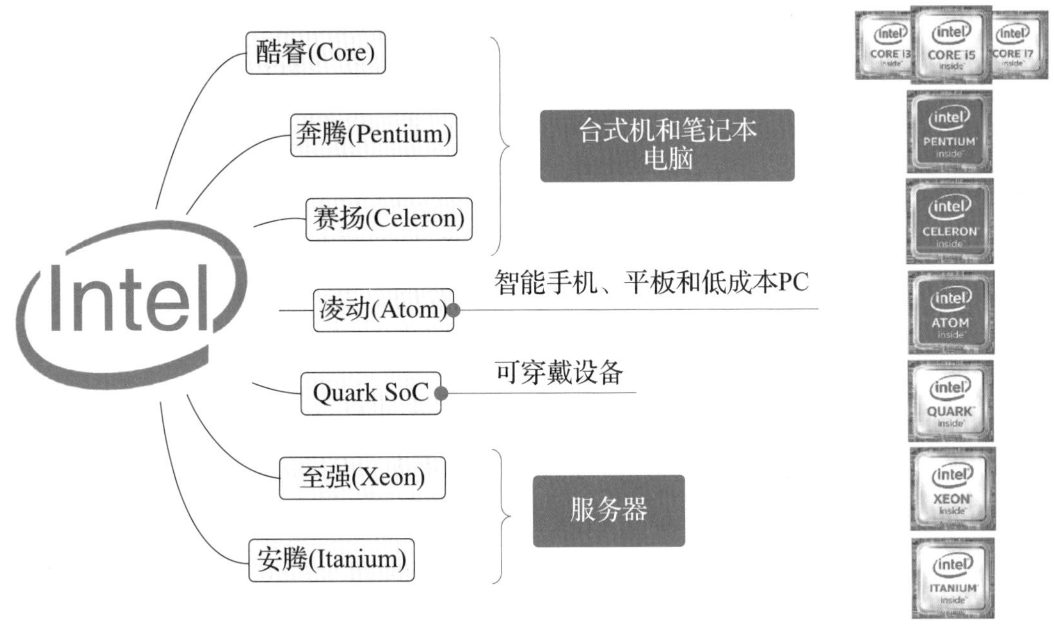

图 1-40　Intel CPU 按品牌分类

2. AMD CPU 按品牌分类

AMD CPU 是由 AMD（Advanced Micro Devices，超微半导体）公司生产的，其价格低廉，性能强劲，受到很多普通家庭用户和娱乐用户的青睐。AMD CPU 也面向不同的用户群推出了不同类型的 CPU 系列，其羿龙、钻龙系列已停产。炫龙系列用于笔记本电脑，皓龙系列用于服务器，Geode 用于嵌入式设备，如图 1-41 所示。AMD CPU 的锐龙、AMD FX、APU、速龙和闪龙系列，性能依次减弱，锐龙最强，随后分别是 AMD FX、APU 和速龙，闪龙最弱。

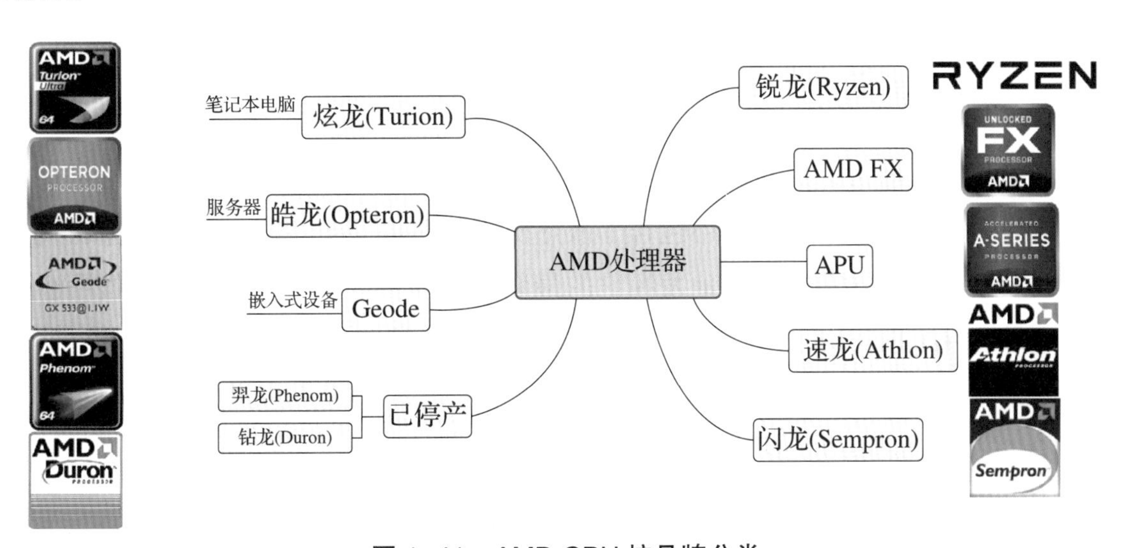

图 1-41　AMD CPU 按品牌分类

1.9　CPU基本参数

主频：也叫时钟频率，单位是 MHz，主要用来表示 CPU 的运算速度。CPU 的主频由外频和倍频系数来确定，两者的乘积就是主频。CPU 的主频与外频之间存在着一个比值关系，这个比值就是倍频系数，简称倍频。倍频可以在 1.5 ~ 23 倍，甚至更高，以 0.5 为一个间隔单位。外频和倍频其中任何一项提高，都可以使 CPU 的主频上升。由于 CPU 主频并不直接代表运算速度，因此在特定情况下，很可能会出现主频较高的 CPU 实际运算速度较低的现象。因此，主频仅仅是 CPU 性能表现的一个方面，而不代表 CPU 的全部性能。

FSB：前端总线（Front Side Bus，FSB）频率也即 CPU 的外部时钟频率，它是 CPU 和北桥芯片之间数据总线传输时钟频率。前端总线频率越高，就意味着单位时间内传输的数据量越大。目前常见笔记本电脑 CPU 的前端总线频率范围在 400 ~ 1 066 MHz。

在计算机系统中，CPU 高速缓存（CPU Cache，在本文中简称缓存）是用于减少处理器访问内存所需平均时间的部件。在金字塔式存储体系中它位于自顶向下的第二层，仅次于 CPU 寄存器。其容量远小于内存，但速度却可以接近处理器的频率。

内部缓存：封闭在 CPU 芯片内部的高速缓存，用于暂时存储 CPU 运算时的部分指令和数据，存取速度与 CPU 主频一致。高速缓冲存储器均由静态 RAM 组成，结构较复杂，一般 L1 缓存的容量通常在 32 ~ 256 KB。L1 缓存越大，CPU 工作时与存取速度较慢的 L2 缓存和内存间交换数据的次数就越少，相对 CPU 的运算速度可以提高。

外部缓存：CPU 二级高速缓存，分内部和外部两种模块。内部的芯片二级缓存运行速度与主频相同，而外部的二级缓存则只有主频的一半。L2 高速缓存容量也会影响 CPU 的性能，原则上是越大越好，目前笔记本电脑 Intel CPU 的 L2 缓存容量一般在 1 ~ 4 MB。同时代 AMD 的 CPU L2 缓存容量相对较小。

总线宽度：地址总线宽度决定了 CPU 可以访问的物理地址空间，简单地说，就是 CPU 到底能够使用多大容量的内存。当前 32 位地址总线的 CPU 理论上可以访问 4 GB 的存储空间，同时具备 64 位数据位宽的传输能力。

封装形式：传统意义上的封装形式对于芯片仅仅是一个外壳，是机械结构性的保护，现阶段芯片的封装除了结构特性外，还包含了散热机制，并成了电性能上芯片与主板连接的平台。CPU 封装的意义在于最大限度地发挥它的最佳性能和提供一个与主板的连接平台，是实现笔记本电脑专用 CPU 体积小、散热快、功耗低等各项特性的保证。一般而言，移动处理器采用的封装形式取决于各个时代 CPU 的工艺技术和成本等因素，封装技术对于笔记本电脑 CPU 而言，是一种很重要的技术体现。

1.10 CPU封装形式

微课：CPU 封装形式

封装的类型主要为三种：LGA，PGA，BGA，如图 1-42 所示。

LGA（Land Grid Array）为平面网格阵列封装。我们平时常见的 Intel CPU 基本都采用了这样的封装方式，这种封装方式的特点就是触点都在 CPU 的 PCB 上，而整个 CPU 的背部就像网格一样覆盖在 CPU 背部，而为了让主板与 CPU 连通，主板则承担了提供针脚的工作。所以你会看到只要是 LGA 封装的 CPU，针脚必然都在主板上，而且 LGA 的封装由于针脚设计的问题，相对来说比较脆弱，而主板针脚损坏了，就极有可能意味着整个主板损坏了。

PGA（Pin Grid Array）为插针网格阵列封装。主流的 AMD CPU，老的酷睿移动 MQ 系列基本都采用了 PGA 封装方式。和 LGA 相反，PGA 则是把针脚集中在了 CPU 的 PCB 身上，所以你会看到 CPU 身上会有一堆的针脚，而主板只需要提供插入针脚的插孔。而且由于本身需要多次移动，PGA 的针脚相对于 LGA 来说强度会更高，即使出现了弯曲，也能通过相对简单的方法恢复。可以说在保护上 PGA 是比 LGA 好很多的。

BGA（Ball Grid Array）为球栅网格阵列封装。BGA 可以是 LGA、PGA 的极端产物，和它们可以随意置换的特性不同，BGA 一旦封装了，除非通过专业仪器，否则普通玩家根本不可能以正常的方式拆卸更换，但是因为是一次性做好的，所以 BGA 可以更矮、体积更小。所有手机处理器都使用这种封装形式。

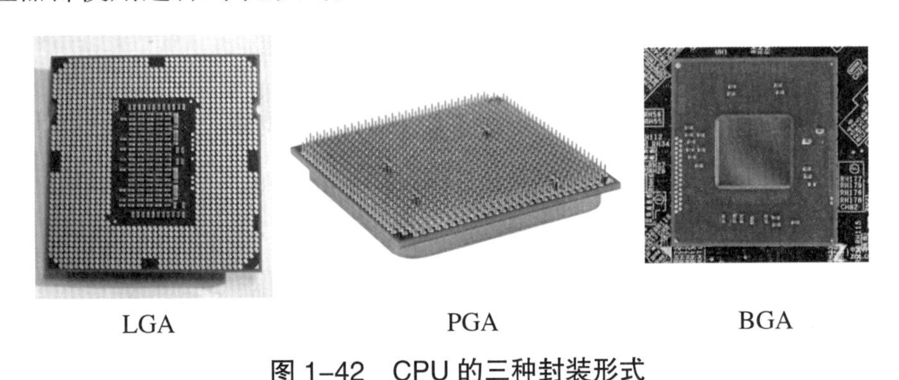

LGA　　PGA　　BGA

图 1-42　CPU 的三种封装形式

三种封装方式对比：

严格来说，三种封装各有优劣，并没有谁最好。

LGA：相比于 PGA 而言，体积更小；相比于 BGA 而言，具有更换性。但是对于更换过程中的操作要求更严格。

PGA：在三种封装中体积最大，但是更换方便，而且更换的操作失误要求低。

BGA：三种封装中体积最小，但是更换接近于 0，同时由于封装工艺问题，BGA 的触点如果在封装过程中没有对准或者结合，极有可能意味着报废，所以相比于 LGA，BGA 成品率更低。

直通职场　遇到显示类故障时需要判断是否为CPU导致

职场情境：

客户来电询问：电脑在使用一段时间以后，显示屏幕出现了间歇性花屏、闪屏的故障，是什么原因导致的？应该怎么处理？

情境解析：

当计算机出现间歇性花屏、闪屏、休眠或者睡眠后不能唤醒的现象时，需要针对一些基本的硬件运行进行检查，查看 CPU 与显卡。因为现在的 CPU 大部分不再是由一个 CPU 核心封装而成，而是由一个 CPU 与一个 GPU 封装而成。这种 CPU 就是 CPU 核心显卡，它是一种显示核心和 CPU 整合的技术，依托处理器强大的运算能力和智能能效调节设计，在更低功耗下实现同样出色的图形处理性能和流畅的应用体验。Intel 基本上都在其 CPU 中集成了核心显卡。AMD 处理器分两大类，集成显卡的 APU 和非集成显卡的 CPU。配置 5 代（Broadwell 平台）、6 代（Skylake 平台）及其以后 Intel 处理器的机器，如果出现间歇性花屏、闪屏、休眠或者睡眠后不能唤醒的现象，优先考虑 Intel 集显驱动的可能。

解决方案：

1. 为客户耐心细致地解释。
2. 给客户建议：将电脑带到品牌售后服务网点进行进一步的检查处理。

知识拓展 CPU超线程技术

超线程（Hyper-Threading，HT）是英特尔研发的一种技术，于 2002 年发布。超线程技术原先只应用于 Xeon 处理器中，当时称为“Super-Threading”。之后陆续应用在 Pentium 4 HT 中。早期代号为 Jackson。

超线程技术把多线程处理器内部的两个逻辑内核模拟成两个物理芯片，让单个处理器就能使用线程级的并行计算，进而兼容多线程操作系统和软件。超线程技术充分利用空闲 CPU 资源，在相同时间内完成更多工作。虽然采用超线程技术能够同时执行两个线程，但当两个线程同时需要某个资源时，其中一个线程必须让出资源暂时挂起，直到这些资源空闲以后才能继续。因此，超线程的性能并不等于两个 CPU 的性能。而且，超线程技术的 CPU 需要芯片组、操作系统和应用软件的支持，才能比较理想地发挥该项技术的优势。

运作方式：每个单位时间内，一个单运行管线的 CPU 只能处理一个线程（操作系统：Thread），以这样的单位进行，如果想要在一单位时间内处理超过一个线程是不可能的，除非是有两个 CPU 的实体单元。双核心技术是将两个一样的 CPU 放置于一个封装内（或直接将两个 CPU 做成一个芯片），而英特尔的多线程技术是在 CPU 内部仅复制必要的资源，让两个线程可同时运行；在一单位时间内处理两个线程的工作，模拟实体双核心、双线程运作。

Intel 自 Pentium 开始引入超标量、乱序运行、大量的寄存器及寄存器重命名、多指令解码器、预测运行等特性；这些特性的原理是让 CPU 拥有大量资源，并可以预先运行及平行运行指令，以增加指令运行效率，可是在现实中这些资源经常闲置；为了有效利用这些资源，就干脆再增加一些资源来运行第二个线程，让这些闲置资源可执行另一个线程，而且 CPU 只要增加少数资源就可以模拟成两个线程运作。

P4 处理器需多加一个 Logical CPU Pointer（逻辑处理单元）。因此 P4 HT 的 die 的面积比以往的 P4 增大了 5%。而其余部分如 ALU（整数运算单元）、FPU（浮点运算单元）、L2 Cache（二级缓存）并未增加，且是共享的。

思政融入

华为自主研发编程语言“仓颉”，“中国话”将走向世界

CPU 能直接理解的是指令集。指令集也被称作“机器语言”。在语言的规则中规定各种指令的表示形式以及它的作用。但是机器语言与人们习惯用的语言差别太大，难学、难写、难记、难检查、难以修改、难以推广。为了克服机器语言上的缺点，人们创造出“符号语言”，它用一些英文字母和数字表示一个指令，例如 ADD 代表“加”，SUB 代表“减”，显然计算机并不能直接识别和执行符号语言的指令，而是需要用一种称为汇编程序的软件把符号语言的指令转换为机器指令。一般，一条符号语言的指令对应转换为一条机器指令。转换的过程称为汇编，因此，符号语言又称为汇编语言。虽然汇编语言比机器语言简单好记一些，但不同型号的计算机的机器语言和汇编语言是互不通用的，只在专业人员中使用。机器语言和汇编语言是完全依赖于具体机器特性的，是面向机器的语言，故称为计算机低级语言。20 世纪 50 年代创造出了第一种计算机高级语言——FORTRAN 语言。它很接近于人们习惯使用的自然语言和数学语言，很容易理解。编程语言有很多种，常用的有 C 语言、C++、Java、C#、Python、PHP、JavaScript、Go 语言等，长期以来，编程语言一直是国外的专项。

在外界形势高压下，华为最终决定开始自主研发编程语言。作为一线科技公司，华为开发自有编程语言并不是空穴来风，甚至可以说是华为发展的必然过程。根据查询，华为已于 2021 年 3 月 16 日提交了“华为仓颉”商标申请，目前注册在第 42 类设计研究相关服务上的已经通过初审，另外两件还在申请中状态。

仓颉，是原始象形文字创造者，根据记载，仓颉见鸟兽的足迹受启发，分类别异，加以搜集、整理和使用，在汉字创造的过程中起到了重要作用，被尊为“造字圣人”，如图 1-43 所示。华为自研编程语言，与“造字圣人”不谋而合，用“仓颉”来命名别具深意，恰到好处，颇具我国历史文化底蕴。

图 1-43 “造字圣人”仓颉

工作任务 4　存储器

任务描述

存储器可分为主存储器（Main Memory，简称主存）和辅助存储器（Auxiliary Memory，简称辅存）。主存储器又称内存储器（简称内存），辅助存储器又称外存储器（简称外存）。外存通常是磁性介质（软盘、硬盘、U 盘、存储卡或光盘），能长期保存信息，并且不依赖于电来保存信息。本任务详细讲述了存储器的分类、存储器的性能参数及常用存储器等内容。

任务清单

任务清单如表 1-10 所示。

表 1-10　存储器

任务目标	素质目标： 具有良好的观察能力和辨别能力； 具有积极的心态和与客户耐心细致沟通的能力。 知识目标： 掌握存储器的分类； 掌握存储器的主要参数； 了解常用存储器。 能力目标： 能够辨别不同类型的存储器
任务重难点	重点： 掌握存储器的分类； 掌握存储器的主要参数； 难点： 能够辨别不同类型的存储器
任务内容	1. 内存； 2. 外存； 3. 笔记本内存升级考虑的因素及安装； 4. RAID 技术
工具软件	PC 机 1 台； 不同类型的内存、不同类型的外存
资源链接	微课、图例、PPT 课件、实训报告单

任务实施

（1）分工分组。

3 人 1 组进行演练，组内每人轮流完成一次场景演练。

工程师 1 人：提供不同类型的存储器。

记录员 1 人：负责对照记录表进行性能测试结果记录，并提交结果。

摄像 1 人：负责对演练全程记录。

（2）按照技术规范进行面对面交互演练，10 min 内完成，提交结果记录表，根据视频及记录结果互评。

（3）每组提供计算机一台，不同类型的存储器多块。

（4）填写表 1-11，记录测试结果，完成实训报告。

表 1-11　存储器记录表

存储器	名称	类型	性能指标

知识链接

1.11　内存

内存在整个电脑系统中起临时存放数据和指令的作用，是除 CPU 内部缓存外，速度最快的存储设备，CPU 所需的一切数据均通过内存进行中转。

1.11.1　内存的分类

内存泛指计算机系统中存放数据与指令的半导体存储单元。它包括 ROM（只读存储器）和 RAM（随机存储器）。ROM 又分为 EPROM（可擦除可编程只读存储器）、EEPROM（电可擦除可编程只读存储器）、Flash Memory（快闪式只读存储器）三类。RAM 又分为 SRAM（静态随机存储器　）和 DRAM（动态随机存储器　）。内存分类如图 1-44 所示。

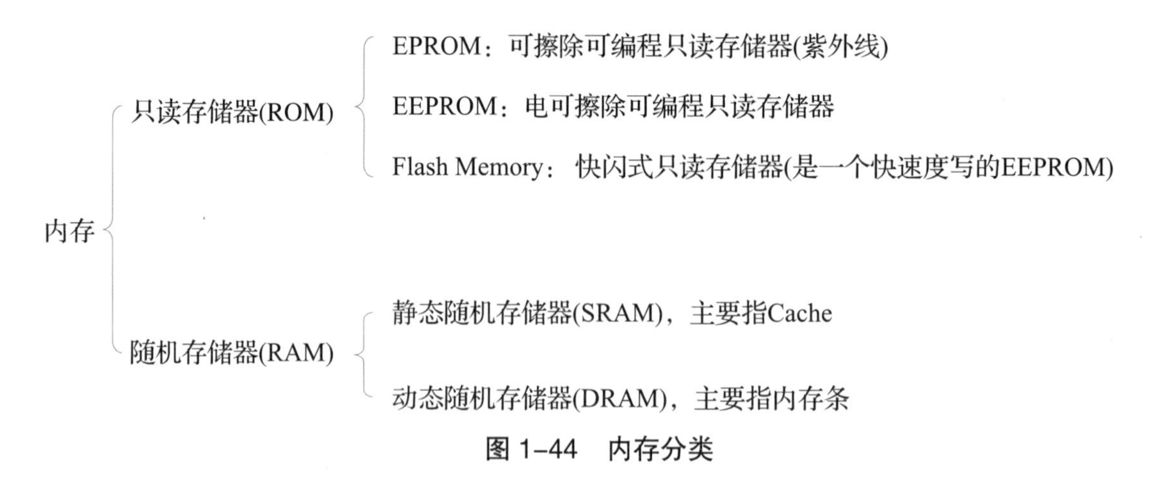

图 1-44　内存分类

1. 只读存储器 ROM

只读存储器 ROM 是计算机厂商用特殊的装置把内容写在芯片中，只能读取，不能随意改变内容的一种存储器，一般用于存放固定的程序，如 BIOS、ROM 中的内容不会因为掉电而丢失。ROM 又分为 EPROM、EEPROM 和 Flash Memory 三类。

EPROM 可利用高电压将资料编程写入，但擦除时需将线路曝光于紫外线下一段时间，资料才可被清空，再供重复使用。因此，在封装外壳上会预留一个石英玻璃所制的透明窗以便进行紫外线曝光。写入程序后通常会用贴纸遮盖透明窗，以防日久不慎曝光过量影响资料。

EEPROM 的运作原理类似 EPROM，但是擦除的方式是使用高电场来完成，因此不需要透明窗。

Flash Memory 是一种电子式可清除程序化只读存储器的形式，允许在操作中被多次擦或写的存储器。这种科技主要用于一般性数据存储，以及在电脑与其他数字产品间交换传输数据，如存储卡与闪存盘。闪存是一种特殊的、以宏块擦写的 EEPROM。早期的闪存进行一次擦除就会清除整颗芯片上的数据。闪存主要分为 NAND 型与 NOR 型。

NOR Flash 需要很长的时间进行擦写，但是它提供完整的寻址与数据总线，并允许随机存取存储器上的任何区域，这使得它非常适合取代老式的 ROM 芯片。

NAND Flash 非常适合用于存储卡之类的大量存储设备。第一款创建在 NAND Flash 基础上的可卸载式存储媒体是 Smart Media，此后许多存储媒体也跟着采用 NAND Flash，包括 MultiMedia Card、Secure Digital、Memory Stick 与 xD 卡。

2. 随机存储器 RAM

RAM 就是平常所说的内存，系统运行时，将所需的指令和数据从外部存储器（如硬盘、光盘等）调入内存，CPU 再从内存读取指令或数据进行运算，并将运算结果存入内存。RAM 的存储单元根据具体需要可以读出，也可以写入或改写。RAM 只能用于暂时存放程序和数据，一旦关闭电源或发生断电，其中的数据就会丢失。根据其制造原理不同，现在的 RAM 多为 MOS 型半导体电路，它分为静态和动态两种。

SRAM（静态随机存储器）数据不需要通过不断地刷新来保存，因此速度比 DRAM（动态随机存储器）快得多。计算机的外部高速缓存（Cache）就是 SRAM。但是 SRAM 的缺点是：同容量相比 DRAM 需要非常多的晶体管，发热量也非常大。因此 SRAM 难以成为大容量的主存储器，通常只用在 CPU、GPU 中作为缓存，容量也只有几十字节至几十兆字节。

DRAM（动态随机存储器）只能将数据保持很短的时间。为了保持数据，DRAM 使用电容存储，所以必须隔一段时间刷新（Refresh）一次，如果存储单元没有被刷新，存储的信息就会丢失。其中，DRAM 中又分 SDRAM（同步动态随机存储器）、DDR SDRAM（双倍数据率同步动态随机存取存储器）、RDRAM（内存总线式动态存储器）。

SDRAM 有一个同步接口的动态随机存取内存，其工作速度与系统总线速度是同步的，SDRAM 内存规格已不再发展，处于被淘汰的行列。

DDR SDRAM 是现在最流行的内存。其数据传输速度为系统时钟频率的两倍，184 线，2.5 V 电压。DDR SDRAM 在系统时脉的上升延和下降延都可以进行数据传输。

RDRAM 具有系统带宽、芯片到芯片接口设计的内存，它能在很高的频率范围下通过一个简单的总线传输数据，同时使用低电压信号，在高速同步时钟脉冲的两边沿传输数据。但由于其高昂的价格，一直未能成为市场主流。

1.11.2 内存主要参数

内存在使用过程中出现故障的概率很小，但其性能也会对整个电脑系统性能产生很大的影响，其主要性能参数如图 1–45 所示。

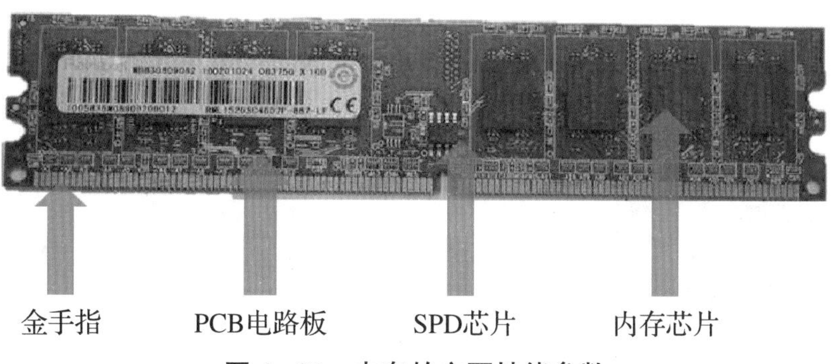

图 1–45 内存的主要性能参数

内存频率：内存与 CPU 一样，也有自己额定的工作频率，人们习惯用它来表示内存的速度，常说的 DDR3–1600 中的“1600”就是内存的额定工作频率。

内存模块：在一个电路板上镶嵌着多个 DRAM 记忆体芯片形成的一个功能组。芯片的数量和单个芯片的容量是影响内存性能的重要因素。

PCB 电路板：内存的印刷电路板，一般采用 6 层或 4 层的玻璃纤维做成。6 层板相对较厚，但可免除噪声的干扰，工作效能极佳，总体上要好于 4 层板。

内存容量：内存的容量不但是影响内存价格的因素，同时也是影响整机系统性能的因素。

工作电压：内存正常工作所需要的电压值。不同类型的内存电压也不同，但各自均有自己的规格，超出其规格，容易造成内存损坏。

内存 SPD 芯片：SPD 是一颗 8 针的 EEPROM，容量为 256 bit，里面主要保存了该内存的相关资料，如容量、芯片厂商、内存模组厂商、工作速度等。SPD 的内容一般由内存模组制造商写入。支持 SPD 的主板在启动时自动检测 SPD 中的资料，并以此设定内存的工作参数，使之以最佳状态工作，更好地确保系统的稳定。

CL 值：也称 CAS 延迟值，可以反映出内存在收到 CPU 数据读取指令后，到正式开始读取数据所需的等待时间。在内存频率相同的情况下，CL 值越小越好。

ECC：这是内存使用的一种错误校验技术，采用这种技术的内存能在数据出错的时候及时检测数据出错的位置并进行纠正，保证系统稳定运行。

内存的“线数”：内存条与主板插接时有许多接触点，这些接触点就是“金手指”，有 30 线、72 线、168 线、184 线和 240 线。30 线内存条的数据宽度为 8 bit；72 线内存条的数据宽度为 32 bit；168 线、184 线 和 240 线内存的数据宽度为 64 bit，双通道内存系统有 2 个 64 bit 的内存控制器，因此在双通道模式下具有 128 bit 的内存位宽。

1.11.3 主流内存

现在市场上用于个人电脑的内存主要是 DDR2、DDR3 与 DDR4，这几种内存都是 DRAM。

其外观对比如图 1-46、图 1-47 所示，其主要参数对比如表 1-12 所示。

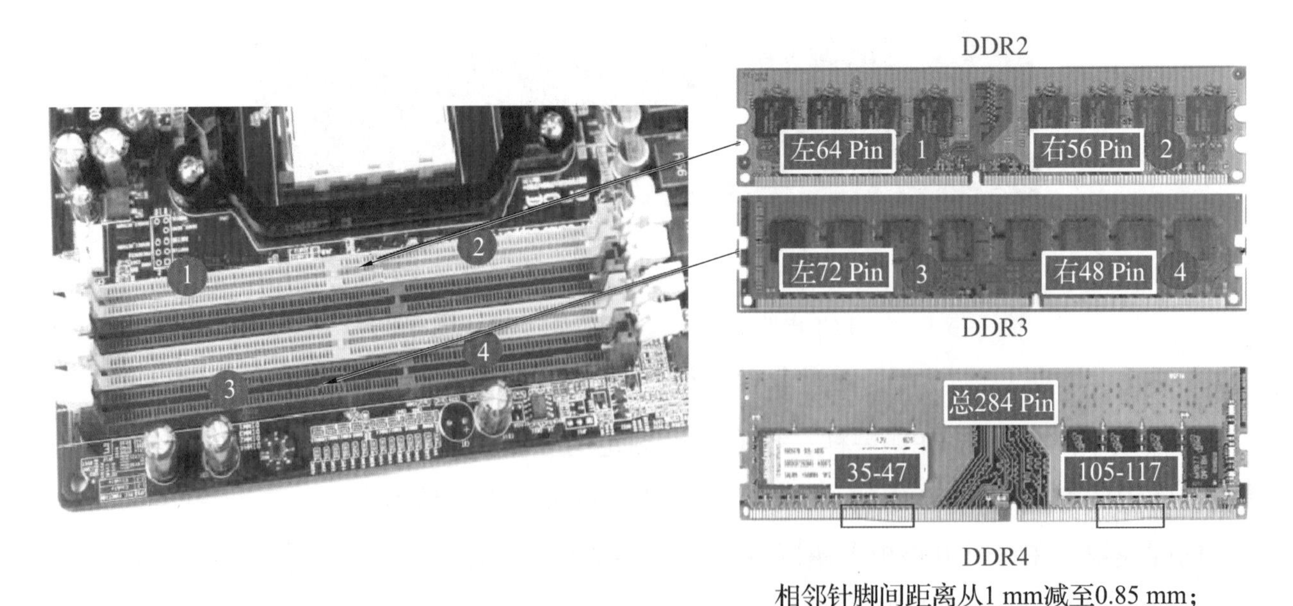

图 1-46 台式内存外观对比

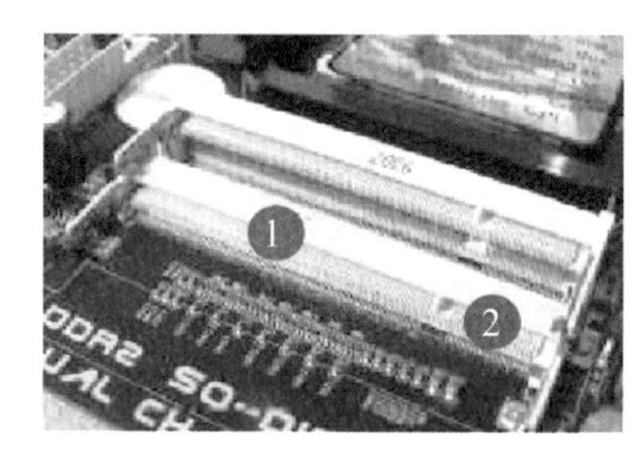

DDR2

DDR3

DDR4

图 1–47　笔记本内存外观对比

表 1–12　内存家族主要参数对比

家族	工作电压	笔记本内存引脚数	台式内存引脚数	规格	核心频率 / MHz	传输带宽 / （MB·s^{-1}）
SD	3.3 V	144	168	PC66	66	530
				PC100	100	800
				PC133	133	1 060
DDR1	2.5 V	200	184	DDR 266	133	2 100
				DDR 333	166	2 700
				DDR 400	200	3 200
DDR2	1.8 V	200	240	DDR2 400	100	3 200
				DDR2 533	133	4 300
				DDR2 667	166	5 300
				DDR2 800	200	6 400
DDR3	1.5 V/1.35 V（低电压版）	204	240	DDR3 800	100	6 400
				DDR3 1066	133	8 500
				DDR3 1333	166	10 700
				DDR3 1600	200	12 800
				DDR3 1866	233	14 900
DDR3	1.2 V/1.1 V（低电压版）	260	284	DDR4 2133	133	17 000
				DDR4 2400	150	19 200
				DDR4 2666	166	21 300
				DDR4 3200	200	25 600

DDR2 是 SDRAM 系列的第三代，工作电压为 1.8 V，其台式金手指数为 240 线，内存缺口左侧 64 线，右侧 56 线。笔记本金手指数为 200 线，内存缺口左侧 80 线，右侧 20 线，常见频率有 400 MHz、533 MHz、667 MHz 和 800 MHz 四种。

DDR3 是 SDRAM 系列的第四代，工作电压为 1.5 V，其台式金手指数为 240 线，缺口左侧 72 线，右侧 48 线。笔记本金手指数为 204 线，内存缺口左侧 36 线，右侧 66 线，常见频率有 800 MHz、1 066 MHz、1 333 MHz、1 600 MHz 和 1 866 MHz 五种。

DDR4 是 SDRAM 系列的第五代，工作电压为 1.2 V，其台式金手指数为 284 线，每一个触点的间距从 1 mm 缩减到 0.85 mm。笔记本金手指数为 204 线，触点间距从 0.6 mm 缩减到 0.5 mm。常见频率有 2 133 MHz、2 400 MHz、2 666 MHz 和 3 200 MHz。

在 DDR4 这一代，金手指发生了明显的改变，变得弯曲了。其实一直以来，平直的内存金手指插入内存插槽后，受到的摩擦力较大，因此内存存在难以拔出和难以插入的情况，为了解决这个问题，DDR4 将内存下部设计为中间稍突出、边缘收矮的形状。在中央的高点和两端的低点以平滑曲线过渡。这样的设计既可以保证 DDR4 内存的金手指和内存插槽触点有足够的接触面，信号传输确保信号稳定的同时，又让中间凸起的部分和内存插槽产生足够的摩擦力稳定内存。金手指中间的“缺口”也就是防呆口的位置相比 DDR3 更为靠近中央。DDR4 内存频率、内存容量提升明显，功耗明显降低，电压达到 1.2 V 甚至更低。

1.12 外存

通常所说的外部存储器包括硬盘、U 盘、移动硬盘、存储卡等。其中，硬盘的存储容量最大，是电脑系统中必不可少的外部存储器。U 盘的存储容量最小。

1.12.1 硬盘的分类

硬盘一般可以按盘径尺寸、接口类型和存储方式进行分类。

1. 按盘径尺寸分类

硬盘产品按内部盘片分为 5.25 英寸、3.5 英寸、2.5 英寸和 1.8 英寸四种（见图 1-48），后两种常用于笔记本及部分袖珍精密仪器中，目前台式机中使用最为广泛的是 3.5 英寸的硬盘。

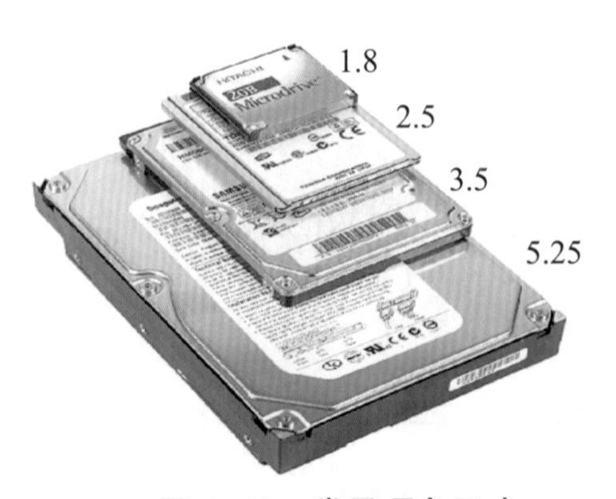

图 1-48 常见硬盘尺寸

2. 按接口类型分类

硬盘与计算机之间的数据接口，常用的为三大类：IDE、SATA 和 SCSI。

（1）IDE 硬盘。

IDE 硬盘也称为并口硬盘，采用较宽的 80 Pin 数据线，数据并行传输，但由于技术限制，其传输速度不可能再提高，现已基本被淘汰。图 1-49 所示为 IDE 硬盘。

（2）SATA 硬盘。

SATA 硬盘即是使用 SATA（Serial ATA）接口的硬盘，又叫作串口硬盘，是现在使用人数最多的接口，其数据接口较窄，但理论传输速度相对于 IDE 硬盘要快很多。图 1–50 所示为 SATA 硬盘。

（3）SCSI 硬盘。

SCSI 硬盘不是给普通 PC 电脑使用的，广泛使用在小型机器上的高速数据的传输。图 1–51 所示为 SCSI 硬盘。

图 1–49　IDE 硬盘

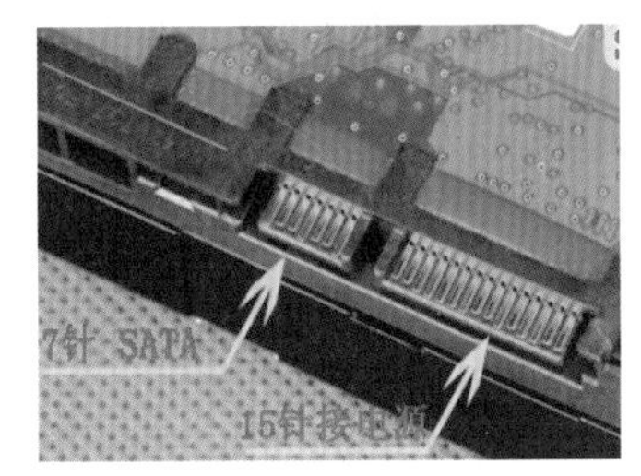

图 1–50　SATA 硬盘

图 1–51　SCSI 硬盘

3. 按存储方式分类

硬盘按存储方式分为机械硬盘（HDD）、固态硬盘（SSD）与混合硬盘（SSHD）三种。

（1）机械硬盘（HDD）。

机械硬盘即是传统普通硬盘，图 1–52 所示为机械硬盘。机械硬盘是磁性盘片，容量大，速度慢，价格低。

（2）固态硬盘（SSD）。

固态硬盘即固态电子存储阵列硬盘，其主体是一块 PCB 板，在 PCB 板上是控制芯片、缓存芯片和用于存储数据的闪存芯片，其接口规范和定义、功能及使用方法与机械硬盘完全相同，外观尺寸也可以做得基本一样。图 1–53 所示为固态硬盘。固态硬盘是闪存芯片，容量小，速度快，价格高。

图 1–52　机械硬盘

图 1–53　固态硬盘

（3）混合硬盘（SSHD）。

混合硬盘就是机械硬盘与固态硬盘的结合体，混合硬盘采用了容量较小的闪存颗粒来存储常用文件，容量通常在 8 GB 到 16 GB 之间。即 HDD 内置闪存记忆体高速缓存的硬盘（SSD）。固态混合硬盘在传统硬盘的基础上添加了一小部分快速的、可支付的 NAND 闪存。而磁盘才是最为重要的存储介质，闪存仅起到了缓冲作用，将更多的常用文件保存到闪存内减小寻道时间，提升效率。集传统硬盘和固态硬盘之所长，混合硬盘性能较高，兼顾了容量和速度，价格适中。混合硬盘如图 1–54 所示。

图 1–54　混合硬盘

1.12.2　硬盘的结构

1. 硬盘的物理结构

硬盘主要由盘片、主轴、读写磁头和传动手臂等部件组成。磁盘结构如图 1–55 所示。

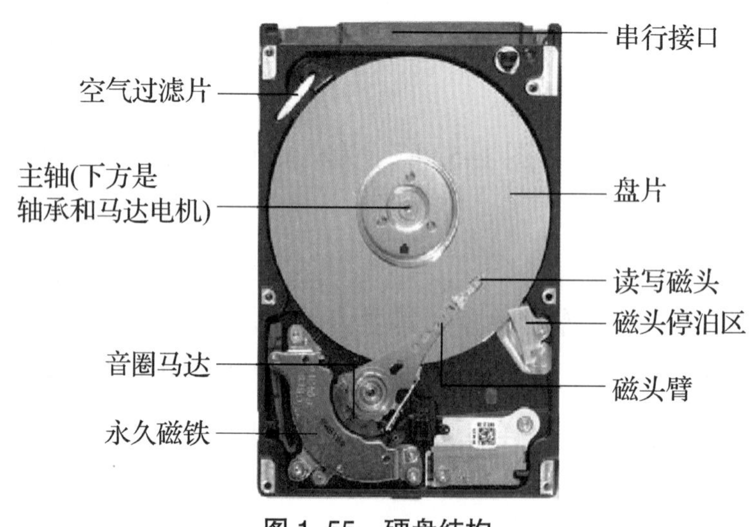

图 1–55　硬盘结构

盘片：是硬盘的存储数据的载体，现在的硬盘多采用金属薄膜材料。影响盘片多少的最大因素是单片容量。

主轴：作用是带动盘片转动，以方便读写磁头读写数据。主轴决定了硬盘的转速。现在的主轴多采用液态轴承。

读写磁头：作用是读取盘片中的数据，当盘片在高速旋转时，读写磁头会按指定的方向靠近盘片来读取数据。硬盘中的磁头不止一个，一个盘片对应一个磁头，正常关机后，读写磁头会自动归位。

传动手臂：作用是定位读写磁头。以传动轴为圆心带动前端的读写磁头在盘片旋转的垂直方向上移动。

传动轴：作用是在硬盘电机的作用下，带动传动手臂转动。

2. 硬盘的逻辑结构

硬盘每个盘片上面有很多同心圆，这些就叫作磁道（Track），磁道又分成许多段，叫作扇区（Sector），每个扇区通常存储 512 个字节。每一面上位置相同的磁道共同构成一个柱面（Cylinder），通常在每个盘面上都有一个磁头（Head），所有的磁头都安装在一个公共的支架或承载设备上做一致的径向移进或移出，而不能单独移动。硬盘的逻辑结构如图 1–56 所示。

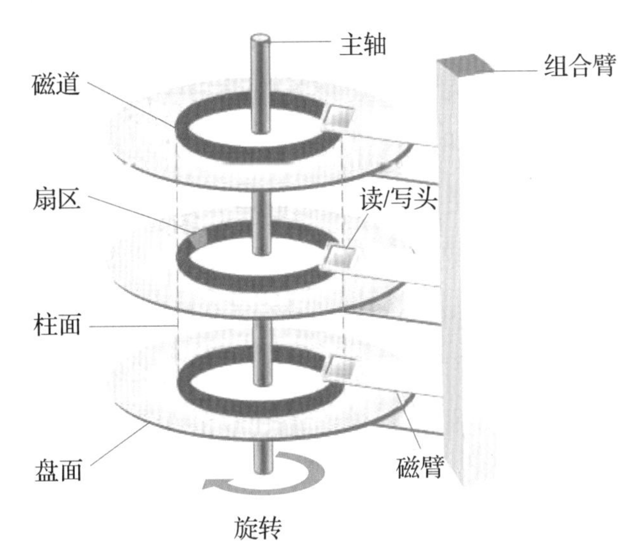

图 1–56　硬盘的逻辑结构

Windows 系统在格式化的时候，选择的默认单元，其实就是把 N 个扇区当作一个簇来使用。硬盘的读写是以柱面的扇区为单位的。柱面也就是整个盘体中所有磁面的半径相同的同心磁道，而把每个磁道划分为若干个区就是所谓的扇区了。硬盘的写操作，是先写满一个扇区，再写同一柱面的下一个扇区的，在一个柱面完全写满前，磁头是不会移动到别的磁道上的。

很久以前，硬盘的容量还非常小的时候，人们采用与软盘类似的结构生产硬盘。也就是硬盘盘片的每一条磁道都具有相同的扇区数。由此产生了所谓的 3D 参数（Disk Geometry），即磁头数（Heads）、柱面数（Cylinders）、扇区数（Sectors），以及相应的寻址方式。其中：

磁头数表示硬盘总共有几个磁头，也就是有几面盘片，最大为 255（用 8 个二进制位存储）；

柱面数表示硬盘每一面盘片上有几条磁道，最大为 1 023（用 10 个二进制位存储）；

扇区数表示每一条磁道上有几个扇区，最大为 63（用 6 个二进制位存储）；每个扇区一般是 512 个字节。

1.12.3　硬盘性能参数

硬盘是电脑系统中数据的主要存储位置，硬盘的性能会影响电脑软件运行的速度和数据存储速度，也会对电脑系统的稳定性造成一定的影响。硬盘的主要性能参数如下：

容量：容量的单位为兆字节（MB）或千兆字节（GB），目前的主流硬盘容量为 500 GB ~ 2 TB，影响硬盘容量的因素有单碟容量和碟片数量。许多人发现，计算机中显示出来的容量往往比硬盘容量的标称值要小，这是由于不同的单位转换关系造成的。我们知道，在计算机中 1 GB=1 024 MB，而硬盘厂家通常是按照 1 GB=1 000 MB 进行换算的。硬盘是个人电脑中存储数据的重要部件，其容量决定着个人电脑的数据存储量大小的能力，这也就是用户购买硬盘所首先要注意的参数之一。

单碟容量：是硬盘相当重要的参数之一，一定程度上决定着硬盘的档次高低。硬盘是由多个存储碟片组合而成的，而单碟容量就是一个存储碟所能存储的最大数据量。硬盘厂商在增加硬盘容量时，可以通过两种手段：一种是增加存储碟片的数量，但受到硬盘整体体积和生产成本的限制，碟片数量都受到限制，一般都在 5 片以内；而另一种就是增加单碟容量。

转速：硬盘主轴马达的运转速度。在其他参数相同的情况下，转速越大的硬盘性能越好，但噪声、耗电量和发热量也较大。硬盘每分钟旋转的圈数，单位是 r/min（每分钟的转动数），有 4 200 r/min、5 400 r/min、5 900 r/min、7 200 r/min、10 000 r/min、15 000 r/min 等几种规格。

磁盘缓存：由于硬盘的读写速度远小于内存的数据存取数据，因此设计了缓存来平衡两者之间的差距，目前主流硬盘的缓存有 8 MB、16 MB、32 MB、64 MB 等，缓存越大，硬盘的性能越高。

平均访问时间：磁头从起始位置到达目标磁道位置，并且从目标磁道上找到要读写的数据扇区所需的时间。平均访问时间体现了硬盘的读写速度，它包括了硬盘的寻道时间和等待时间。硬盘的平均寻道时间是指硬盘的磁头移动到盘面指定磁道所需的时间。这个时间当然越短越好。硬盘的等待时间，又叫潜伏期，是指磁头已处于要访问的磁道，等待所要访问的扇区旋转至磁头下方的时间。这个时间当然越短越好。

数据传输率：硬盘读写数据的速度，单位为兆字节每秒（MB/s）。硬盘数据传输速度包括内部数据传输率（简称内部传输率）和外部数据传输率（简称外部传输率）。外部传输率是指从硬盘的缓存中向外输出数据的速度。内部传输率是指硬盘在盘片上读写数据的速度。由于硬盘的内部传输率要小于外部传输率，因此内部传输率的高低才是评价一个硬盘整体性能的决定性因素，从而只有内部传输率才可以作为衡量硬盘性能的真正标准。一般来说，在硬盘的转速相同时，单碟容量越大硬盘的内部传输率越大；在单碟容量相同时，转速高的硬盘内部传输率也高；在转速与单碟容量相差不多的情况下，新推出的硬盘由于处理技术先进，它的内部传输率也会较高。

MTBF：平均故障间隔时间，是衡量一个产品（尤其是电器产品）的可靠性指标。单位为“小时”。它反映了产品的时间质量，是体现产品在规定时间内保持功能的一种能力。具体来说，是指相邻两次故障之间的平均工作时间，也称为平均故障间隔。概括地说，产品故障少的就是可靠性高，产品的故障总数与寿命单位总数之比叫故障率（Failure Rate）。它仅适用于可维修产品。同时，也规定产品在总的使用阶段累计工作时间与故障次数的比值为 MTBF。

1.12.4 其他常见的外部存储器

1. 光盘

光盘常作为数据备份介质使用，其容量为 700 MB~100 GB，需要借助带记录功能的光才能向其中写入数据，也需要通过支持该类型光盘的光驱才能从里面读取数据。图 1–57 所示为光盘和光驱。

2. U 盘

U 盘是移动式快速存储工具，也称为内存盘，容量从几十兆字节到几十吉字节不等，电脑的 USB 接口可以随意读写数据。其价格便宜，携带方便，是少量数据备份的理想工具。图 1–58 所示为 U 盘 。

图 1–57 光盘与光驱

图 1–58 U 盘

3. 移动硬盘

移动硬盘是以硬盘为存储介质，用于计算机之间交换大容量数据，强调便携性的存储产品。移动硬盘多采用 USB、IEEE 1394 等传输速度较快的接口，可以以较快的速度与系统进行数据传输。图 1–59 所示为移动硬盘。

4. 存储卡

存储卡是用于手机、数码相机、便携式电脑、MP3 和其他数码产品上的独立存储介质，一般是卡片的形态，故统称为存储卡，存储卡具有体积小巧、携带方便、使用简单的优点。同时，大多数存储卡都具有良好的兼容性，便于在不同的数码产品之间交换数据。存储卡如图 1–60 所示。

图 1–59 移动硬盘

图 1–60 存储卡

直通职场 内存升级要考虑哪些因素？

职场情境：

客户四年前买的笔记本电脑，现在运行速度慢，跟不上，想加内存条，咨询笔记本内存升级需要考虑哪些问题呢？如何安装？

情境解析:

笔记本用久了，运行速度跟不上，很多人会选择给电脑加一条内存条，笔记本内存升级需要注意以下因素:

1. 兼容性问题

首先要了解自己笔记本有没有空余的插槽，有些笔记本虽说是 8 GB，有 2 个插槽，但是 8 GB 内存却是由 2 个 4 GB 组成，导致 2 个插槽上面都插满了，这样就只能牺牲一条正常使用的内存。

2. 内存的类型

前几年的笔记本基本是 DDR3 内存，不过现在笔记本使用 DDR4 内存者居多，这里的 3、4 指的就是第几代内存，这些内存之间相互是不兼容的，因为不同代的内存尺寸不同，插槽也会不同。所以如果对自己电脑的配件不熟悉，请在选择升级的内存之前使用一些软件来查清楚内存的类型，比如鲁大师、AIDA64、CPU-Z 等。

3. 内存的频率

DDR3 内存一般为 1 333/1 600 MHz，DDR4 内存一般为 2 133/2 400 MHz，尽量选择原来频率相同的内存来进行升级。如果选择较低或者较高的频率的话，系统都会选择最低频率作为工作频率。内存工作频率也可以用鲁大师、AIDA64 来查看。

4. 电压问题

电压方面比如 DDR4L 代表的是低电压的版本，DDR4 则是标准电压版本，DDR4 与 DDR4L 大多数情况下是兼容的，可以混搭使用。

5. 操作系统

操作系统方面要注意的是 32 位操作系统只支持 3.25 GB 的容量，64 位操作系统一般来说就没这个问题了，不过虽然操作系统没问题，但主板对于内存支持都有容量上限，这个可以查找自己主板的相关信息。

对于笔记本电脑，请注意，在笔记本电脑中拆卸 / 安装内存之前，需要先将设备关闭，取出电池并拔掉电源线。将内存用力推入到插槽中，使其良好接触（用力将内存推入很重要），然后向下按使其锁定就位。安装内存之后，请将电池装回电脑并连接电源线为其供电，而不要仅从电池供电。

解决方案:

1. 为客户耐心细致地解释;

2. 给客户建议：选择适合自己笔记本电脑的内存，如果对笔记本电脑结构不熟悉，建议到实体店购买并更换。

知识拓展　RAID技术

RAID（独立硬盘冗余阵列），简称硬盘阵列。其基本思想就是把多个相对便宜的硬盘组合起来，成为一个硬盘阵列组，使性能达到甚至超过一个价格昂贵、容量巨大的硬盘。根据选择的版本不同，RAID 对比单个硬盘的好处有：增强数据集成度，增强容错功能，增加处理量或容量。另外，磁盘阵列对于电脑来说，看起来就像一个单独的硬盘或逻辑存储单元，分为 RAID-0，RAID-1，RAID-1E，RAID-5，RAID-6，RAID-7，RAID-10，RAID-50，RAID-60。

简单来说，RAID 把多个硬盘组合成为一个逻辑扇区，因此，操作系统只会把它当作一个硬盘。RAID 常被用在服务器电脑上，并且常使用完全相同的硬盘作为组合。由于硬盘价格的不断下降与 RAID 功能更加有效地与主板集成，它也成了玩家的一个选择，特别是需要大容量存储空间的工作，如视频与音频制作。目前联想 K 系列游戏台式机部分采用了 RAID-0。

RAID-0：没有容错设计的条带硬盘阵列，以条带形式将 RAID 组的数据均匀分布在各个硬盘中，没有容错能力，可提高读写性能，通常和其他 RAID 组合，2~16 块硬盘。在物理硬盘规格相同的情况下容量为所有硬盘的总和。

RAID-1：又称磁盘镜像，通过数据镜像具有容错能力，提高磁盘读取效率，写入效率略低于单块硬盘，冗余安全级别较高，只有两块硬盘。

RAID-10 是先镜射再分区数据，再将所有硬盘分为两组，视为 RAID-0 的最低组合，然后将这两组各自视为 RAID-1 运作。

RAID-01 则跟 RAID-10 的程序相反，是先分区再将数据镜射到两组硬盘。它将所有的硬盘分为两组，变成 RAID-1 的最低组合，而将两组硬盘各自视为 RAID-0 运作。当 RAID-10 有一个硬盘受损时，其余硬盘会继续运作。

工作任务 5　输入、输出及其他设备

任务描述

输入设备是向计算机输入数据和信息的设备，是计算机与用户或其他设备通信的桥梁，是人或外部与计算机进行交互的一种装置，用于把原始数据和处理这些数据的程序输入到计算机中。输出设备是人与计算机交互的一种部件，用于数据的输出。它把各种计算结果数据或信息以数字、字符、图像、声音等形式表示出来。计算机中除了输入、输出设备，还有一些其他设备，比如网卡、电源等，也都是计算机必不可少的设备。本任务讲述输入设备、输出设备及其他设备三种计算机设备。

任务清单

任务清单如表 1–13 所示。

表 1–13　输入、输出及其他设备

任务目标	素质目标： 具有爱国主义情怀、民族自豪感； 具有积极的心态和与客户耐心细致沟通的能力。 知识目标： 掌握输入、输出设备类型； 掌握笔记本电脑的适配器替换的相关问题； 了解其他设备。 能力目标： 能够辨别不同类型的设备
任务重难点	重点： 掌握输入、输出设备类型； 笔记本电脑的适配器替换的相关问题。 难点： 能够辨别不同类型的设备
任务内容	1. 输入设备； 2. 输出设备； 3. 其他设备； 4. 笔记本电脑的适配器替换的相关问题； 5. 5G 技术
工具软件	PC 机 1 台； 不同类型输入、输出及其他设备
资源链接	微课、图例、PPT 课件、实训报告单

任务实施

（1）分工分组。

3 人 1 组进行演练，组内每人轮流完成一次场景演练。

工程师 1 人：提供不同类型的输入、输出及其他设备。

记录员 1 人：负责对照记录表进行测试结果记录，并提交结果。

摄像 1 人：负责对演练全程记录。

（2）按照技术规范进行面对面交互演练，10 min 内完成，提交结果记录表，根据视频及记录结果互评。

（3）每组提供计算机一台，不同类型的设备多块。

（4）填写表 1-14，记录测试结果，完成实训报告。

表 1-14　输入、输出及其他设备记录表

输入设备	类型	性能指标	特点
输出设备	类型	性能指标	特点
其他设备	类型	性能指标	特点

知识链接

1.13 输入设备

计算机通过各种软件的运作可以完成很多事情，但如果没有人的操作，计算机是不会自动进行任何动作的。而要计算机知道人希望它做什么，就得靠输入设备。

1.13.1 键盘

键盘是向计算机发布命令和输入数据的重要输入设备，它是计算机必备的标准输入设备。在 DOS 时代，键盘几乎可以完成全部的操作，即使在今天的 Windows 下，键盘也是必不可少的文字输入设备。键盘根据不同的标准，也可以分为不同的种类。

（1）按连接线的接口类型，键盘可以分为 PS/2 接口和 USB 接口键盘。

PS/2 接口键盘是通用键盘，兼容性比 USB 接口键盘好；USB 接口键盘多用于笔记本电脑或没有提供 PS/2 接口的台式电脑上。图 1–61 所示为 PS/2 接口和 USB 接口键盘。

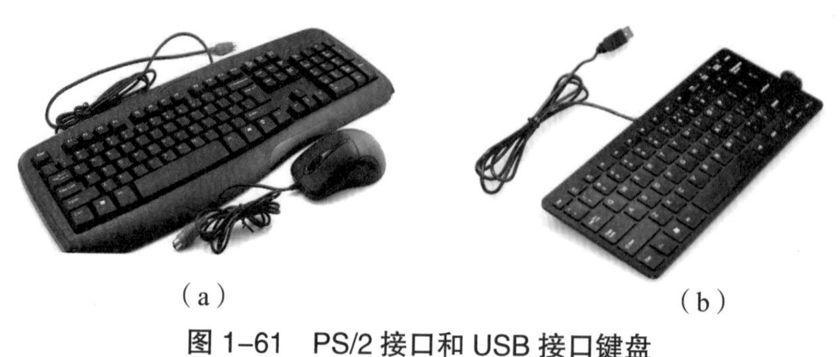

（a）　　（b）

图 1–61　PS/2 接口和 USB 接口键盘

（a）PS/2 接口；（b）USB 接口

（2）按外形，键盘可以分为浮萍式键盘、巧克力键盘和孤岛式键盘。

浮萍式键盘是一种特殊键盘，触发力度小，键帽反应迅速。巧克力键盘，在保证了键盘区尺寸的情况下，增大了手指与键帽接触的面积，击键更加准确，手感更加舒适。孤岛式键盘加大了键和键之间的空隙，降低了打字时误操作的概率。其另一优点是按键采用封闭式的设计，灰尘不易进入键盘下方。正因为如此，键盘受到了大多数用户的欢迎，大面积使用在目前主流的产品线中。浮萍式键盘容易掉入东西；巧克力键盘键与键很近，容易误触，现在应用最多的是孤岛式键盘。三种键盘如图 1–62 所示。

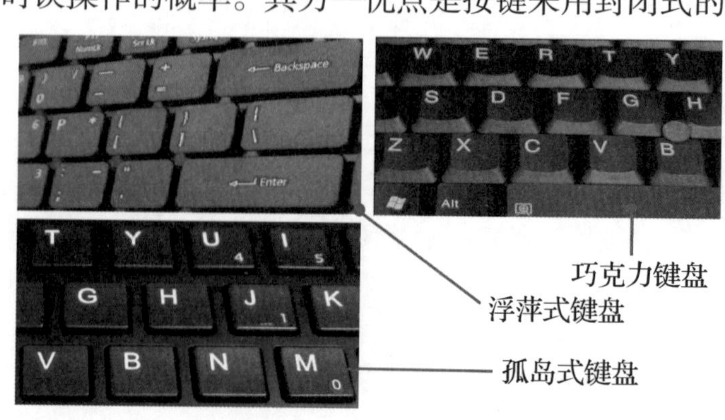

图 1–62　浮萍式键盘、巧克力键盘和孤岛式键盘

（3）键盘按照代码转换方式，可以

分为编码式和非编码式。

编码式键盘是通过数字电路直接产生对应于按键的 ASC Ⅱ码，这种方式目前笔记本电脑很少使用。非编码式键盘是将键盘按键排列成矩阵的形式，由硬件或软件随时对矩阵进行扫描，一旦某一键或组合键被按下，该键的行列信息即被转换为位置码，并送入电脑主板的控制芯片，再由键盘驱动程序查表，从而得到按键的 ASC Ⅱ码，最后送入内存中的键盘缓冲区供主机分析执行。笔记本电脑键盘按键信息控制模块通常和主板电源管理模块整合成一个功能芯片，可以称之为嵌入式控制器（Embedded Controller，EC）。

非编码式键盘由于结构简单、按键重定义方便而成为最常采用的键盘类型之一，也因此应运而生多姿多彩的多媒体键盘，为了实现键盘或电脑主机上的某些快捷按钮定义的功能，还需要 PC 硬件商事先在 EC BIOS 或相应的快捷键驱动程序里定义好相应按键功能 。此外，由于此类键盘不需要单独的控制芯片，键盘本身可以省略控制线路，故可以做到很轻薄。目前笔记本电脑内置键盘几乎都是采用非编码键盘编码方式。

当然，非编码式矩阵键盘也有其局限性。如果同时按下三个或以上键盘按键，有可能会导致所谓的“键位冲突”问题，即同时按下若干按键时，电脑主机可能只能实现对部分按键的输入。喜欢打游戏的朋友在自定义组合按键的时候，可能会有体会。

（4）市场上还有很多特殊键盘，如无线键盘、游戏键盘等。

无线键盘可通过蓝牙或红外线连接，但通常都会带有一个对应的适配器，通过 USB 接口连接到主机。游戏键盘是专为游戏爱好者设计的，除了具有普通键盘的功能外，还有一些特殊按键，可供用户自己编程定义其功能。图 1-63 所示为无线键盘和游戏键盘。

（a）　　　　　　（b）

图 1-63　无线键盘和游戏键盘

（a）无线键盘;（b）游戏键盘

1.13.2　鼠标

鼠标是操作系统中最重要的输入工具之一，可以定位显示器的纵横坐标，以简单拖动、单击来代替烦琐的键盘操作。按工作方式，鼠标可分为机械鼠标、光机鼠标、光电鼠标、光学鼠标与激光鼠标（见图 1-64）。

机械鼠标靠装在辊柱端部的光栅信号传感器产生的光电脉冲信号反映出鼠标器在垂直和水平方向的变化，再通过程序的处理和转换来控制屏幕上光标箭头的移动。

光机鼠标克服了机械鼠标精度不高、结构容易磨损的弊端，引入了光学技术来提高鼠标的定位精度，但从外观上看，它与机械鼠标基本相同。

光电鼠标没有传统的滚球、转轴等设计，其主要部件为两个发光二极管、感光芯片和控制芯片，是纯数字化的鼠标。

光学鼠标通过底部的 LED 灯，以约 30° 角射向桌面产生阴影，然后再通过平面的折射透过另外一块透镜反馈到传感器上来实现光标的定位与移动。

激光鼠标采用的是激光二极管发射的短波的非可见激光，利用短波光易被反射的原理，让鼠标能够记录下从物体表面反射回光学传感器的光点的清晰成像。

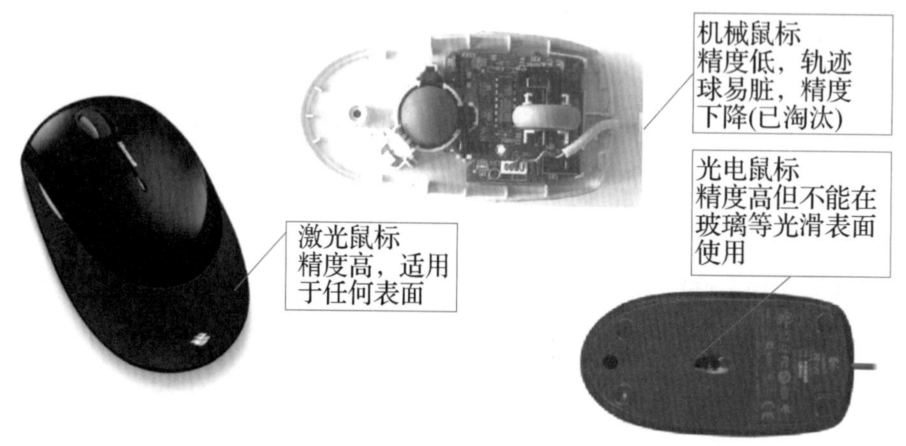

图 1-64 不同类型的鼠标及特点

1.13.3 其他常见输入设备

除了键盘和鼠标两种必备的输入设备外，还可以选配一些其他输入设备，让电脑可以实现更多功能。扫描仪、麦克风、摄像头如图 1-65 所示。

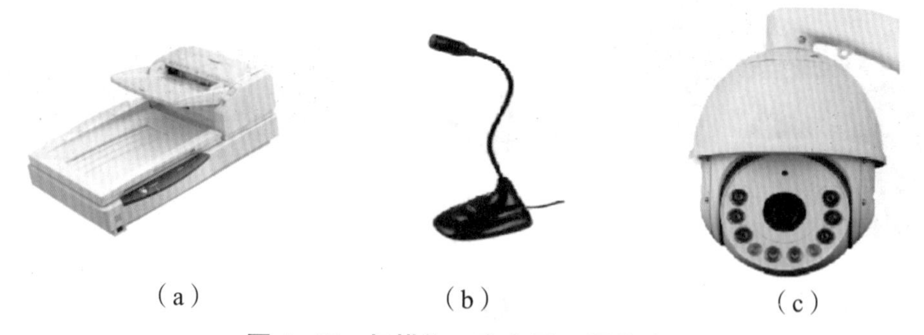

(a) (b) (c)

图 1-65 扫描仪、麦克风、摄像头

(a) 扫描仪；(b) 麦克风；(c) 摄像头

1. 扫描仪

扫描仪利用光电技术和数字处理技术，以扫描方式将图形或图像信息转换为数字信号输入到电脑中。家庭用户使用较少，但单位用户使用该设备的情况就比较多，其通常是 USB 接口。

2. 麦克风

麦克风是电脑的主要音频输入设备，可以将声音信号转换为电脑能识别和处理的电信号。大多数麦克风与耳机连在一起，独立的麦克风效果更好。

3. 摄像头

摄像头是电脑的主要视频输入设备，可用于拍照、视频会议、视频聊天、远程示范等。摄像头的像素和图像传感器是决定其画面是否清晰的主要因素。

1.14　输出设备

在计算机系统中处理的都是一些数字信号，而这些信息人是根本看不懂的。计算机的输出设备就是将其处理后的信息，以人能看懂的方式输出。

1.14.1　显卡

显卡全称为显示接口卡，又称显示适配器，是计算机最基本的配置，也是最重要的配件之一。显卡作为计算机主机里的一个重要组成部分，是计算机进行数模信号转换的设备，承担输出显示图形的任务。显卡接在主板上，它将电脑的数字信号转换成模拟信号让显示器显示出来，同时显卡还具有图像处理能力，可协助 CPU 工作，提高整体的运行速度。对于从事专业图形设计的人来说显卡非常重要。

1. 显卡的分类

按安装方式，显卡可以分为独立显卡和集成显卡。独立显卡就是插在主板扩展插槽中的显卡，一般性能比集成显卡强大。集成显卡就是集成在主板上或者集成在 CPU 里的显示芯片，一般性能不是很强大，只能满足一般应用。台式显卡如图 1–66 所示，笔记本显卡如图 1–67 所示。

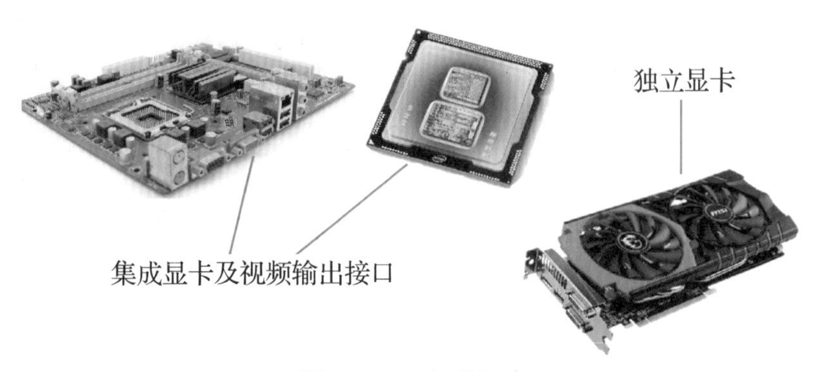

图 1–66　台式显卡

图 1–67　笔记本显卡

显卡按插槽可以分为 PCI、AGP、PCI–E x16。其中，PCI、AGP 已经淘汰，不再生产，目前主流是 PCI–E x16。PCI、AGP、PCI–E x16 显卡如图 1–68 所示。

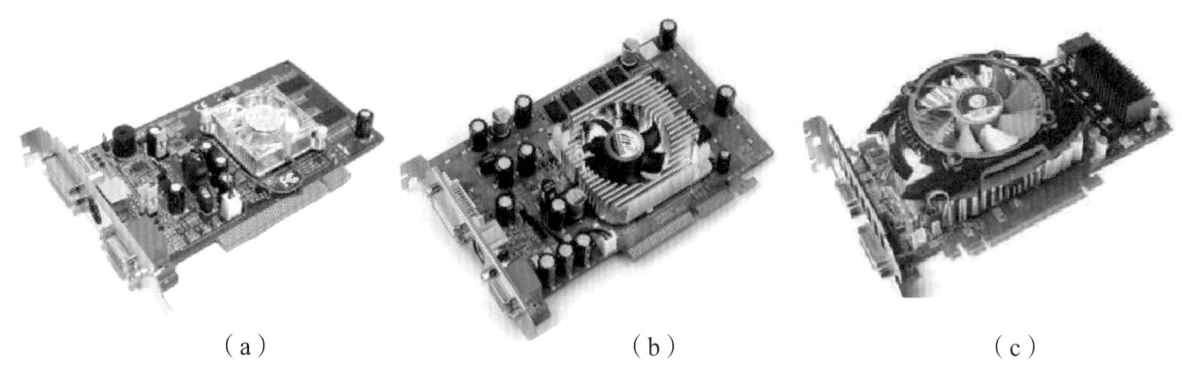

（a） （b） （c）

图 1-68 PCI、AGP、PCI-E x16 显卡

（a）PCI；（b）AGP；（c）PCI-E x16

2. 多显卡技术

多显卡技术简单而言就是让两块或者多块显卡协同工作，是指芯片组能支持提高系统图形处理能力或者满足某些特殊需求的多显卡并行技术。要实现多显卡技术一般来说需要主板芯片组、显示芯片以及驱动程序三者的支持。

多显卡技术的出现，是为了有效解决日益增长的图形处理需求和现有显示芯片图形处理能力不足的矛盾。多显卡技术由来已久，在 PC 领域，早在 3dfx 时代，以 Voodoo2 为代表的 SLI 技术就已经让人们第一次感受到了 3D 游戏的魅力；而在高端的专业领域，也早就有厂商开发出了几十甚至上百个显示核心共同工作的系统，用于军用模拟等领域。

目前，多显卡技术主要是两大显示芯片厂商 NVIDIA 的 SLI 技术和 ATI 的 Crossfire 技术，如图 1-69 所示。两者大体功能是一样的，都是 2 个显卡厂商推出的双卡技术。

图 1-69 NVIDIA 的 SLI 技术和 ATI 的 Crossfire 技术

SLI 只支持独立显卡之间的 SLI。而 Crossfire 可以是独立显卡之间，也可以是集成显卡和独立显卡之间（不过支持型号有限，只有中端型号或者中、低端型号才能实现和集成显卡的交火）。

NVIDIA 的 SLI 的工作原理是将一幅图像分为上下两部分各自进行独立的渲染，并且采用了自身开发的动态负载平衡算法，将任务分配给两块显卡进行，而且特别值得一提的是在工作量上这两块显卡并非进行完全的平均分配。

Crossfire 在工作时会将游戏画面渲染任务以单帧为单位分解，并且将分解的任务交给互联组合中不同的显卡分别进行处理。对于单帧画面的分解有两种形式，分别是将同一帧画面平均分配给两块不同的显卡进行处理的分割帧渲染模式（SFR），以及将单帧画面直接指派给单张显卡并形成多显卡交替渲染画面的交错帧渲染模式（AFR）。

3. 双显卡切换

集成显卡发热量低，电池续航时间长，但是性能弱，不能胜任复杂的 3D 娱乐要求。独立显卡性能强劲，可以满足复杂的 3D 娱乐要求，但发热量大，电池续航时间短。有没有让笔记本显卡兼顾性能与能耗的技术呢？

当然有，这就是时下最热门的双显卡热切换技术！无论是 ATI 还是 NV 的双卡热切换技术，其实原理基本是一样的：笔记本上安装有两块显卡，Intel 的集成显卡 + 高性能独立显卡。当在进行 Office、Web 等集成显卡可以满足的低负载任务时，关闭独立显卡来达到节能延长电池续航能力的目的；当进行 3D 游戏或高清播放等高负载任务时开启高性能独立显卡来提升笔记本的运行能力。

采用 Optimus 技术的笔记本，当系统仅运行一些简单程序，或是仅对处理器有较高要求的大型程序时，Optimus 路由会仅让集成显卡工作，而将独立显卡完全关闭，此时的电池续航时间和普通集显本完全一致，同样可以达到 4~6 h（六芯电池）甚至 8~10 h（八芯电池）。

当系统开始运行大型 3D 游戏、高清视频、支持 GPU 加速和 CUDA 的软件时，Optimus 路由则会立刻启用 NVIDIA 独立显卡，令其负责所有的渲染工作，然后将渲染结果通过异步拷贝引擎提交给集成显卡，由集成显卡来完成显示部分的工作。虽然二者没有同时渲染一幅画面，但像这样各自分工也是效率很高的协调工作方式。

AMD：

AMD 传统的 Crossfire 交火技术是利用双显卡互连提高系统性能，但同时双显卡无疑增加了系统的功耗和发热量。根据 AMD 此前的官方宣称，Hybrid Crossfire 这种新的混合 SLI 技术可以让主板显示芯片和显卡互连，在提高系统性能的同时还可达到降低功耗和发热量的目的。

ATI 的 Crossfirex 是最终的多 GPU 性能的游戏平台。该平台拥有控制游戏的能力，ATI 的 Crossfirex 技术可以使两个或两个以上的离散图形处理器一起工作，以改善系统的性能。为最终的视觉体验，一定要选择 ATI 的 Crossfirex Ready 主板，ATI Crossfirex 技术支持扩展系统的图形处理能力。它能够按照需求扩展系统的图形处理能力，最多支持 4 个 ATI Radeon 高清显卡，使其成为有史以来扩展能力最强的游戏平台。

ATI 的 Crossfirex 技术可以扩展系统的图形功能。

和 NVIDIA 的 SLI 差不多都是把显卡插在两根 PCI-E X16 上构建的，但 SLI 用于连接两卡的是 U 形连接卡，而 CF（交叉火力）则是用专用的数据线。

CF 的连接概念是主卡 - 从卡，也就是主卡负责协调信息，将信息分配到从卡上一同处理，然后再把处理好的信息通过数据线返回到主卡上一同输出，要组建 CF 必须购置一块主卡，从卡则可以用普通的 ATI 显卡，主卡与从卡的区别在于主卡多了一个 HD-DMS 接口，把主卡的 HD-DMS 接口和从卡的 DVI 接口连接，通过这个通道来传输两卡之间的数据。

1.14.2 显示器

显示器也称显示屏、荧幕、荧光幕，是一种输出设备，用于显示图像及色彩。最早的显示器是 1922 年的阴极射线管（CRT）。屏幕尺寸依屏幕对角线计算，通常以英寸作为单位，现时一般主流尺寸有 17、19、21、22、24、27 等，指屏幕对角的长度。常用的显示屏又有标屏（窄屏）与宽屏，方屏幕长宽比为 4：3（还有少量比例为 5：4），宽屏幕长宽比为 16：10 或 16：9。在对角线长度一定情况下，宽高比值越接近 1，实际面积则越大。宽屏比较符合人眼视野区域形状。

1. 显示器分类

显示器可以分为发光二极管显示器、有机发光二极管显示器、电子纸、投影式显示器、立体成像显示器等多种。

纯平显示器也称 CRT 显示器，是一种使用阴极射线管的显示器，主要由电子枪、偏转线圈、荫罩、荧光粉层及玻璃外壳组成。其体积大，耗电高，现在已基本被淘汰。

液晶显示器也称 LCD 显示器，是目前个人电脑的主要显示器。它由一定数量的彩色或黑白像素组成，放置于光源或者反射面前方，以电流刺激液晶分子产生点、线、面配合背部灯管构成画面。纯平显示器和液晶显示器，如图 1-70 所示。

（a）　　（b）

图 1-70　纯平显示器与液晶显示器

（a）纯平显示器；（b）液晶显示器

发光二极管显示器也称 LED 显示器，是一种通过控制半导体发光二极管的显示方式，用来显示文字、图形、图像、动画、行情、视频、录像信号等各种信息的显示屏幕。LED 显示器集微电子技术、计算机技术、信息处理于一体，以其色彩鲜艳、动态范围广、亮度高、寿命长、工作稳定可靠等优点，成为最具优势的新一代显示媒体。

有机发光二极管显示器也称 OLED 显示器，有机发光二极管利用了电子发光的特性，当电流通过时，某些材料会发光。而且从每个角度看，都比液晶显示器清晰。和液晶显示器（LCD）最大的不同在于，有机发光二极管本身就是光源。在液晶显示器中，输入电压不同，微小的液晶会改变方向，它们会使从背景光源发出的白色光穿过 / 挡住，这一原理也使视角受到了限制。从侧面看效果很差，或根本看不出来。液晶显示器会由于发光的颜色错误出现像素差错，而在有机发光二极管中这种错误几乎不会出现。

电子纸技术实际上是一类技术的统称，多是采用电泳显示技术（EPD）作为显示面板，其显示效果接近自然纸张效果，免于阅读疲劳。一般把可以实现像纸一样阅读舒适、超薄轻便、可弯曲、超低耗电的显示技术叫作电子纸技术；而电子纸即是这样一种类似纸张的电子显示器，其兼有纸的优点（如视觉感观几乎完全和纸一样等），又可以像我们常见的液晶显示器一样不断转换刷新显示内容，并且比液晶显示器省电得多。

3D 显示器一直被公认为显示技术发展的终极梦想，多年来有许多企业和研究机构从事这方面的研究。现已开发出需佩戴立体眼镜和不需佩戴立体眼镜的两大立体显示技术体系。

2. 显示器的主要指标

显示器的主要指标有以下几项：

分辨率是指屏幕水平方向和垂直方向所显示的点数。比如：1 024 × 768、1 280 × 1 024 等。1 024 × 768 中的“1 024”指屏幕水平方向的点数，“768”指屏幕垂直方向的点数，分辨率越高，图像越清晰。

点距是同一像素中两个颜色相近的磷光体间的距离。点距越小，显示出来的图像越细腻，成本也越高。几年前的显示器多为 0.31 mm 和 0.39 mm，现在大多数至少为 0.28 mm，有些高档显示器的点距为 0.25 mm 甚至更小。

刷新频率就是屏幕刷新的速度，刷新频率越低，图像闪烁和抖动就越厉害，眼睛疲劳就越快，一般采用 75 Hz 以上的刷新频率时可基本消除闪烁。

3. 笔记本 LCD 模的构成

笔记本 LCD 模的构成由 LCD 屏、高压板（Inverter）和屏线构成。LCD 屏为笔记本电脑主机的视频显示模组最重要的部件，屏线则担负着将主板的电压、视频信号分别输送到高压板和 LCD 屏的任务。实际上，高压板就是一个开关电源，只不过相对于普通的开关电源来说，少了后级的整流滤波部分，而侧重于高频高压的变换。它将主板上的低压直流电压（电压值通常为十几伏，或是 5 V），通过开关斩波变为高频交变电流，然后通过高频变压器升压，以达到点亮 LCD 屏内部灯管的电压需求。笔记本 LCD 模的构成如图 1–71 所示。

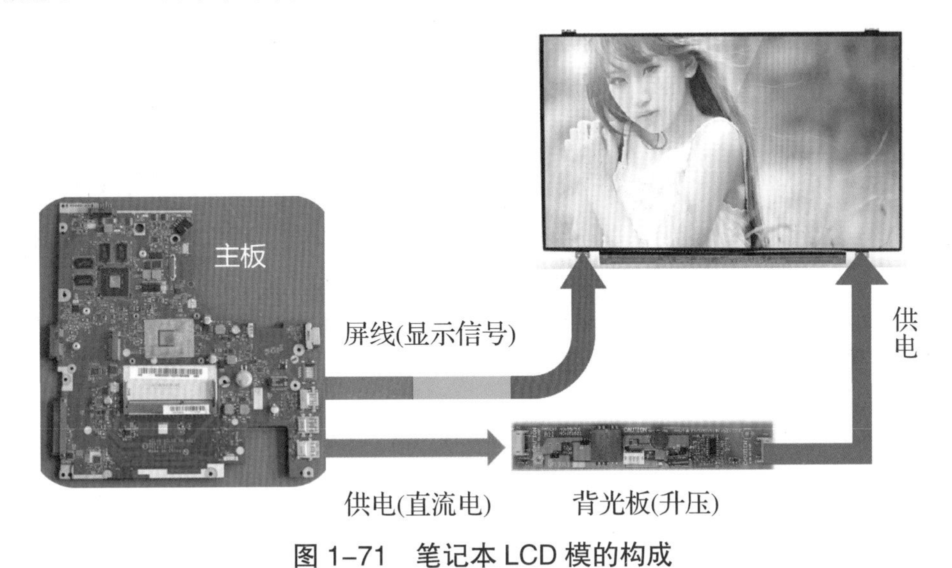

图 1–71　笔记本 LCD 模的构成

1.14.3 声卡

声卡是多媒体电脑中用来处理声音的接口卡。声卡可以把来自话筒、收音机、录音机、激光唱机（镭射影碟）等设备的语音、音乐等声音变成数字信号交给电脑处理，并以文件形式存盘，还可以把数字信号还原成为真实的声音输出。声卡尾部的接口从机箱后侧伸出，上面有连接麦克风、音箱、游戏杆和 MIDI 设备的接口。

但自从各大主板厂商推广 All–In–One 的主板以来，主板皆内建 AC97 或新款 HDAudio，迫使中低阶的声卡市场快速萎缩。几乎所有的电脑上的声卡均采用的是板载软声卡的音频解码方式。软声卡就是通过内置在南桥芯片中的音频解码功能模块界面，来部分实现音频信号的处理功能的。软声卡芯片与硬声卡芯片最大的区别，就在于其芯片内部缺少数字音频处理单元，数字音频解码工作依靠系统芯片的集成功能模块来协助完成。

1. 声卡的分类

声卡发展至今，根据接口类型可分成板卡式、集成式和外置式 3 种，可以适应不同用户的需求。

板卡式声卡（独立声卡）：板卡式产品是现今市场上的中坚力量，产品涵盖低、中、高各档次。从早期的 ISA 声卡（已被淘汰）到如今的 PCI 声卡，已经拥有了很高的性能和兼容性，支持即插即用，安装、使用都很方便。

集成式声卡（板载声卡）：声卡集成到主板上可以在较低成本上实现声卡的完整功能。声卡除了音质外，不会对计算机系统的性能产生影响，所以集成声卡在市场中占据了很大的份额。随着主板整合程度的提高及 CPU 性能的日益强大，同时主板厂商出于降低用户采购成本的考虑，板载声卡出现在越来越多的主板中。目前板载声卡几乎成为主板的标准配置，独立声卡与板载声卡如图 1–72 所示。

外置式声卡：这种声卡通过 USB 接口连接在 PC 上，具有使用方便、便于移动等优点。一般应用于特殊环境，图 1–73 所示为外置式声卡。

图 1–72　独立声卡与板载声卡

图 1–73　外置式声卡

集成声卡的优势在于其成本低廉，性价比高。随着声卡驱动程序的不断完善，目前逐步得到用户的认可。而独立声卡的优势在于其卓越的音质输出效果，并且有着丰富的音频可调功能，是集成声卡不可比拟的。

2. 声卡多声道技术

声道是指声音在录制或播放时在不同空间位置采集或回放的相互独立的音频信号，所以声道数也就是声音录制时的音源数量或回放时相应的扬声器数量。

5.1 声道已广泛运用于各类传统影院和家庭影院，5.1 声道就是通常所说的数字环绕系统，它采用五个声道：左（L）、中（C）、右（R）、左后（LS）和右后（RS）进行放音，这五个声道彼此是独立的，这样就解决了杜比专家逻辑（Dolby Pro–Logic）系统存在的缺陷。这就要求我们在输出的时候用 5.1 的声卡输出，带 5.1 声道输出的声卡是通过声卡上的三个音频输出接口实现的:“LINE OUT”端口负责输出音频信号到前置音箱、“REAL OUT”端口负责输出音频信号到后置环绕音箱、“CENTER/BASE”端口负责输出音频信号到中置音箱和低音炮。“5”是指五个 3~20 000 Hz 的全域喇叭,“.1”是指 3~120 Hz 的重低音喇叭。如图 1–74 所示。

7.1 声道系统的作用简单来说就是在听者的周围建立起一套前后声场相对平衡的声场,不同于 5.1 声道声场的是,它在原有的基础上增加了后中声场声道,同时它也不同于普通 6.1 声道声场,因为 7.1 声道有双路后中置,而这双路后中置的最大作用就是防止听者在听觉上产生声场的偏差。如图 1–75 所示。

图 1–74 5.1 声道(3 孔的音频接口)

图 1–75 7.1 声道(6 孔的音频接口)

1.14.4 其他输出设备

1. 音箱

音箱是电脑主要的音频输出设备,只有通过音箱才能将电脑处理好的音频信息输出为人耳可以听到的声音。

2. 耳机

耳机也是一种比较常用的音频输出设备。配电脑时,经销商送的音频输出设备一般为耳机。

3. 打印机

打印机是将计算机的运行结果或中间结果打印在纸上的常用输出设备,利用打印机可打印出各种文字、图形和图像等信息。打印机是计算机最有用的输出设备之一。音响、耳机、打印机如图 1–76 所示。

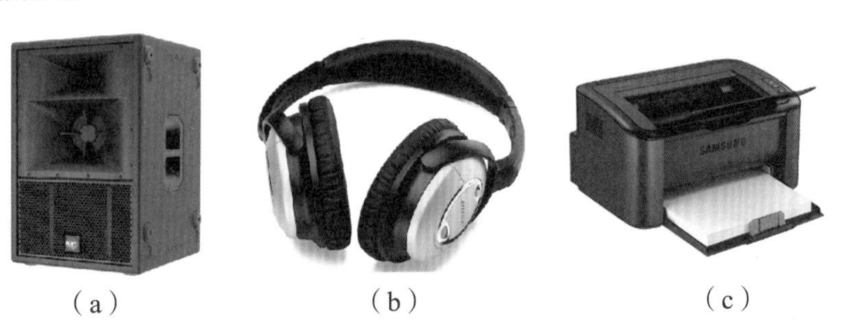

(a) (b) (c)

图 1–76 音响、耳机、打印机

(a)音响;(b)耳机;(c)打印机

1.15 其他设备

1. 电源

电源为电脑内各部件供电，稳定的电源是电脑各部件正常运行的保证。

（1）电脑电源分类。

个人电脑所用的电源从规格上主要分为两类，即 AT 电源和 ATX 电源，如图 1–77 所示。

AT 电源输出功率为 150~220 W，有 +5 V、–5 V、+12 V 和 –12 V 共 4 路输出，主要应用在早期的主板上。其标准尺寸为 150 mm × 140 mm × 86 mm，此类电源现已淘汰。

ATX 电源是 AT 电源的升级版，比 AT 电源增加了 +3.3 V、+5VSB、PS–ON 这 3 个输出，通过控制 PS–ON 信号电压的变化来控制电源的开关。ATX 电源现在有多个版本，从 ATX 1.1、ATX 2.0 到现在最新的 ATX 12V 2.31 版，不同版本在输出电源和最大输入电流上有所区别。

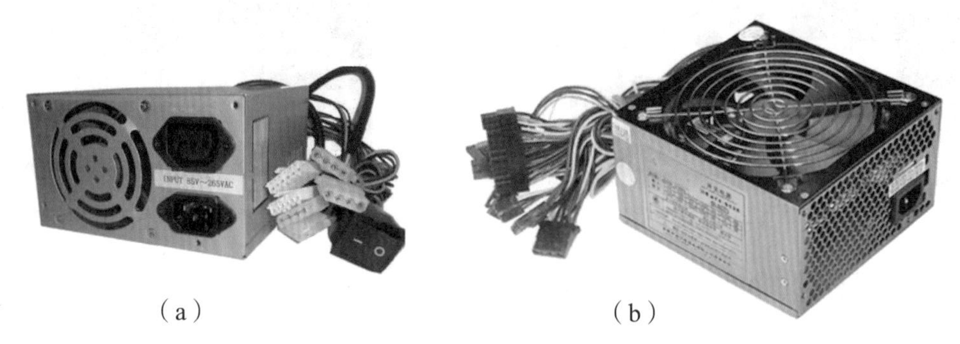

（a）　　（b）

图 1–77　AT 电源和 ATX 电源

（a）AT 电源；（b）ATX 电源

（2）性能指标。

电源功率：是电源最主要的性能参数，一般指直流电的输出功能，单位是瓦特，功率越大，代表可连接的设备越多，电脑的扩充性就越好。

额定功率：–5~50℃，198~242 V 电压输入，电源能长时间稳定输出的功率。

最大功率：常温，200~240 V 电压输入，电源能长时间稳定输出的功率。

峰值功率：在极短时间内能达到的最大功率，时间仅能维持几秒至 30 s。

输入电压：普通常用供电电压可能不稳定，电源能接收的输入电源范围越大，电源稳定性越好。

待机功耗：电源在关机但未切断供电时处于待机状态，待机功耗越低，电源越节能。

输出过流保护：电源输出电流过大，可能造成电源散热不及时而引发安全问题，过流保护能在电流超过阈值时关闭电脑，保护电源和电脑系统的安全。

2. 网卡

网卡也称网络接口卡或网络适配器。它是插在个人电脑或服务器扩展槽内的扩展卡。电脑通过网卡与其他的电脑交换数据，共享资源。组建局域网时，必须使用网卡，网卡通过网络传输介质与网络相连。网卡的工作原理是将电脑发送到网络的数据组装成适当大小的数据包，然后再发送。网卡分类如下：

按照传输速率划分，可以分为 10 M 网卡、100 M 网卡、10/100 M 自适应网卡和 1 000 M（千兆）网卡。

按照总线接口的类型划分，可以分为 EISA、VESA、ISA、PCI、PCMCIA 和 USB 等类型，其中 ISA 已经逐渐被淘汰。EISA 和 VESA 总线接口的网卡随着这两种总线的淘汰，已经不再生产。目前的主流产品是 PCI 总线接口产品。PCI–E 是最新的总线和接口标准，PCI–E 技术规格允许实现 x1（250 MB/s），x2，x4，x8，x12，x16 和 x32 通道规格。图 1–78 所示为台式机网卡。

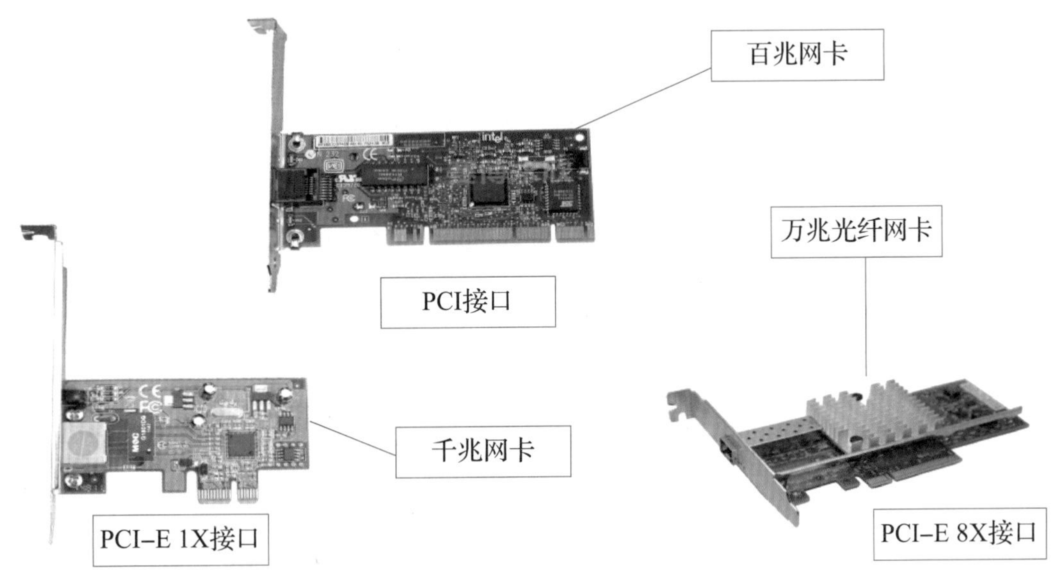

图 1–78　台式机网卡

无线网卡的作用和功能跟普通电脑网卡一样，是用来连接局域网的，唯一不同的是它不通过有线连接，而是采用无线信号进行连接。无线网卡接口有两种，一种是 Mini PCI–E，另一种是 NGFF（也就是 M.2）。Mini PCI–E 出现在比较老的笔记本中，而近几年的笔记本基本都采用 M.2。M.2 是目前常见于无线网卡、3G 网卡和部分小型 SSD 的 Mini PCIe/mSATA 的替代升级版，具备小尺寸、低高度、集成度更高的优势。Mini PCI–E 和 M.2 网卡如图 1–79 所示。

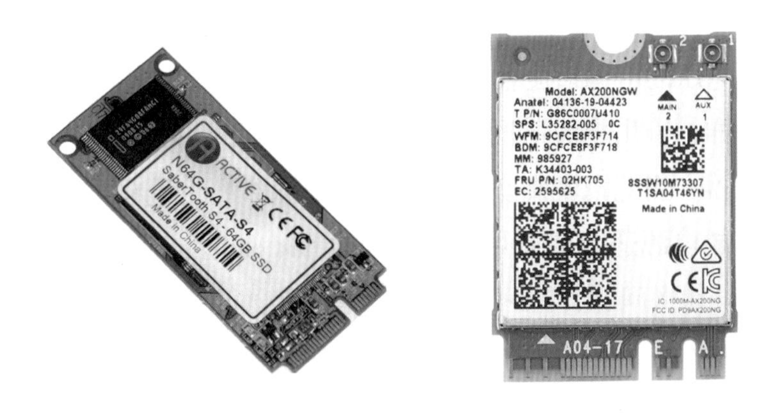

图 1–79　Mini PCI–E 和 M.2 网卡

直通职场 笔记本电脑适配器替换的相关问题

职场情境：

客户笔记本电脑的电源适配器因出差遗忘在家里，但是现在笔记本电池量有限，又急需使用笔记本电脑，所以前来选购电源适配器。咨询笔记本电脑适配器替换的相关问题。

情境解析：

笔记本电脑有两种供电方式，即适配器或电池。电池也需要充电，如果长时间使用电脑，还需使用适配器。笔记本电脑适配器如果要替换，首先需要了解适配器的重要参数。笔记本电源适配器重要信息及参数如图 1-80 所示。

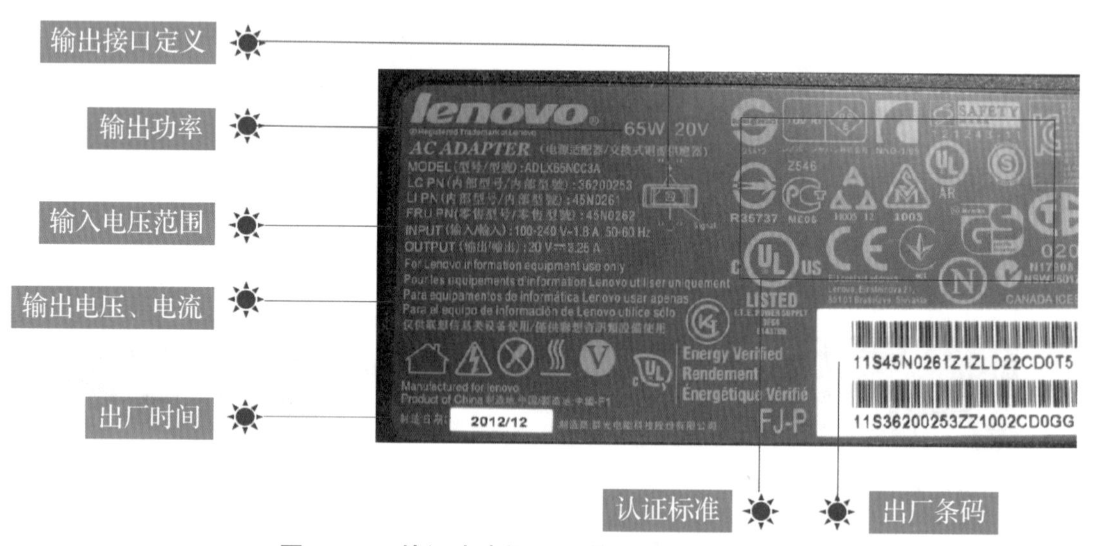

图 1-80　笔记本电源适配器重要信息及参数

（1）电源适配器的标称电压和电流是什么意思？

首先，一般电源适配器标称的电压，是指开路输出的电压，也就是外面不接任何负载，没有电流输出时候的电压，所以也可以理解为，此电压就是电源适配器输出电压的上限。

另外，关于标称的电流值，无论任何电源适配器都有一定的内阻，因此当电源适配器输出电流的时候，会在内部产生压降，导致两种情况，一种是产生热量，所以电源适配器会热；另一种是导致输出电压降低，相当于内部消耗。

（2）都是同样标称电压的电源适配器，输出电流不同，能不能用在同一台笔记本上？

电源适配器电压一样，输出电流不同，基本的原则是大标称电流的电源适配器可以代替小标称电流的电源适配器。当笔记本高负荷运转时，电流大些，笔记本进入待机的时候，电流就小些，大标称电流的电源适配器有足够的电流余量。反之，有人用 56 W 的电源适配器代替 72 W 的用起来也没什么问题，原因是通常电源适配器的设计留有一定的余量，负载功率都要小于电源适配器功率，所以这种代替在一般使用上是可行的，但是剩余的电源适配器功率余量就很少了，一旦你的笔记本接了很多外设，比如两块 USB 硬盘，然后 CPU 全速运转，再有一个底座，上面来个光驱全速读盘，再加上同时给电池充电，估计就危险了，要随时用手摸摸你的电源适配器是不是已经可以煮鸡蛋了。所以最好不要用小电流电源适配器代替大电流电源适配器。

（3）一模一样的机器，别人的电源适配器温的，我的总是很烫，为什么？

先不要怀疑你的电源适配器有问题，先看看你的笔记本在干什么，是不是像上面说的两块 USB 硬盘，CPU 全速运转，硬盘疯狂读写，光驱全速读盘，同时给电池充电，大声放着音乐，屏幕亮度最大，无线网卡一直在侦测信号等。善用电源适配器管理，根据任务合理调整笔记本的工作状态是很重要的。

（4）电源适配器标称电压比我的笔记本电池电压高很多，不会有问题吧？

首先，要知道的是，电源适配器给笔记本供电与电池给笔记本供电是不同的。

电池供电，电池的输出是纯直流，干净得很，电池的电压既不可能也不需要设计得很高，锂电池的化学特性决定了一节电芯的输出电压只能在 3.6 V 左右，所以很多电池都是采用三级串联的方式，10.8 V 也就成了很流行的电池电压。有些电池的标称值比 3.6 V 的整数倍稍大一些，比如 3.7 V 或者 11.2 V 等，其实是为了保护电池。

电源适配器供电，情况就复杂一些，首先需要对加入电压进行进一步的稳压滤波，以保证在电源适配器性能不很好的情况下稳定工作，稳压后的电压分成两个部分，一路给笔记本工作供电，另一路给电池充电，给笔记本供电的那部分同电池供电的时候相同，而给电池充电的那部分需要通过电池的充电控制电路才可以加在电芯上，控制电路可以很复杂，所以电源适配器电压必须大于电芯电压才有充分的能力供应给充电控制电路的各单元。最后真正加到电芯上的电压绝不会是你的电源适配器标称的电压。

电池的充电控制电路应该包括初级稳压、精密可调谐稳压、可控硅调节脉动输出、稳压输出、电流反馈、芯片充电过程记录与运算、充电程序自反馈调节参数等，还是很需要消耗一部分电能的。

（5）为什么理论上原配的电源适配器通常比非原配的电源适配器要好？

理论上来说，原装的电源适配器肯定好一些，但是，实际使用可能感觉不到差别。通常我们的设备都有一个电压输入的安全范围，比如一个 2.5 的移动硬盘，它是要求 5 V 加减 5%，过高或者过低，保护电路都会停止设备的工作。如果保护电路启动，那说明在这之前，你的机器已经接近或者超过了它设计所能承受的上限或者下限，这对机器的寿命都是有影响的。（当然，这里提到的非原装电源适配器，还是做工好的，劣质产品，就不要提了。）

对于原装的电源适配器来说，厂家很清楚自己的电源适配器需要有多大的负载能力，计算出来的安全的标称电压电流肯定准确得多。然而如果使用的是非原配适配器，比如通用型的变压器之类，上述问题不能得到认真考虑，这时用户就只能从电源适配器参数上尽量想办法获得兼容，但是每种适配器的内阻是不同的，标称电压的允许误差可能不同，标称电流输出下电压的变化范围也可能有所不同，如果不仔细测量相关数值，肯定是有风险的。这就是原装与非原装的区别。

解决方案:

1. 给客户耐心细致的解释话语;

2. 给客户建议:选择适合自己笔记本电脑的适配器。

知识拓展 视觉技术

VR 虚拟现实技术

VR 是虚拟现实技术,利用计算机生成一种模拟环境,通过多源信息融合的交互式三维动态视景和实体行为的系统仿真使用户沉浸到该环境中。简单来说,就是所见即所得。

AR 是增强现实技术,是一种将真实世界信息和虚拟世界信息“无缝”集成的新技术,是把原本在现实世界的一定时间、空间范围内很难体验到的实体信息(视觉信息、声音、味道、触觉等),通过电脑等科学技术,模拟仿真后再叠加,将虚拟的信息应用到真实世界,被人类感官所感知,从而达到超越现实的感官体验。将真实的环境和虚拟的物体实时地叠加到了同一个画面或空间同时存在。

VR 与 AR 的区别:虚拟现实(VR),看到的场景和人物全是假的,是把你的意识代入一个虚拟的世界。增强现实(AR),看到的场景和人物一部分是真一部分是假,是把虚拟的信息带入到现实世界中。VR 设备:因为 VR 是纯虚拟场景,所以 VR 装备更多的是用于用户与虚拟场景的互动交互,更多的使用是:位置跟踪器、数据手套(5DT 之类的)、动捕系统、数据头盔等。AR 设备:由于 AR 是现实场景和虚拟场景的结合,因此基本都需要摄像头,在摄像头拍摄的画面基础上,结合虚拟画面进行展示和互动。

3D 技术

在家用消费领域,无论是显示器、投影机还是电视,现在都需要配合 3D 眼镜使用。目前主流的眼镜式 3D 技术又可以细分出三种主要的类型:色差式、偏光式和主动快门式,也就是平常所说的色分法、光分法和时分法。

色差式 3D 技术,配合使用的是被动式红 - 蓝(或者红 - 绿、红 - 青)滤色 3D 眼镜。这种技术历史最为悠久,成像原理简单,实现成本相当低廉,眼镜成本仅为几块钱,但是 3D 画面效果也是最差的,容易使画面边缘产生偏色。

偏光式 3D 技术也叫偏振式 3D 技术,配合使用的是被动式偏光眼镜。偏光式 3D 技术的图像效果比色差式好,而且眼镜成本也不算太高,目前比较多电影院采用的也是该类技术,不过对显示设备的亮度要求较高。传统的 3D 电影在荧幕上有两组图像(来源于在拍摄时的互成角度的两台摄影机),观众必须戴上偏光镜才能消除重影(让一只眼只接收一组图像),形成视差(Parallax),产生立体感。

主动快门式 3D 技术,配合主动式快门 3D 眼镜使用。这种 3D 技术在电视和投影机上面应用得最为广泛,资源相对较多,而且图像效果出色,受到很多厂商推崇和采用,不过其匹配的 3D 眼镜价格较高。

5G技术

第五代移动通信技术（5th Generation Mobile Communication Technology，简称 5G）是具有高速率、低时延和大连接特点的新一代宽带移动通信技术，是实现人机物互联的网络基础设施。

国际电信联盟（ITU）定义了 5G 的三大类应用场景，即增强移动宽带（eMBB）、超高可靠低时延通信（uRLLC）和海量机器类通信（mMTC）。增强移动宽带（eMBB）主要面向移动互联网流量爆炸式增长，为移动互联网用户提供更加极致的应用体验；超高可靠低时延通信（uRLLC）主要面向工业控制、远程医疗、自动驾驶等对时延和可靠性具有极高要求的垂直行业应用需求；海量机器类通信（mMTC）主要面向智慧城市、智能家居、环境监测等以传感和数据采集为目标的应用需求。

为满足 5G 多样化的应用场景需求，5G 的关键性能指标更加多元化。ITU 定义了 5G 八大关键性能指标，其中高速率、低时延、大连接成为 5G 最突出的特征，用户体验速率达 1 Gbps，时延低至 1 ms，用户连接能力达 100 万连接 / 平方千米。

2018 年 6 月 3GPP 发布了第一个 5G 标准（Release-15），支持 5G 独立组网，重点满足增强移动宽带业务。2020 年 6 月 Release-16 版本标准发布，重点支持低时延、高可靠业务，实现对 5G 车联网、工业互联网等应用的支持。

中国于 2019 年推出 5G 商用以来，5G 网络取得快速发展，中国 5G 城市数量居世界第一，5G 投资稳步增长，5G 普及率全球最高。中国 5G 基站数占全球 70%，中国在 5G 技术领域处于世界领先地位。

达标检测

一、选择题

1. 第一台计算机诞生于（　　）。

A. 1946 年　　B. 1956 年　　C. 1966 年　　D. 1976 年

2. 计算机之父指的是（　　）。

A. 比尔 · 盖茨　　B. 冯 · 诺依曼　　C. 艾伦 · 图灵　　D. 高登 · 摩尔

3. 第一台便携计算机诞生于（　　）。

A. 1983 年　　B. 1984 年　　C. 1981 年　　D. 1986 年

4. 典型的 PC 电脑是指（　　）。

A. 台式机　　B. 笔记本　　C. 一体机　　D. 以上都是

5. 超级本应当满足（　　）需求。

A. 极强性能　　B. 极其大屏　　C. 极其纤薄　　D. 极长续航

6. 一台电脑的硬件由（　　）功能模块构成。

A. 运算器　　B. 控制器　　C. 存储器　　D. 输入设备

E. 输出设备　　F. 操作系统

7. 个人计算机系统架构两大代表指的是（　　）。

A. DOS、XP　　B. IBM PC、MAC　　C. Win7、Win8　　D. XP、Vista

8. 和 MCH 连接的硬件有（　　）。

A. CPU　　B. 内存　　C. 硬盘　　D. 显卡

9. 和 ICH 连接的硬件有（　　）。

A. 显卡　　B. 声卡　　C. 网卡　　D. 硬盘

10. MCH 和 ICH 之间通过（　　）总线连接。

A. DMI　　B. HDMI　　C. SATA　　D. PCI-E

11. 主板芯片组指的是（　　）。

A. 显卡芯片　　B. 北桥芯片　　C. 南桥芯片　　D. 网卡芯片

12. 南桥决定了主板的（　　）特性。

A. USB 接口的数量　　B. 内存槽的数量

C. 支持 CPU 的型号　　D. 硬盘接口的数量

13. CPU 超线程技术是指（　　）。

A. 依赖此技术可以达到和物理双核处理器同样的效果

B. 无论何时均可以在同一时间执行两个线程

C. 每个线程拥有独立的 L2 Cache

D. 超线程性能并不等同于两颗 CPU 的性能

14.（　　）将影响内存总线带宽。

A. 内存时钟频率　　B. 内存总线位宽　　C. 内存芯片容量　　D. 内存引脚数

15. 机械硬盘与固态硬盘相比具有（　　）优势。

A. 容量更大　　B. 速度更快　　C. 价格经济　　D. 故障率低

16. 为了达到最佳性能，应采用（　　）RAID。

A. RAID0　　B. RAID1　　C. RAID5　　D. RAID10

17. 目前几乎所有电脑的声卡均是（　　）。

A. 板载独立硬声卡　　B. 板载集成软声卡

C. 音频解码由声卡芯片处理　　D. 音频解码由南桥芯片处理

18. LCD 相对 CRT 来说的优点有（　　）。

A. 更轻薄　　B. 更省电　　C. 更经济　　D. 可提供更高分辨率

19. 目前经常发现新机键盘同时按下 3 个键会产生键位冲突，应当如何处理？（ ）

A. 键盘故障，一般只需更换同型号键盘即可

B. 更换非编码式的键盘可以解决

C. 更换编码式的键盘可以解决

D. 更新键盘驱动可以解决

20. 一台电脑需要通过电话线拨号上网，至少需要准备（ ）。

A. 集线器　B. 交换机　C. 路由器　D. 调制解调器

21.（ ）端口能仅用一条线同时传送音频及视频信号。

A. VGA　B. DVI　C. AV　D. HDMI

22.（ ）端口能热插拔。

A. VGA　B. PS/2　C. USB　D. COM

23.（ ）是对未来计算机的发展方向的正确描述。

A. 体积微型化　B. 材料环保化　C. 资源网络化　D. 处理智能化

24. 以下台式主板规格中，（ ）尺寸是最小的。

A. Standard-ATX　B. Mini-ITX　C. Micro-ATX　D. ATX

25. 以下 CPU 的封装形式中，触点采用针式的是（ ）。

A. PGA　B. BGA　C. LGA　D. COM

26. 以下关于显卡的说法，错误的是（ ）。

A. 独立显卡具有独立的显示核心（GPU）与独立的显存

B. 集成显卡通常是集成在主板北桥或 CPU 中的显示模块，无独立的显存，需要占用系统内存

C. 目前笔记本的独立显卡、显存大部分在主板搭载

D. 集成显卡就是集成在主板上的，独立显卡才是独立的板卡

27. 以下关于 3D 显示技术，描述错误的是（ ）。

A. 尽管 3D 显示技术分类繁多，不过最基本的原理是相似的，就是利用人眼左右分别接收不同画面，然后大脑经过对图像信息进行叠加重生，构成一个具有前 – 后、上 – 下、左 – 右、远 – 近等立体方向效果的影像

B. 在家用消费领域，无论是显示器、投影机或者电视，需要配合 3D 眼镜使用

C. 3D 技术分类可以分为眼镜式和裸眼式两大类

D. 裸眼 3D 主要用于消费场合，将来还会应用到手机等便携式设备上

28. 以下关于偏振 3D 显示技术，说法错误的是（ ）。

A. 采用两台放映机和播放器分别播放左右眼画面

B. 画面的亮度没有变化

C. 价格适中、无闪烁、3D 模式分辨率下降一半，不适合文本显示

D. 眼镜轻，佩戴舒适

29. 以下关于主动快门式 3D 显示技术，说法正确的是（　　）。

A. 价格高　　B. 略有闪烁　　C. 图像清晰　　D. 眼镜很轻

30. 色差式 3D 显示技术的特点有（　　）。

A. 价格极低　　B. 用肉眼观看也不会呈现模糊的重影图像

C. 图像明显偏色　　D. 3D 效果差

31. 以下关于 ATX 电源的说法，正确的是（　　）。

A. PS-ON：电源启动信号

B. PWR-OK：Power OK，指示电源正常工作

C. 5VSB：提供 +5V Stand by 电源，待机电源

D. 主 +5V 电源必须在电脑开机或被唤醒状态下，才有输出

32. 以下关于 5.1 声道的端口颜色定义，正确的是（　　）。

A. 蓝色：音频输入端口　　B. 黄色：音视频输入端口

C. 绿色：音频输出端口　　D. 粉色：麦克风端口

二、综合应用

1. 你使用的计算机属于什么类型？简述不同类型计算机的特点。

2. 主板由哪些部分组成？笔记本电脑主板与台式机主板有什么区别？

3. 查看自己使用的计算机 CPU 类型，并简述 CPU 的参数。

4. 简述内存主要参数及硬盘性能参数。

学习领域二 PC机拆装与调试

知识导图

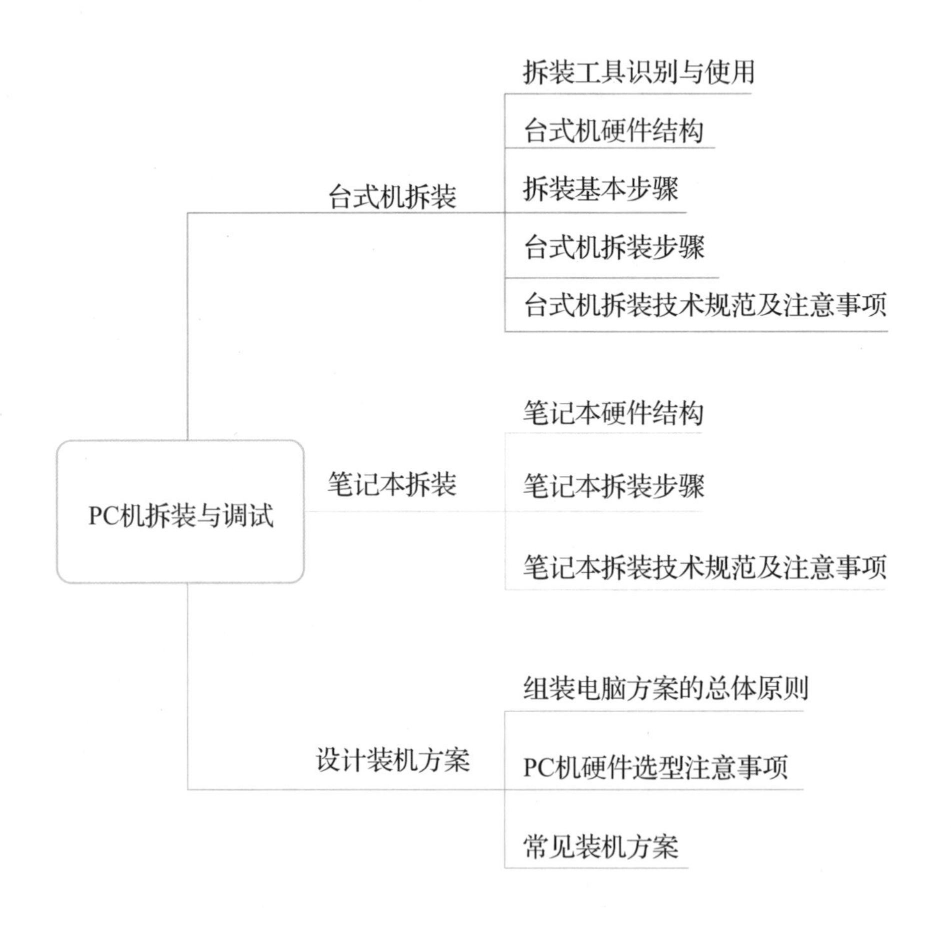
PC机拆装与调试
台式机拆装
拆装工具识别与使用
台式机硬件结构
拆装基本步骤
台式机拆装步骤
台式机拆装技术规范及注意事项
笔记本拆装
笔记本硬件结构
笔记本拆装步骤
笔记本拆装技术规范及注意事项
设计装机方案
组装电脑方案的总体原则
PC机硬件选型注意事项
常见装机方案

工作任务 1 台式机拆装

任务描述

台式电脑具有散热好、扩展性强、保护性好、明确性高、耐用、价格实惠等优势，近年来一直是工作电脑和商务电脑的首选机型。台式机具有独立相分离的结构性质，主机拆装较易，在报废准备、升级新硬件、清理灰尘，又或是想了解计算机硬件的工作原理时，需要知道如何拆卸并重新组装。《中等职业学校计算机及应用专业教学指导方案》和《全国计算机高新技术考试大纲》中，明确要求职业学校学生能熟练拆装微型计算机，完成常用设备硬件的安装。

微课：台式机拆装

任务清单

任务清单如表 2-1 所示。

表 2-1 台式机拆装

任务目标	素质目标： 具有爱岗敬业、乐观奉献、开放合作的职业素养； 养成规范化操作的职业习惯。 知识目标： 知道台式机基本硬件构成； 掌握台式机拆装步骤； 掌握台式机拆装技术规范及注意事项。 能力目标： 能够规范作业拆装台式机
任务重难点	重点： 台式机基本硬件构成； 台式机拆装步骤； 台式机拆装技术规范及注意事项。 难点： 规范作业拆装不同机型的台式机
任务内容 *	小信是一名 PC 机维修工程师，他接到前台送检的一台台式机，请帮助小信熟悉台式机基本拆装步骤，并完成规范拆装，由旁观的质检小组成员完成此次“PC 拆机练习评分表”

续表

工具软件	实训物品清单： 1. 标准拆装工具 1 套。 2. 台式拆装工具 1 套。 3. 标准防静电拆装工作环境。 4. 联想金钥匙 U 盘 5. 不同品牌及型号的台式机 2 台。 评分表： “PC 拆机练习评分表”
资源链接	微课、图例、拆装视频、PPT 课件、评分表

台式机拆装步骤学习路径如图 2-1 所示。

原则

■ 由浅入深 循序渐进
■ 注重实践 规范操作
■ 多机型演练 复盘总结

■ 第一天|基础任务
了解拆装工具
学习台式机硬件结构
练习拆装工具规范使用

■ 第二天|复杂任务
了解拆装基本步骤
学习拆装基本套路、台式机拆装技术规范及注意事项

■ 第三天|策划准备
学习不同台式机拆装步骤
练习台式机基本拆装并及时解决出现的问题

■ 第四天|实践演练
完成本节任务
练习不同台式机拆装
“PC机规范操作表”打分

■ 第五天|实训周复盘
复盘总结

图 2-1　台式机拆装步骤学习路径

任务实施

（1）分工分组。

3 人 1 组进行演练，组内每人轮流完成一次场景演练。

工程师 1 人：负责完成规范拆装台式机的任务。

记录员 1 人：对照评分表对工程师拆装过程进行记录，并提交结果。

摄像 1 人：负责全程记录演练过程。

（2）按照台式机拆装技术规范进行交互演练，25 min 内完成，提交“PC 拆机练习评分表”，如表 2-2 所示。

表 2-2　PC 拆机练习评分表

学生姓名：________　组别：________　开始时间：________　结束时间：________　考试时间：____分钟

评分项目	序号	评分标准	完成情况	合计扣分
基本拆装规范及验机考核	1	维修前验机操作。在拆装维修前，须进行维修前验机动作。如故障现象复现、外观检查等（如涉及外观“非损”，要事先说明）。询问是否保护数据		
	2	基本维修工具准备。如大、小十字螺丝刀，包含保护贴膜的一字螺丝刀、螺丝盒、防静电手环、液晶屏保护套、防静电桌布等		
	3	维修工具摆放原则。要求所有工具在拆装前按照易取放的原则整齐摆放，且须在使用完毕后放回原处		
	4	功能部件摆放原则。要求所有已拆卸下来的功能部件、机壳等须整齐、方向一致地摆放在足够空间的桌面上。各部件间不可叠放，且功能性部件须放置在防静电桌布上		
	5	螺丝分类原则。已拆卸下的螺丝应按照规格尺寸的原则，在螺丝盒内分格存放		
	6	切断电源操作原则。在拆装维修前，须断开供电电源，含适配器和电池电源。移除电源后，按电源开关 3~5 下，等待数秒后，再行操作		
	7	螺丝安装规范。要求做到按照螺丝种类的原则（含尺寸、颜色）正确复原安装到原机，不可错装或漏装		
	8	液晶屏保护措施。在机器整个拆卸、安装过程中，LCD 面板须始终套在液晶屏保护套内。屏的表面要杜绝重压或划伤（注意：在拆装机器底部螺丝时不建议带保护套，因为咱们的保护套较厚，紧螺丝用力过大易造成屏壳变形。考评者按照实际情况进行评定）		
	9	整体作业规范检验。检验是否采用正确插拔连线的方法，螺丝刀持握的姿势，大、小螺丝刀使用场合，防静电手环是否佩戴到位等。考评者按照实际情况进行评定		
	10	市电检测规范检验。包含如何正确使用万用表工具检测市电、检测电源是否到位等		
	11	维修完毕验机操作。整理线缆，采用联想金钥匙测试软件，对电脑主机各功能及端口进行验机演示。具体测试要求请参考《联想金钥匙测试程序验机规范》。清洁机器，可以解释故障原因和讲述小常识		
以上操作科目每项 15 分。针对以上操作有不合格的项目，每项扣 15 分				

续表

<table>
<tr><th>评分项目</th><th>序号</th><th>评分标准</th><th>完成情况</th><th>合计扣分</th></tr>
<tr><td rowspan="7">关键操作要领考核</td><td rowspan="6">1</td><td>市电检测环节熟练准确。包含如何正确使用万用表工具检测市电、检测电源是否到位等</td><td></td><td rowspan="7"></td></tr>
<tr><td>无带电操作。在机器整个拆装过程中，没有出现“带电”操作的情形（裸板最小化测试例外）。整个拆装过程中，佩戴防静电手环作业</td><td></td></tr>
<tr><td>无新“非损”产生。在机器整个拆装过程中，没有出现新的某部件损坏、划伤等“非损”故障</td><td></td></tr>
<tr><td>无安装异常。所有功能、机构部件都安装到位，没有出现翘起、变形、漏装、错装的现象。整体安装顺序正确</td><td></td></tr>
<tr><td>无新故障出现。在机器整个拆装过程中，没有出现新的功能性故障，如“加电无显”等故障</td><td></td></tr>
<tr><td>无超时。整个拆卸、裸板最小化测试、拆卸安装共计用时 45 min 以内</td><td></td></tr>
<tr><td>2</td><td>机器外围接口熟悉（各外部接口都认识，如 USB、HDMI、VGA、eSATA 等，要知道接口是输入还是输出）</td><td></td></tr>
<tr><td colspan="5">以上操作科目每项 50 分。针对以上操作有不合格的项目，每项扣 50 分</td></tr>
<tr><td colspan="5">实验名称：
1. PC 主机主要部件识别，要求能说出名称，了解基本功能；
2. PC 主板上主要芯片识别，能找到 CPU、芯片组、显卡、显存、网卡、声卡等</td></tr>
<tr><td colspan="5">针对以上实验，有未成功完成或未完成实验目的，扣 50 分。
实验考核结果：□ 通过　□ 不通过</td></tr>
<tr><td colspan="5">说明：总分为 100 分，若减去以上各项目合计扣分后，低于 60 分者，则为实操不通过（考试为负分的，成绩记为 0 分）。
考核结果：□ 通过　□ 不通过
考评员签字：　　　　学生签字：　　　　考核日期：</td></tr>
</table>

（3）每组提供台式计算机一台、拆装工具。

（4）学生观看视频，对照评分表，规范拆装过程，填写表 2–3。

表 2–3　PC 机拆装自查记录表

<table>
<tr><th>拆装设备型号</th><th>拆装过程存在的问题</th></tr>
<tr><td rowspan="5"></td><td>1.</td></tr>
<tr><td>2.</td></tr>
<tr><td>3.</td></tr>
<tr><td>4.</td></tr>
<tr><td>5.</td></tr>
</table>

续表

拆装设备型号	拆装过程存在的问题
	6.
	7.
	8.
	9.

知识链接

2.1 拆装工具识别与使用

计算机拆装所需要的主要工具如图 2–2 所示。

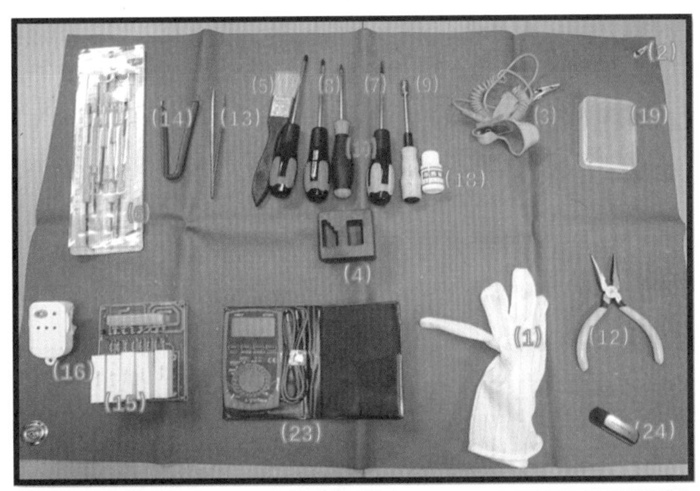

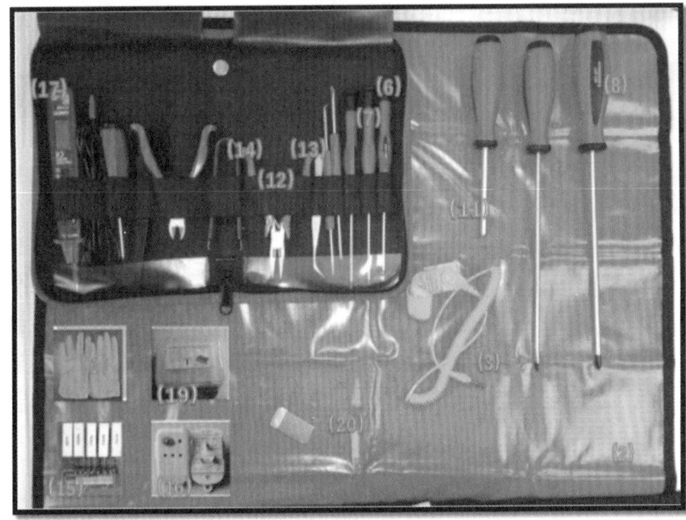

图 2–2 计算机拆装所需要的主要工具

（1）防静电手套：拿捏裸露电路板必须佩戴。

（2）防静电布：拆装时必须铺设并良好接地。

（3）防静电手环：拆装时必须佩戴，但测量带电物体时必须断开。

（4）加消磁器：螺丝刀磁性过强或过弱时改变磁性。

（5）除尘刷（洗耳球）：除尘。

（6）拆壳工具（划片、撬棒）：拆卸卡口时使用，不建议使用日常生活卡片代替。

（7）小十字螺丝刀：拆卸笔记本适合的螺丝，注意滑丝时的拆卸技巧。

（8）大十字螺丝刀：拆卸笔记本和一体机适合的螺丝。

（9）小一字螺丝刀：起撬棒作用，基本不适用于拆卸螺丝。

（10）内六角螺丝刀：拆卸特殊螺丝。

（11）套筒：拆卸螺柱。

（12）尖嘴钳：处理变形等，一般不建议使用，注意钳口容易留下痕迹。

（13）镊子：在手的辅助下，取送扁平类线缆。

（14）起拔器：拔塑料接插件，严禁用手扯线。

（15）电源负载仪：电压输出检测。

（16）地线检测仪：测量接地电阻。

（17）笔型万用表：市电检测。

（18）硅脂：均匀涂抹，不可过厚。

（19）螺丝盒：存放螺钉。

（20）橡皮：清除金属氧化层。

（21）捆绑线（见图 2–3）：理线。

（22）液晶屏保护套（见图 2–4）：保护液晶屏。

（23）万用表：市电检测。

（24）联想金钥匙 U 盘：装机后 BIOS 操作。

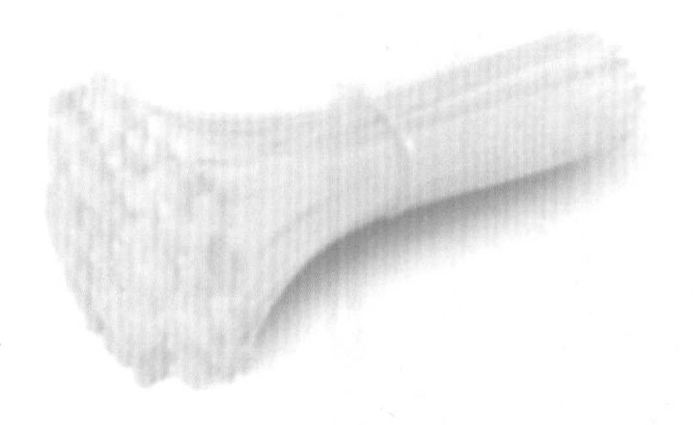

图 2–3 捆绑线

图 2–4 液晶屏保护套

注意事项

1. 除辨识外，还需掌握每种工具的具体使用技巧。

2. 使用中注意人身安全，带电和尖锐物品需要重点防护。

3. 螺丝装卸要交叉顺序进行，不宜太紧或太松，遇到滑丝应妥善处置。

2.2 台式机硬件结构

台式机硬件结构如图 2–5 所示。

图 2–5 台式机硬件结构

1—机箱；2—硬盘；3—显卡；4—机箱面板；5—光驱；6—机箱风扇；7—读卡器；
8—前置 USB；9—电源；10—开关；11—CPU 风扇；12—CPU；13—主板

2.3 拆装基本步骤

1. 详准备

（1）工具：防静电手套、防静电布、防静电手环、加消磁器、除尘刷（洗耳球）、拆壳工具（划片、撬棒）、小十字螺丝刀、大十字螺丝刀、小一字螺丝刀、内六角螺丝刀、套筒、尖嘴钳、镊子、起拔器、网络回路环、并口回路环、串口回路环、硅脂、螺丝盒、橡皮、捆绑线、小刷子、液晶屏保护套、万用表、联想金钥匙 U 盘。

（2）资料：准备好电脑外观检测告知、保护用户数据告知及拆机用户是否同意相关内容的资料，这里用“产品服务验机单”。如若练习拆装或竞赛，准备好相应的“规范拆装打分表”。

（3）操作环境：防静电标准操作环境。

2. 查资料

不熟悉的机型，提前查阅资料，了解拆装方法。

3. 看结构

（1）查突破：看看这台机器到底是从哪里入手拆开。

（2）找螺钉：重点查看盖板或胶垫下有没有隐藏的螺钉。

（3）盯卡扣：主要关注卡扣位置及方向等，这决定了拆卸时用力的大小和方向。

4. 细拆装

（1）按照技术规范进行细致拆装。

（2）整个过程注意观察拆装动作。

5. 勤复盘

（1）总结新机型拆装要点、难点。

（2）共享到知识库，供其他工程师参考。

2.4 台式机拆装步骤

1. 拆装前

（1）资料、工具准备齐全。

①资料：准备好电脑外观检测告知、保护用户数据告知及拆机用户是否同意相关内容的资料。

②工具：防静电手套、防静电布、防静电手环、加消磁器、除尘刷（洗耳球）、拆壳工具（划片、撬棒）、小十字螺丝刀、大十字螺丝刀、小一字螺丝刀、内六角螺丝刀、套筒、尖嘴钳、镊子、起拔器、网络回路环、并口回路环、串口回路环、硅脂、螺丝盒、橡皮、捆绑线、小刷子、液晶屏保护套、万用表、联想金钥匙 U 盘。

（2）禁止带电操作。

规范要点：

①断开目标主机包含电源线在内的所有外部连线。

②移除主机上所有外接设备（U 盘、软盘、打印机、扫描机、MP3、手机充电座等）。

（3）市电检测。

规范要点：

①测量市电使用万用表的交流挡位。

②测量市电工程师严禁佩戴防静电手环。

③分别测量并记录 L–N 的电压，N–G 的电压。

④每组电压测量 3 次，每次间隔 5 s。

（4）外观检测。

规范要点：

①详细记录外观划伤等情况，与客户进行逐项确认。

②如果发现用户送修的机器带有非原装部件，进行详细记录并与用户逐项确认。

③对于易产生“FS”的部件（如：I/O、液晶屏……）需严加检测。

（5）电荷释放。

规范要点：

①断开主机与 220 V 市电的连接。

②在无任何电源供应的情况下连续按动主机开关 3 次或按住主机开关 3 s。

（6）静电防护。

①擦干净双手，释放自身静电。

②铺防静电桌布，戴防静电手环和防静电手套。

（7）拆机用户同意。

拆机前询问是否可以拆机，用户在确认书上签字。

（8）保护用户数据。

规范要点：

①拆机前询问用户的数据保存情况。

②保存好后，用户在确认书上签字。

2. 拆装中

正确使用工具，部件摆放、拆装有序，轻拿轻放，动作标准，注意观察，螺丝归类。

常见台式机拆机步骤：

拆装电脑时，应按照下述步骤有条不紊地进行：

（1）断开机箱外部连接线，如图 2–6 所示。

图 2–6　断开机箱外部连接线

（2）机箱盖拆卸。

免螺丝机箱盖拆卸，带螺丝机箱盖拆卸，分别如图 2–7、图 2–8 所示。

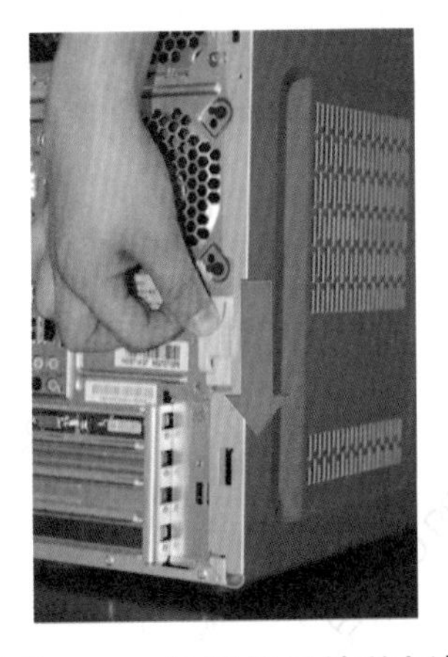

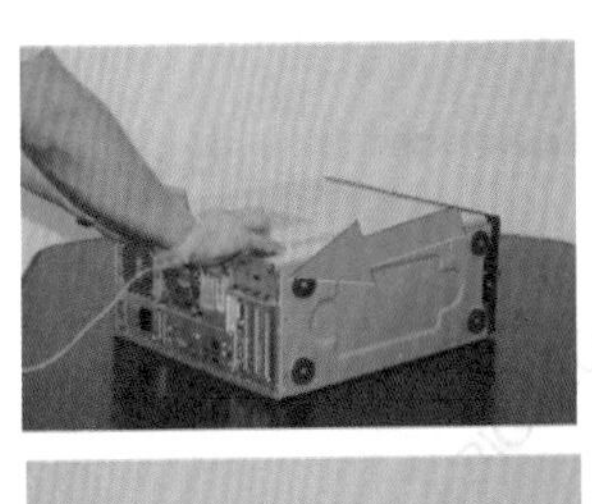

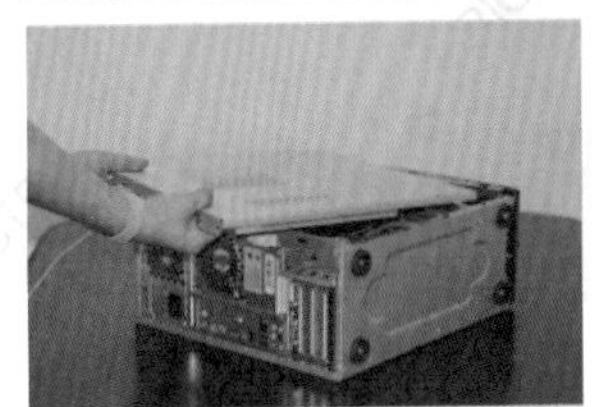

图 2–7　免螺丝机箱盖拆卸

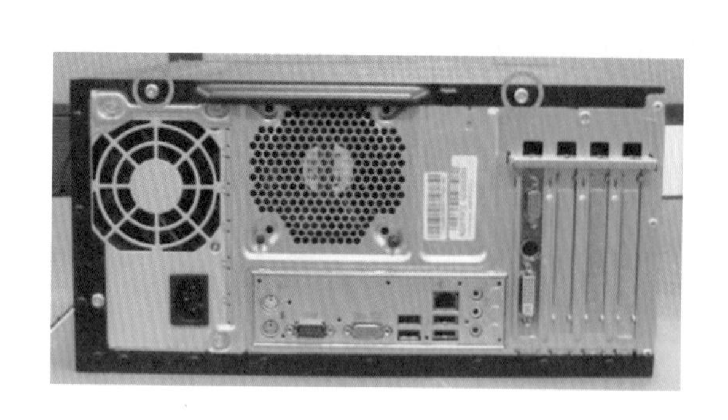

图 2-8　带螺丝机箱盖拆卸

（3）硬盘卸载。

拆卸硬盘连线，取出硬盘，分别如图 2-9、图 2-10 所示。

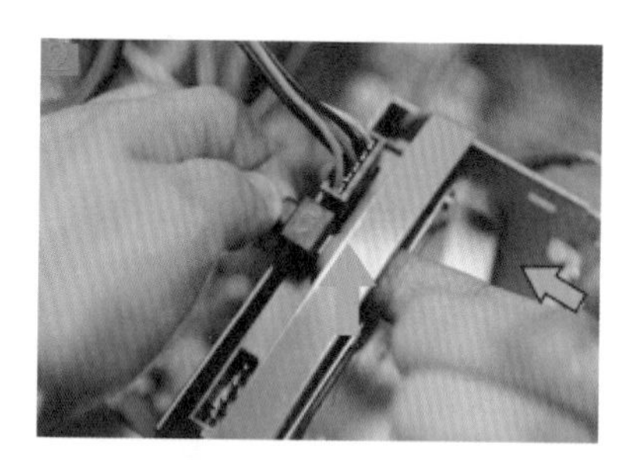
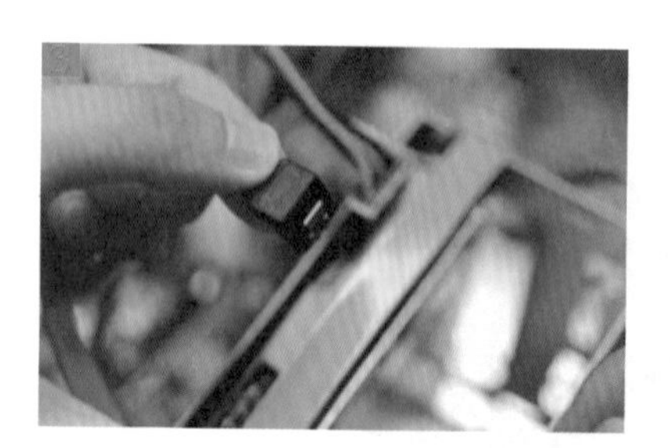

图 2-9　拆卸硬盘连线

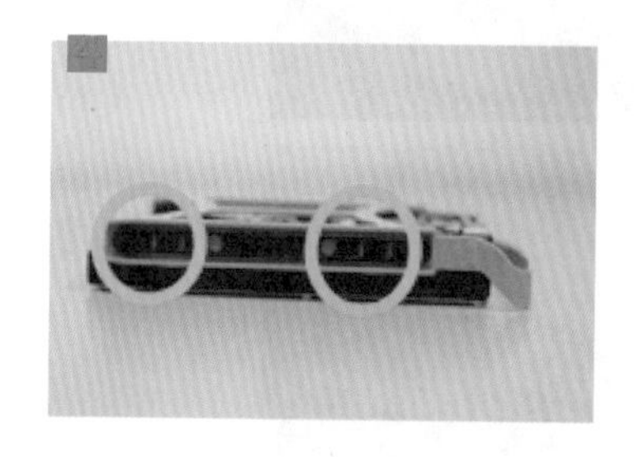

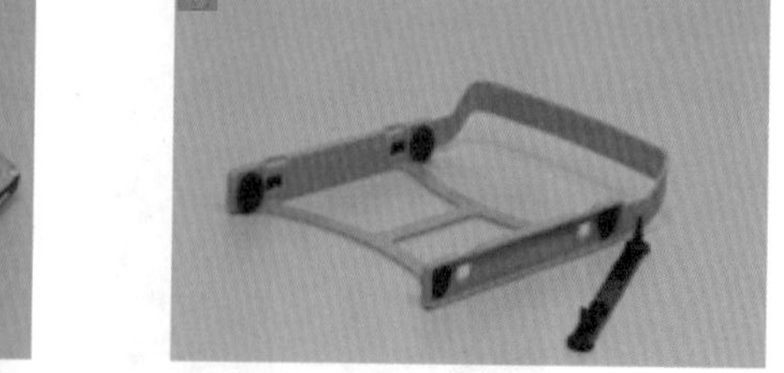

图 2-10　取出硬盘

（4）显卡卸载。

①显卡位置如图 2–11 所示，下摁金属拨片卡扭。

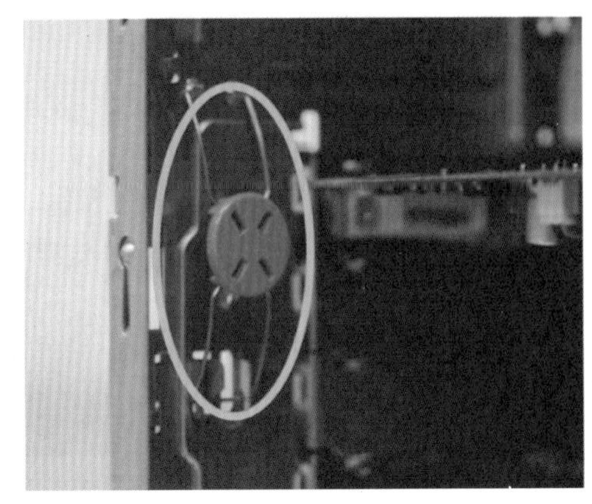

图 2–11　显卡位置

②拆卸挡板（见图 2–12）。

图 2–12　拆卸挡板

③拧开圈中的螺丝，外拨金属片（箭头方向），拆卸显卡（见图 2–13）。

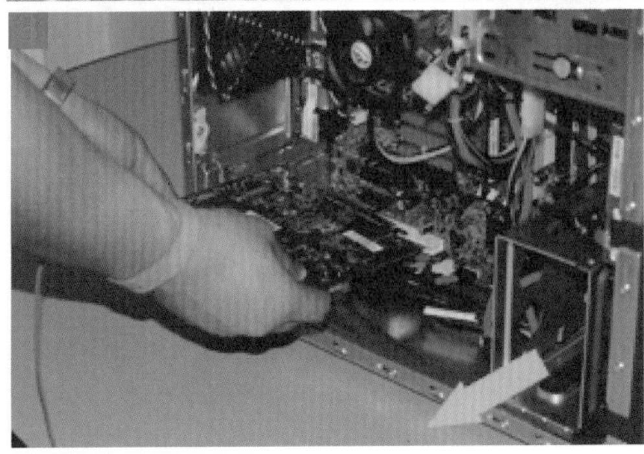
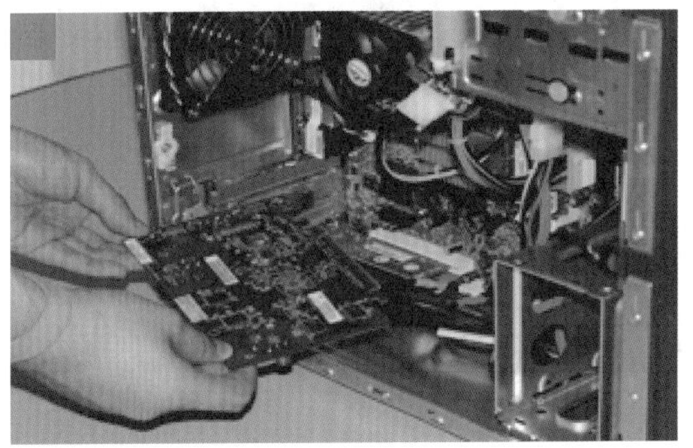

图 2–13　拆卸显卡

（5）内存卸载。

拆卸内存如图 2–14 所示。

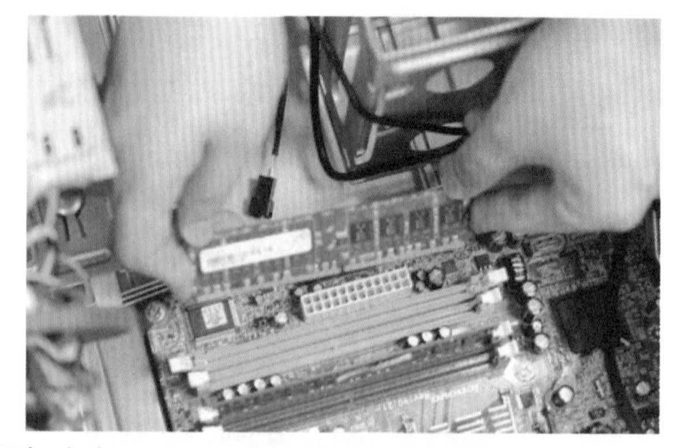

图 2–14　拆卸内存

（6）面板的拆卸。

拧开圈中的螺丝，侧翻盖打开。拆卸面板如图 2–15 所示。

图 2–15　拆卸面板

（7）光驱卸载。

拆卸光驱连线如图 2–16 所示，在光驱连线位置，摁着弹拨片取下。

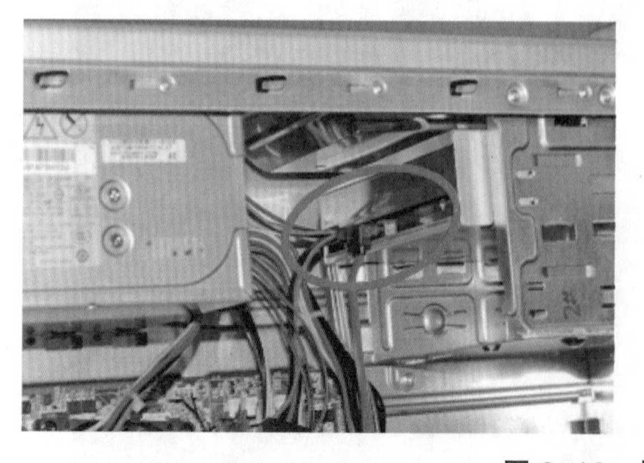

图 2–16　拆卸光驱连线

向前推侧面光驱置扭，取下光驱，卸下后方金属片。拆卸光驱连线如图 2-17 所示。

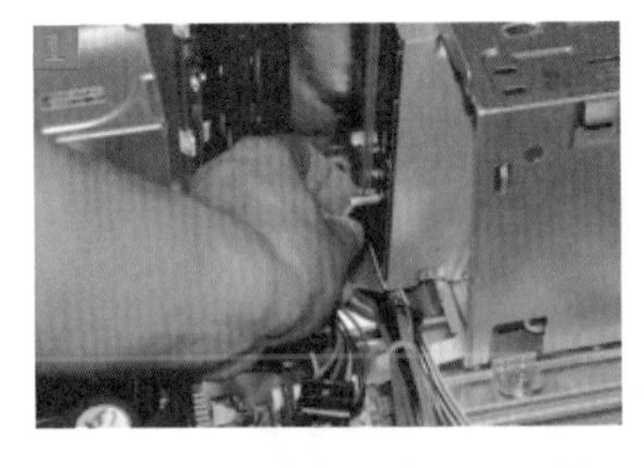

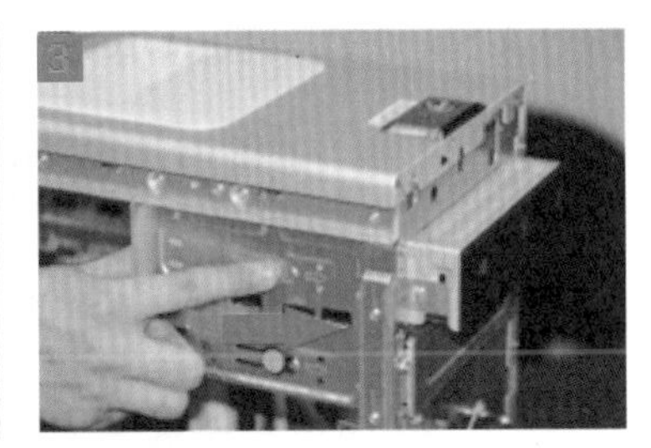
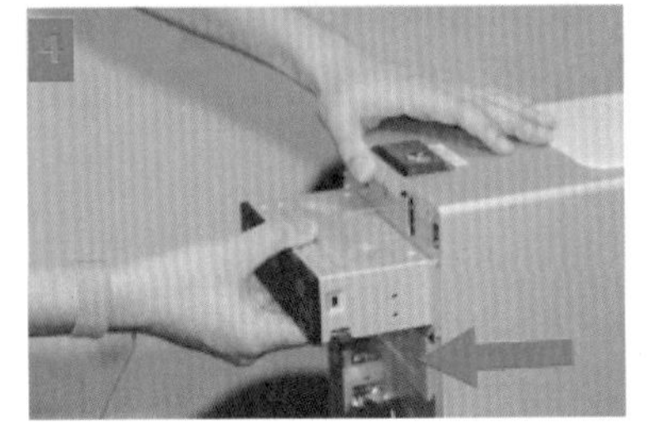
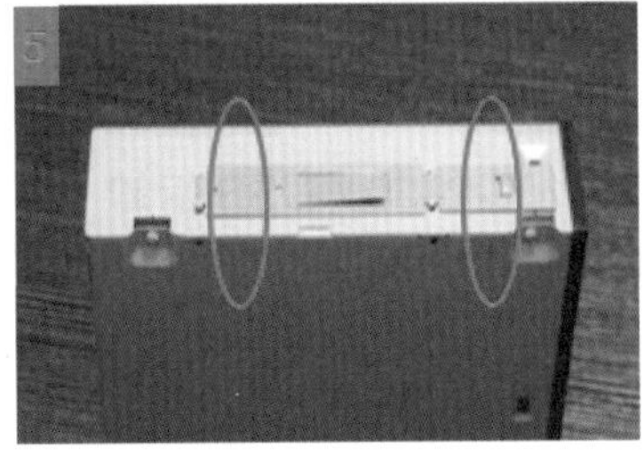

图 2-17 拆卸光驱连线

（8）机箱风扇卸载。

断开机箱风扇连线并取下。机箱风扇断线过程如图 2-18 所示。

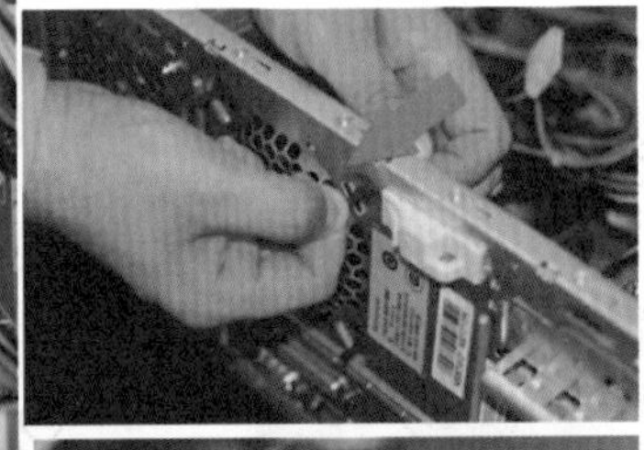

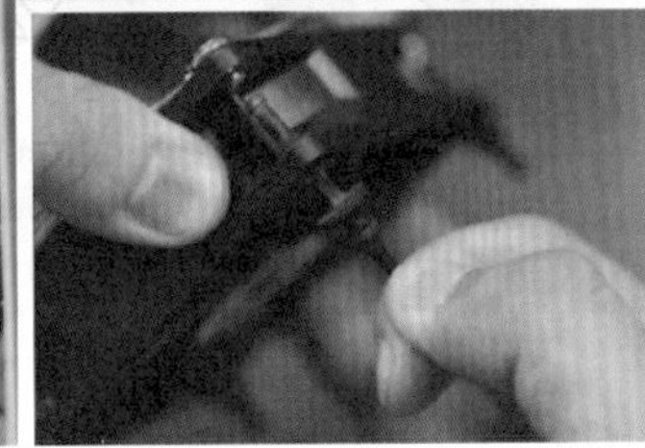
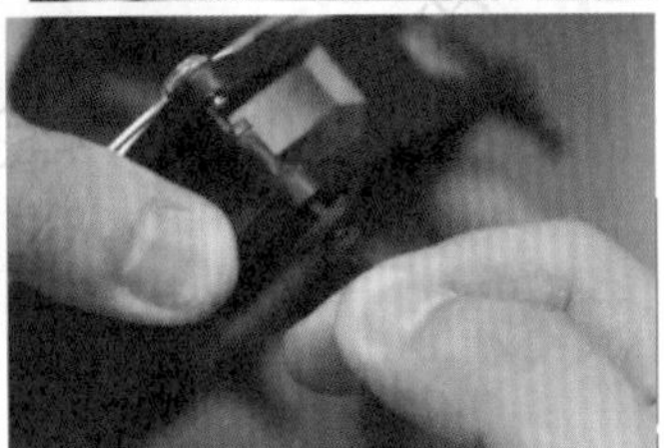

图 2-18 机箱风扇断线过程

（9）拆卸读卡器。

断开读卡器，拧开两端的螺丝并取下，如图 2-19 所示。

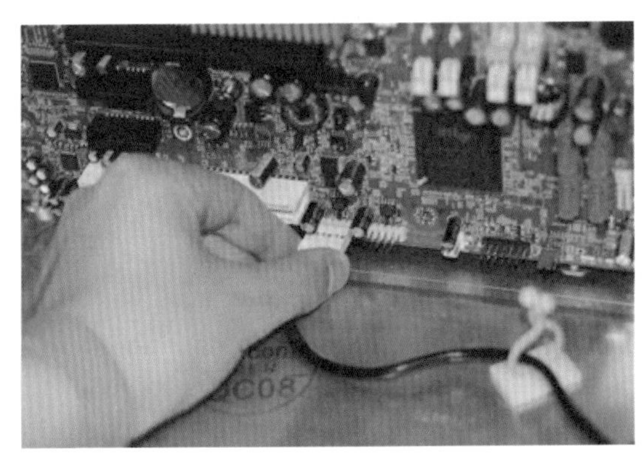

图 2-19 拆卸读卡器

（10）前置音频和 USB 拆卸。

断开 USB 连线并将其取下。USB 拆卸如图 2–20 所示。

图 2–20 USB 拆卸

（11）电源拆卸。

摁着塑料拨片断开电源连线，然后拧开图示的螺丝，取下电源。电源拆卸如图 2–21 所示。

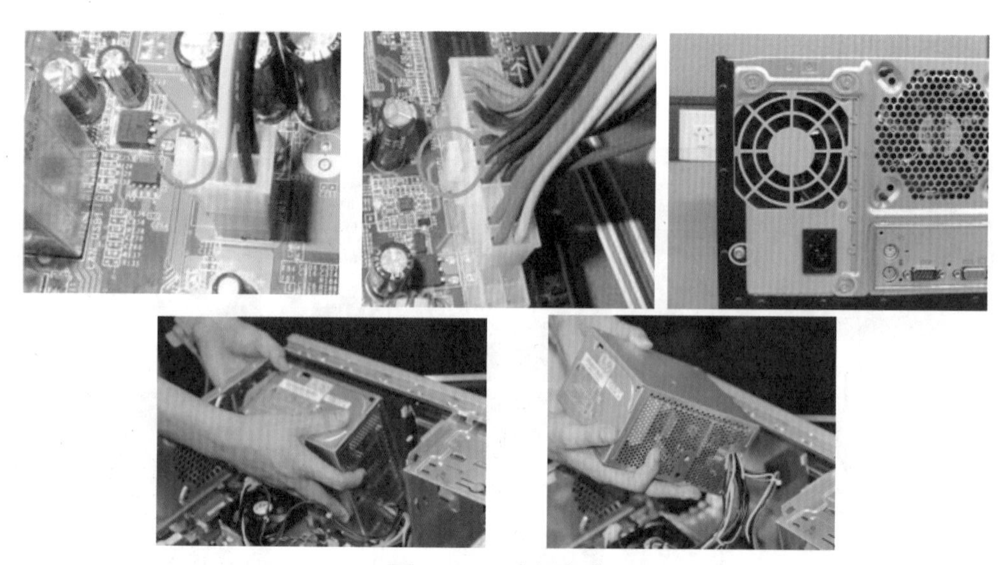

图 2–21 电源拆卸

（12）开关拆卸。

断开开关连线并将其取下。开关拆卸如图 2–22 所示。

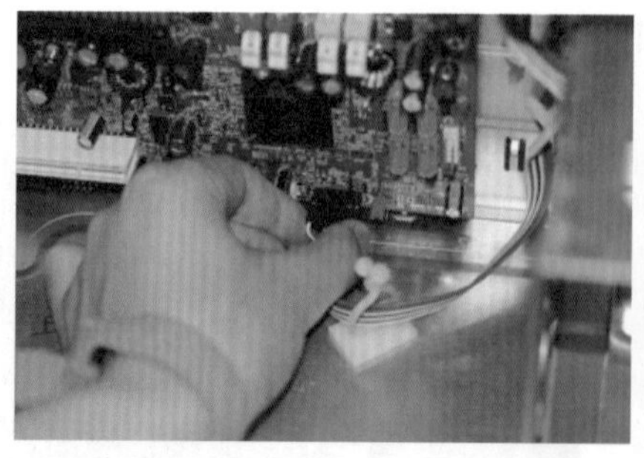
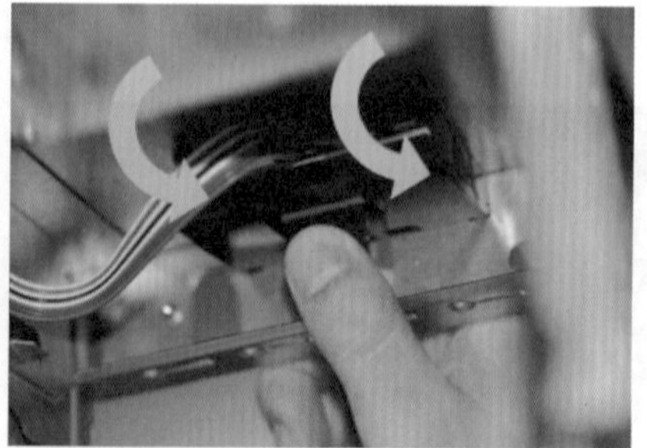

图 2–22 开关拆卸

（13）CPU 风扇拆卸。

断开连线，按照图示顺序拧开螺丝，取下风扇。CPU 风扇拆卸如图 2–23 所示。

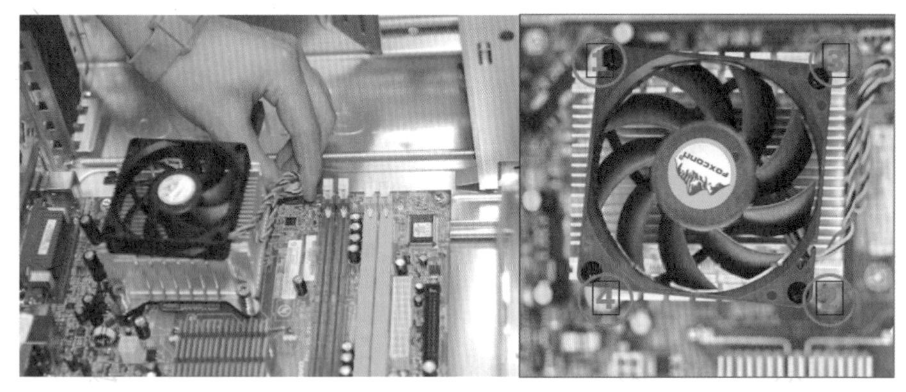

图 2-23 CPU 风扇拆卸

（14）CPU 拆卸。

下摁金属棒，弹开固定金属框，取下 CPU。CPU 拆卸如图 2-24 所示，然后将 CPU 放置在包装盒中。

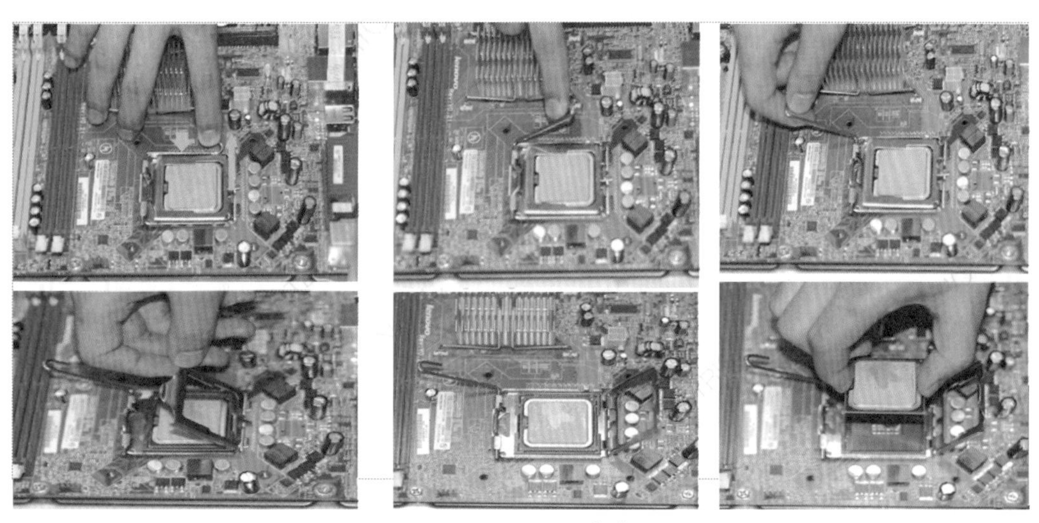

图 2-24 CPU 拆卸

（15）主板拆卸。

拧开图中圈的螺丝，取下主板。主板拆卸如图 2-25 所示。

图 2-25 主板拆卸

（16）整个拆机过程完成。

常见台式机组装步骤：

组装电脑时，应按照下述步骤有条不紊地进行：

（1）安装主板。

对应螺丝扣放好主板，拧上螺丝。

（2）安装 CPU。

放好 CPU，盖好金属框，下摁金属棒固定。CPU 安装如图 2-26 所示。

图 2-26　CPU 安装

（3）CPU 风扇安装。

对应 4 螺丝口，放好风扇，交叉顺序拧上螺丝，接上连线。

（4）开关安装。

放好开关，接上连线。

（5）电源安装。

固定电源，拧上螺丝，接上连线。

（6）前置音频和 USB 安装。

固定 USB 与音频，拧上螺丝，接上连线。

（7）读卡器安装。

固定读卡器，拧上螺丝，接上连线。读卡器安装如图 2-27 所示。

（8）机箱风扇安装。

安装机箱风扇并接上连线，如图 2-28 所示。

图 2-27　读卡器安装

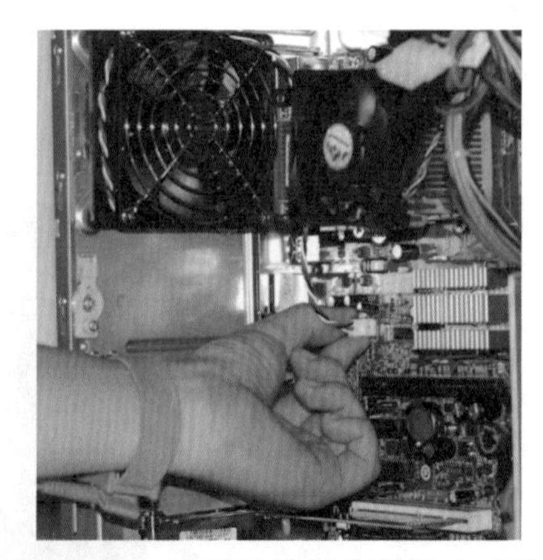

图 2-28　安装机箱风扇并接上连线

（9）光驱安装。

安装后方金属片，推入光驱，卡好侧面光驱按扭，接上连线。

（10）前面板安装。

合上侧翻盖，拧上螺丝。

（11）内存和显卡的安装。

固定好槽内存条。放回显卡，卡好金属片，拧上螺丝，安装挡板，拉回金属拨片卡扭。

（12）硬盘安装。

安装硬盘，接上连接线。

（13）机箱安装。

固定好机箱板，拧上螺丝。

（14）整理线缆。

3. 拆装后

给机器加电，若显示器能够正常显示，则表明初装正确。

更新 BIOS/FW/SN/MARKER，这里建议用联想金钥匙U盘。

（1）首先准备好联想金钥匙 U 盘，如图 2–29 所示，在 DOS 模式下启动。

（2）在知识库下载 BIOS 文件。

（3）需要主板刷新 BIOS 数据文件包（*.ROM 文件、*.fd 文件、*.bin 文件或者 *.cap 文件）。BIOS 数据文件如图 2–30 所示。

图 2–29 联想金钥匙 U 盘

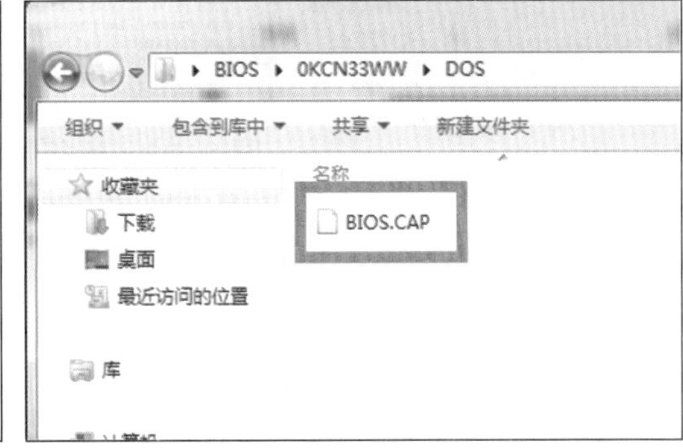

图 2–30 BIOS 数据文件

（4）复制 BIOS 数据文件包至 U 盘。

（5）插入 U 盘，然后开机，选择在 DOS 模式下启动 U 盘。BIOS 界面如图 2–31 所示。

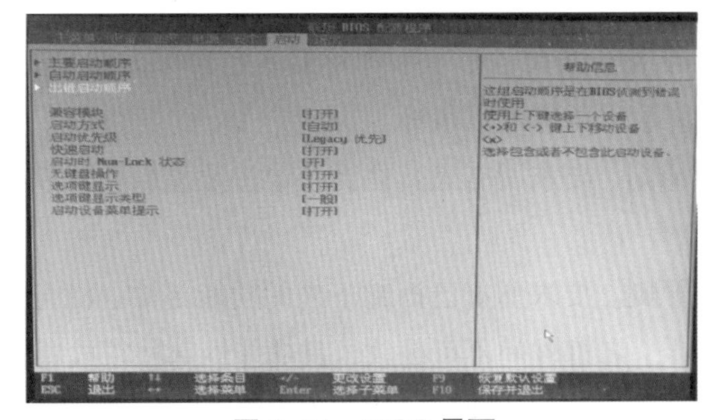

图 2–31 BIOS 界面

（6）BIOS 进入 DOS 模式，如图 2-32 所示，运行：BIOS.bat，当 BIOS 刷新成功后，系统将自动重启。DOS 模式界面如图 2-32 所示。

```
C:\BIOS\0NCN24WW\DOS>dir
 驱动器 C 中的卷是 Windows 7
 卷的序列号是 1049-58B8

 C:\BIOS\0NCN24WW\DOS 的目录

2016/08/05  15:22    <DIR>          .
2016/08/05  15:22    <DIR>          ..
2016/08/05  10:40         6,834,480 0NCN24WW.CAP
2016/08/05  13:58               191 BIOS.bat
2015/10/16  11:56           389,632 DosFlash.exe
2011/05/06  14:08             7,026 ECIO.EXE
               4 个文件      7,231,329 字节
               2 个目录 57,247,236,096 可用字节
```

图 2-32　DOS 模式界面

（7）如果在 Windows 下刷新，运行 winflash64.bat 即可，刷新完毕后，系统自动重启。运行 winflash64.bat 文件如图 2-33 所示。

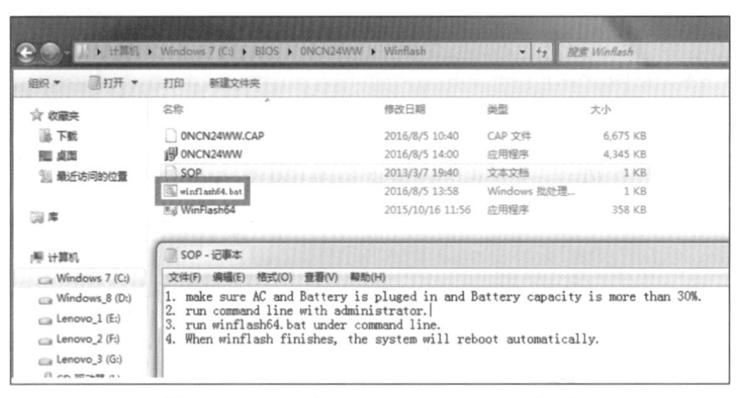

图 2-33　运行 winflash64.bat 文件

全面验机后清洁机器。在拆装过程中，为了体现职业素养和服务精神，要能简单解释硬件或故障原因，掌握电脑养护小常识。

2.5　台式机拆装技术规范及注意事项

基本拆装规范及验机考核：

（1）维修前验机操作。在拆装维修前，须进行维修前验机动作。如故障现象复现、外观检查等（如涉及外观“非损”，要事先说明）。

（2）基本维修工具准备。如大、小十字螺丝刀，包含保护贴膜的一字螺丝刀、螺丝盒、防静电手环、液晶屏保护套、防静电桌布等。

（3）维修工具摆放原则。要求所有工具在拆装前按照易取放的原则整齐摆放，且须在使用完毕后放回原处。

（4）功能部件摆放原则。要求所有已拆卸下来的功能部件、机壳等须整齐、方向一致地摆放在足够空间的桌面上。各部件间不可叠放，且功能性部件须放置在防静电桌布上。

（5）螺丝分类原则。已拆卸下的螺丝应按照规格尺寸的原则，在螺丝盒内分格存放。

（6）切断电源操作原则。在拆装维修前，须断开供电电源，含适配器和电池电源。移除电源后，按电源开关 3~5 下，等待数秒后，再行操作。

（7）螺丝安装规范。要求做到按照螺丝种类的原则（含尺寸、颜色）正确复原安装到原机。不可错装或漏装。

（8）液晶屏保护措施。在机器整个拆卸、安装过程中，LCD 面板须始终套在液晶屏保护套内。屏的表面要杜绝重压或划伤。（注意：在拆装机器底部螺丝时不建议带保护套，因为咱们的保护套较厚，紧螺丝用力过大易造成屏壳变形。考评者按照实际情况进行评定。）

（9）整体作业规范检验。包含如何采用正确插拔连线的方法，螺丝刀持握的姿势，大、小螺丝刀使用场合，防静电手环是否佩戴到位等。考评者按照实际情况进行评定。

（10）市电检测规范检验。包含如何正确使用万用表工具检测市电、检测电源是否到位等。

（11）维修完毕验机操作。采用联想金钥匙测试软件，对电脑主机各功能及端口进行验机演示。具体测试要求请参考《联想金钥匙测试程序验机规范》。

关键操作要领考核：

（1）市电检测环节熟练准确。包含如何正确使用万用表工具检测市电、检测电源是否到位等。

（2）无带电操作。在机器整个拆装过程中，没有出现“带电”操作的情形（裸板最小化测试例外）。整个拆装过程中，佩戴防静电手环作业。

（3）无新“非损”产生。在机器整个拆装过程中，没有出现新的某部件损坏、划伤等“非损”故障。

（4）无安装异常。所有功能、机构部件都安装到位，没有出现翘起、变形、漏装、错装的现象。整体安装顺序正确。

（5）无新故障出现。在机器整个拆装过程中，没有出现新的功能性故障，如“加电无显”等故障。

（6）无超时。整个拆卸、裸板最小化测试、拆卸安装共计用时 45 min 以内。

（7）机器外围接口熟悉（各外部接口都认识，如 USB、HDMI、VGA、eSATA 等，要知道接口是输入还是输出）。

直通职场 简要解读微型计算机修理更换退货责任期限规定

职场情境：

客户购买新笔记本电脑，对于三包政策的期限规定不太明白。为了解除他的后顾之忧，请你简要解释一下。

情境解析:

为了保护消费者合法权益，明确微型计算机商品销售者、修理者和生产者的修理、更换、退货（简称三包）责任和义务，根据《中华人民共和国产品质量法》《中华人民共和国消费者权益保护法》等法律的有关规定制定《微型计算机商品修理更换退货责任规定》。

本规定适用于在中华人民共和国境内销售的列入本规定《实施三包的微型计算机商品目录》的微型计算机主机、外部设备、选购件及软件（简称微型计算机商品）。微型计算机商品实行谁销售谁负责三包的原则。销售者与生产者、销售者与供货者、销售者与修理者之间订立的合同，不得免除本规定的三包责任和义务。

知识解读:

（1）实行三包法以后，按照国家的规定，微型计算机商品的三包有效期分为整机三包有效期、主要部件三包有效期。

（2)PC 整机的保修期限是 1 年; 主要部件 2 年，主要部件包括 CPU、主板、内存、显卡、硬盘、电源; 软件及随机软件（含赠送软件）三包有效期为 3 个月，预装软件三包有效期为 1 年。

（3）三包有效期自开具发货票之日起计算，扣除因修理占用、无零配件待修延误的时间。三包有效期最后一天为法定休假日的，以休假日的次日为三包有效期的最后一天。

知识拓展 台式机怎么安装拓展显示屏?

台式扩展显示屏其实就是电脑连接两个显示器，但是电脑要支持双输出才行，也就是有一个 VGA 接口和一个 HDMI 接口（也可以是 DVI 接口）。

（1）将电脑的 VGA 接口和 HDMI 接口（也可以是 DVI 接口）各连接一个显示器，连接好后将两个显示器电源开关打开。

（2）连接好后，电脑开机进入系统，然后右击桌面，进入屏幕分辨率界面，在多屏显示下拉菜单中选择“扩展这些显示”，然后单击“确定”就可以了。

（3）单击“确定”后，就设置好扩展显示屏了，这样两个屏幕就能分别显示内容了。

工作任务 2 笔记本拆装

任务描述

笔记本具有功耗低、小巧便捷、随时联网、噪声与发热低、假货少等优点。随着技术的进步，笔记本电脑体积越来越小，重量越来越轻，功能越来越强。笔记本目标功能越来越明确，越发成为人们工作、学习、生活的首选个人电脑。在各大品牌售后服务中心，笔记本的维修业务占据较大比重，因此笔记本的拆装是中职学生必须掌握的职业技能。《中等职业学校计算机及应用专业教学指导方案》和《全国计算机高新技术考试大纲》中，明确要求职业学校学生能熟练拆装微型计算机，完成常用设备硬件的安装。

微课：笔记本拆装

任务清单

任务清单如表 2-4 所示。

表 2-4 笔记本拆装

任务目标	素质目标: 具有爱岗敬业、乐于奉献、开放合作的职业素养; 养成良好的作业意识和规范化操作的职业习惯。 知识目标: 掌握笔记本基本硬件构成; 掌握笔记本拆装步骤。 能力目标: 能够规范拆装笔记本
任务重难点	重点: 笔记本基本硬件构成; 笔记本拆装步骤。 难点: 规范拆装不同机型的笔记本
任务内容	小信是一名笔记本维修工程师，他接到前台送检的一台笔记本，请帮助小信熟悉笔记本基本拆装步骤，并完成规范拆装，由旁观的质检小组成员完成此次“PC 拆机练习评分表”

续表

工具软件	实训物品清单： 1. 标准拆装工具 1 套。 2. 台式拆装工具 1 套。 3. 标准防静电拆装工作环境。 4. 联想 U310/U410 笔记本 2 台。 评分表： “PC 拆机练习评分表”
资源链接	微课、图例、PPT 课件、视频

笔记本拆装步骤学习路径如图 2–34 所示。

原则
- 温故知新 循序渐进
- 注重实践 规范操作
- 多机型演练 复盘总结

- 第一天|基础任务
  温习拆装工具使用规范
  学习笔记本硬件结构
  能够认出不同型号笔记本硬件
- 第二天|复杂任务
  了解拆装基本步骤
  学习拆装基本套路、笔记本拆装技术规范及注意事项
- 第三天|策划准备
  学习不同笔记本拆装步骤，练习笔记本基本拆装并及时解决出现的问题
- 第四天|实践演练
  完成本节任务
  练习不同笔记本拆装
  “PC机规范操作表”打分
- 第五天|实训周复盘
  复盘总结

图 2–34 笔记本拆装步骤学习路径

任务实施

（1）分工分组。

3 人 1 组进行演练，组内每人轮流完成一次场景演练。

工程师 1 人：负责完成规范拆装笔记本的任务。

记录员 1 人：对照评分表对工程师拆装过程进行记录，并提交结果。

摄像 1 人：负责全程记录演练过程。

（2）按照笔记本拆装技术规范进行交互演练，45 min 内完成，提交“PC 拆机练习评分表”，如表 2–5 所示。

表 2-5 PC 拆机练习评分表

学生姓名：________ 组别：________ 开始时间：________ 结束时间：________ 考试时间：____分钟

评分项目	序号	评分标准	完成情况	合计扣分
基本拆装规范及验机考核	1	维修前验机操作。在拆装维修前，须进行维修前验机动作。如故障现象复现、外观检查等（涉及外观“非损”的，要事先说明）。询问是否保护数据		
	2	基本维修工具准备。如大、小十字螺丝刀，包含保护贴膜的一字螺丝刀、螺丝盒、防静电手环、液晶屏保护套、防静电桌布等		
	3	维修工具摆放原则。要求所有工具在拆装前按照易取放的原则整齐摆放，且须在使用完毕后放回原处		
	4	功能部件摆放原则。要求所有已拆卸下来的功能部件、机壳等须整齐、方向一致地摆放在足够空间的桌面上。各部件间不可叠放，且功能性部件须放置在防静电桌布上		
	5	螺丝分类原则。已拆卸下的螺丝应按照规格尺寸的原则，在螺丝盒内分格存放		
	6	切断电源操作原则。在拆装维修前，须断开供电电源，含适配器和电池电源。移除电源后，按电源开关 3~5 下，等待数秒后，再行操作		
	7	螺丝安装规范。要求做到按照螺丝种类的原则（含尺寸、颜色）正确复原安装到原机。不可错装或漏装		
	8	液晶屏保护措施。在机器整个拆卸、安装过程中，LCD 面板须始终套在液晶屏保护套内。屏的表面要杜绝重压或划伤（注意：在拆装机器底部螺丝时不建议带保护套，因为咱们的保护套较厚，紧螺丝用力过大易造成屏壳变形。考评者按照实际情况进行评定）		
	9	整体作业规范检验。包含是否采用正确插拔连线的方法，螺丝刀持握姿势是否标准，大、小螺丝刀使用场合，防静电手环是否佩戴到位等。考评者按照实际情况进行评定		
	10	市电检测规范检验。包含如何正确使用万用表工具检测市电、检测电源是否到位等		
	11	维修完毕验机操作。整理线缆，采用联想金钥匙测试软件，对电脑主机各功能及端口进行验机演示。具体测试要求请参考《联想金钥匙测试程序验机规范》。清洁机器时，可以解释故障原因和讲述小常识		
以上操作科目每项 15 分。针对以上操作有不合格的项目，每项扣 15 分				

续表

<table>
<tr><th>评分项目</th><th>序号</th><th>评分标准</th><th>完成情况</th><th>合计扣分</th></tr>
<tr><td rowspan="7">关键操作要领考核</td><td rowspan="6">1</td><td>市电检测环节熟练准确。包含如何正确使用万用表工具检测市电、检测电源是否到位等</td><td></td><td rowspan="7"></td></tr>
<tr><td>无带电操作。在机器整个拆装过程中，没有出现“带电”操作的情形（裸板最小化测试例外）。整个拆装过程中，佩戴防静电手环作业</td><td></td></tr>
<tr><td>无新“非损”产生。在机器整个拆装过程中，没有出现新的某部件损坏、划伤等“非损”故障</td><td></td></tr>
<tr><td>无安装异常。所有功能、机构部件都安装到位，没有出现翘起、变形、漏装、错装的现象。整体安装顺序正确</td><td></td></tr>
<tr><td>无新故障出现。在机器整个拆装过程中，没有出现新的功能性故障，如“加电无显”等故障</td><td></td></tr>
<tr><td>无超时。整个拆卸、裸板最小化测试、拆卸安装共计用时 45 min 以内</td><td></td></tr>
<tr><td>2</td><td>机器外围接口熟悉（各外部接口都认识，如 USB、HDMI、VGA、eSATA 等，要知道接口是输入还是输出）</td><td></td></tr>
<tr><td colspan="5">以上操作科目每项 50 分。针对以上操作有不合格的项目，每项扣 50 分</td></tr>
<tr><td colspan="5">实验名称：
1. PC 主机主要部件识别，要求能说出名称，了解基本功能；
2. PC 主板上主要芯片识别，能找到 CPU、芯片组、显卡、显存、网卡、声卡等</td></tr>
<tr><td colspan="5">针对以上实验，有未成功完成或未完成实验目的，扣 50 分。
实验考核结果：□ 通过 □ 不通过</td></tr>
<tr><td colspan="5">说明：总分为 100 分，若减去以上各项目合计扣分后，低于 60 分者，则为实操不通过（考试为负分的，成绩记为 0 分）。
考核结果：□ 通过 □ 不通过
考评员签字： 学生签字： 考核日期：</td></tr>
</table>

（3）每组提供笔记本一台、拆装工具。

（4）学生观看视频，对照评分表，规范拆装过程，填写表 2-6。

表 2-6 PC 机拆装自查记录表

<table>
<tr><th>拆装设备型号</th><th>拆装过程存在的问题</th></tr>
<tr><td rowspan="5"></td><td>1.</td></tr>
<tr><td>2.</td></tr>
<tr><td>3.</td></tr>
<tr><td>4.</td></tr>
<tr><td>5.</td></tr>
</table>

续表

拆装设备型号	拆装过程存在的问题
	6.
	7.
	8.
	9.

知识链接

2.6 笔记本硬件结构

笔记本硬件结构有笔记本四面机壳、硬盘、显卡、光驱、USB 读卡器、电源、开关、CPU 风扇、CPU、主板等。笔记本硬件如图 2–35~ 图 2–44 所示。

笔记本四面机壳（A、C、D 面）屏幕（B 面）如图 2–35 所示。

图 2–35 笔记本四面机壳（A、C、D 面）屏幕（B 面）

硬盘如图 2–36 所示。

显卡如图 2–37 所示。

图 2–36 硬盘

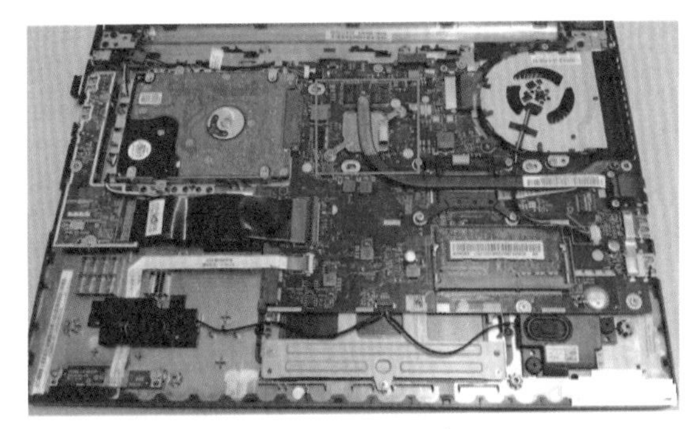

图 2–37 显卡

光驱如图 2-38 所示。

USB 读卡器如图 2-39 所示。

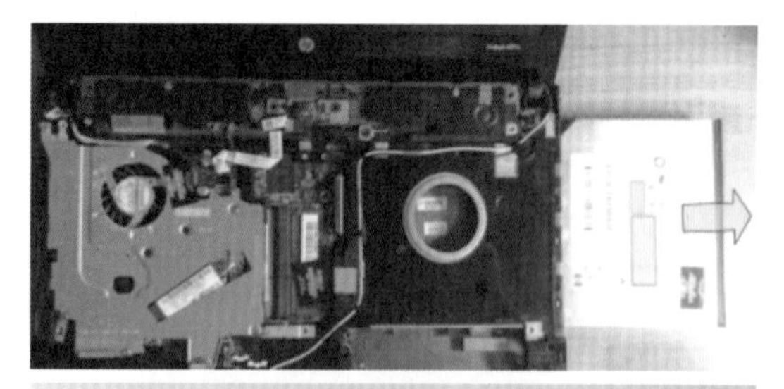

图 2-38　光驱

图 2-39　USB 读卡器

笔记本电源位置如图 2-40 所示。

笔记本开关位置如图 2-41 所示。

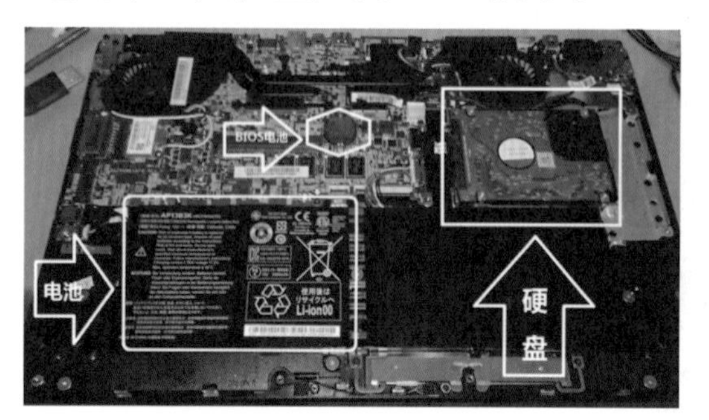

图 2-40　笔记本电源位置

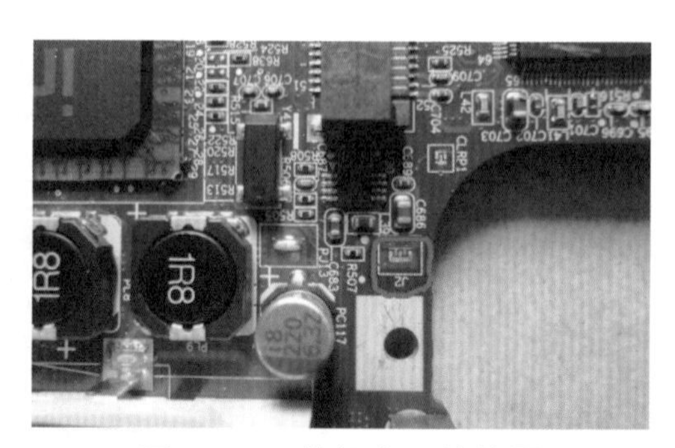

图 2-41　笔记本开关位置

笔记本 CPU 风扇位置如图 2-42 所示。

笔记本 CPU 位置如图 2-43 所示。

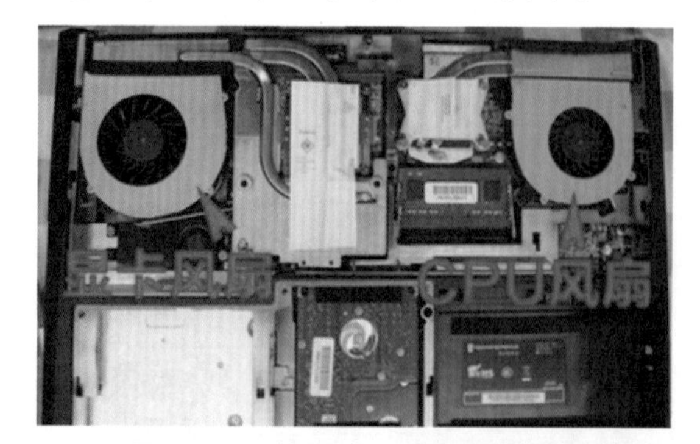

图 2-42　笔记本 CPU 风扇位置

图 2-43　笔记本 CPU 位置

笔记本主板如图 2-44 所示。

图 2-44 笔记本主板（昂达 A79GS/128M）

2.7 笔记本拆装步骤

下面以 U310/U410 为例介绍：

1. 拆卸主机底壳

翻转电脑至背面，拿下四个橡胶脚垫。笔记本底壳如图 2-45 所示。

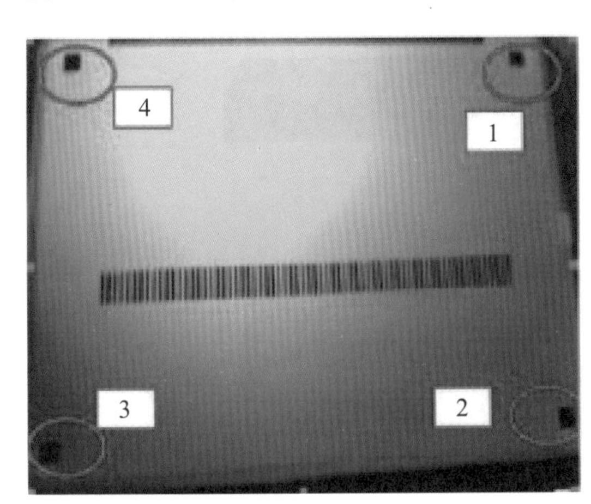

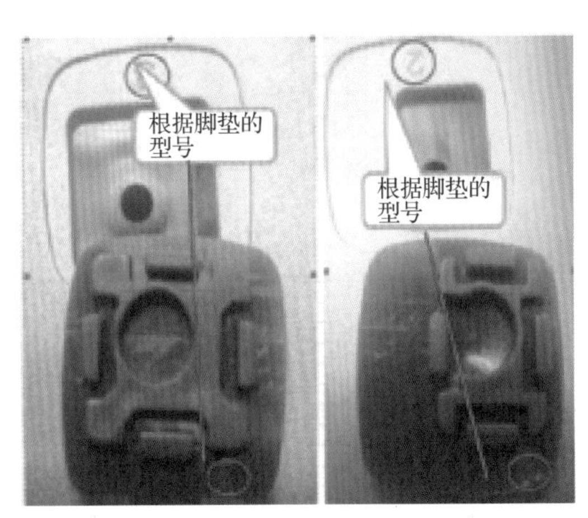

图 2-45 笔记本底壳

卸下脚垫下的 4 颗螺丝，然后按图示顺序拆卸下主机底壳。笔记本底壳拆卸顺序如图 2-46 所示。

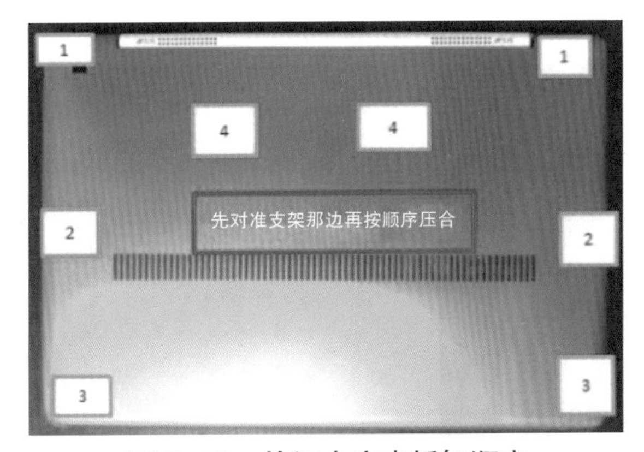

图 2-46 笔记本底壳拆卸顺序

2. 拆卸键盘、理线

（1）翻转主机并拆下键盘，注意断开与主板的连线，笔记本键盘拆卸要点图示如图 2–47 所示。

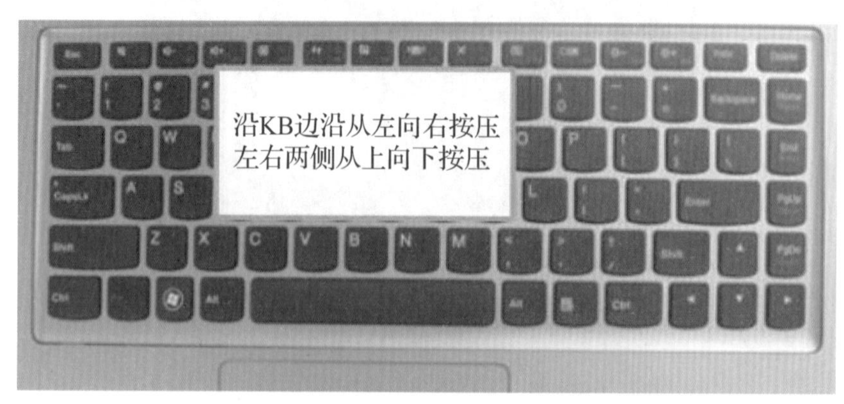

图 2–47　笔记本键盘拆卸要点图示

（2）理线、拆卸分离。

将露出的电池与主板接口从主板上拔出，按图示相反方向将缆线从槽中理出，拔出 CCD 接口、喇叭接口与排线。图 2–48 所示为笔记本拆卸接口要点图示。

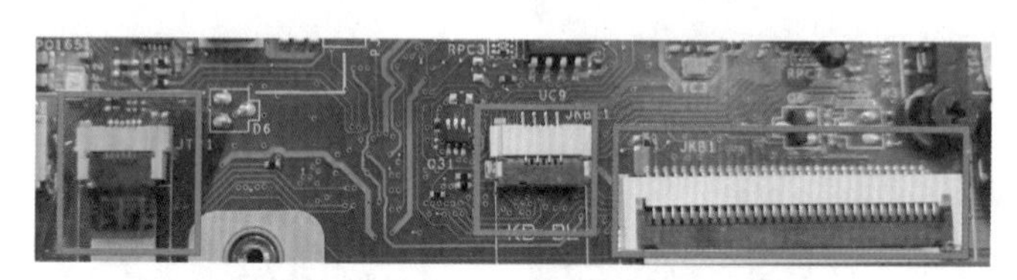

图 2–48　笔记本拆卸接口要点图示

拔下无线网卡天线，将天线理出。笔记本拆卸理线要点图示如图 2–49 所示。

图 2–49　笔记本拆卸理线要点图示

（3）将屏线从主板上拔下，理出天线剩余部分，然后卸除固定屏轴的 4 颗螺丝，将主机与屏幕分离。笔记本屏线拆卸分离要点图示如图 2-50 所示。

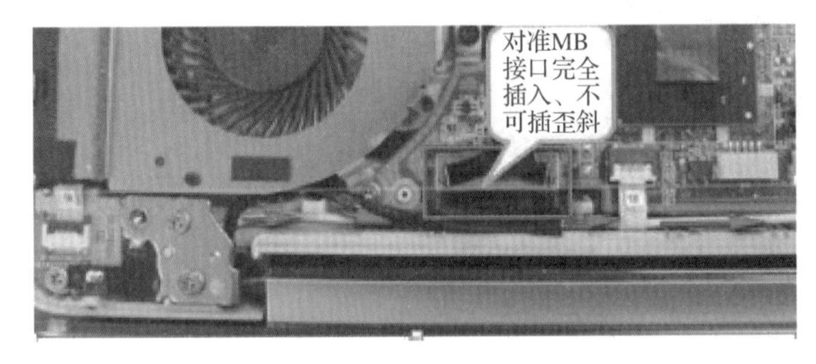

图 2-50　笔记本屏线拆卸分离要点图示

3. 拆卸电池

拆卸固定电池的 4 颗螺丝，然后取下电池，注意图示中的 2 颗螺丝。笔记本电池分离要点图示如图 2-51 所示。

图 2-51　笔记本电池分离要点图示

4. 拆卸硬盘

将硬盘与主板连线拔下，然后拆卸固定硬盘的 4 颗螺丝，取下硬盘。笔记本硬盘拆卸要点图示如图 2-52 所示。

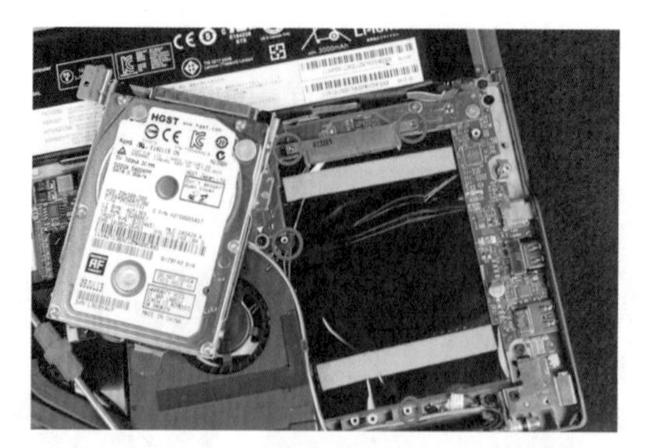

图 2-52 笔记本硬盘拆卸要点图示

5. 拆卸内存、无线网卡、SSD 卡、散热模组

左右弹开卡钩，然后拔出内存，再卸除螺丝，分别拆卸无线网卡、SSD 卡、散热模组。笔记本拆卸要点图示如图 2-53 所示。

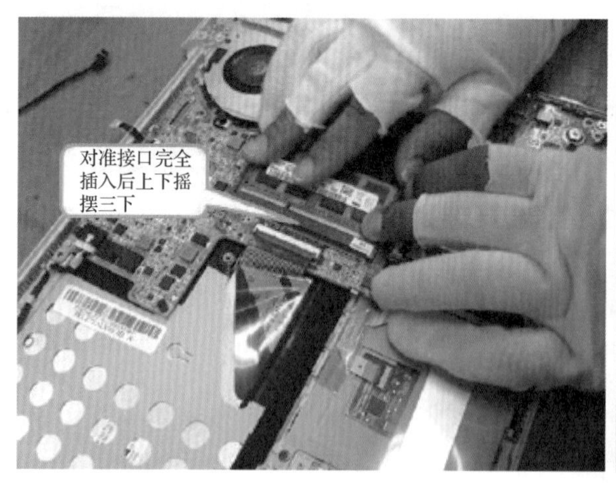

图 2-53 笔记本拆卸要点图示

6. 拆卸 USB 小板、电源小板

拆卸图 2-54 所示螺丝以拆卸 USB 小板与电源小板，笔记本拆卸要点图示如图 2-54 所示。

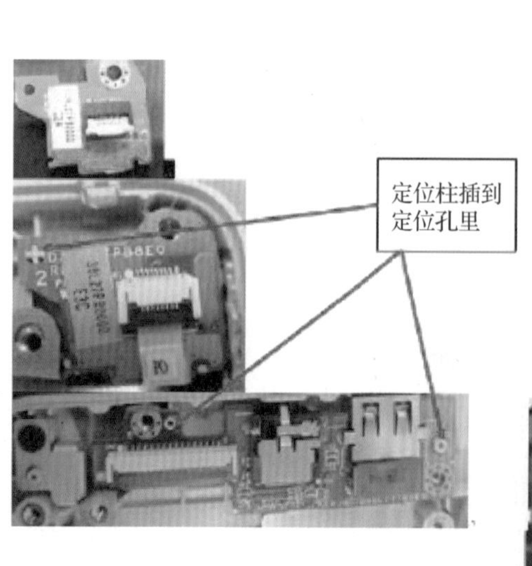

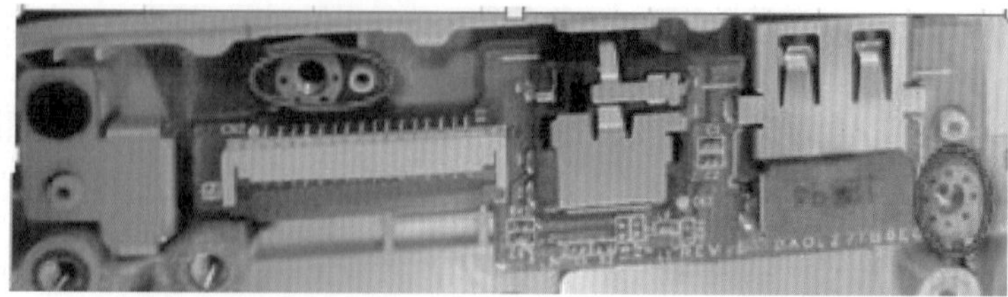

图 2-54 笔记本拆卸要点图示

7. 拆卸主板

卸除 5 颗螺丝，取下主板。笔记本主板拆卸要点图示如图 2–55 所示。

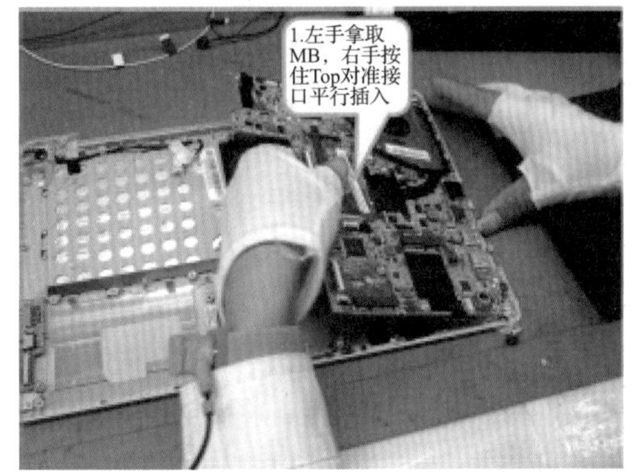

图 2–55　笔记本主板拆卸要点图示

8. 拆卸屏幕、屏支架

（1）小心撬起屏框，拆卸固定液晶屏的 4 颗螺丝。笔记本屏幕拆卸要点图示如图 2–56 所示。

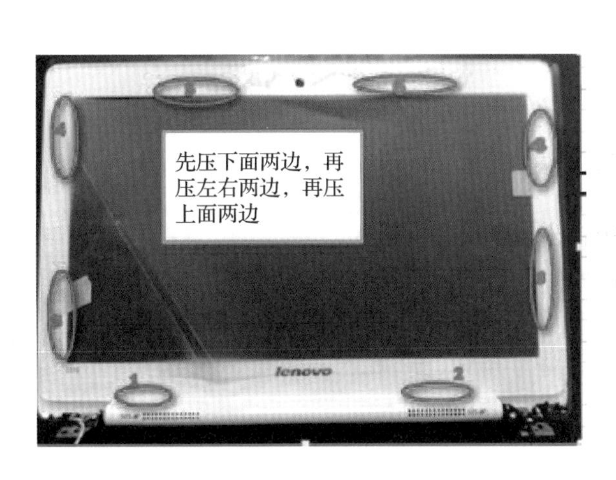

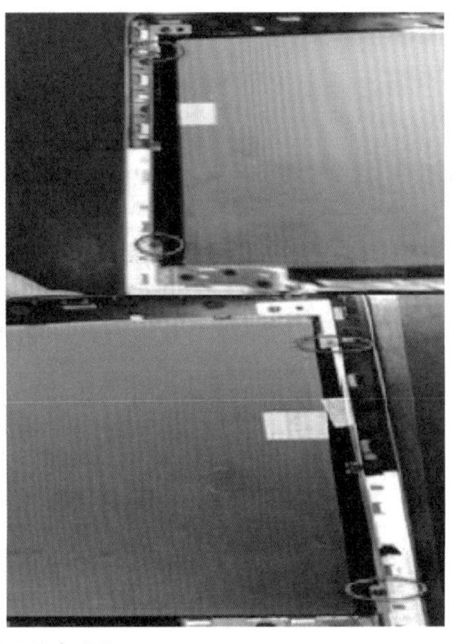

图 2–56　笔记本屏幕拆卸要点图示

（2）卸下固定屏支架的 10 颗螺丝，然后将屏支架拿出。笔记本屏支架拆卸要点图示如图 2–57 所示。

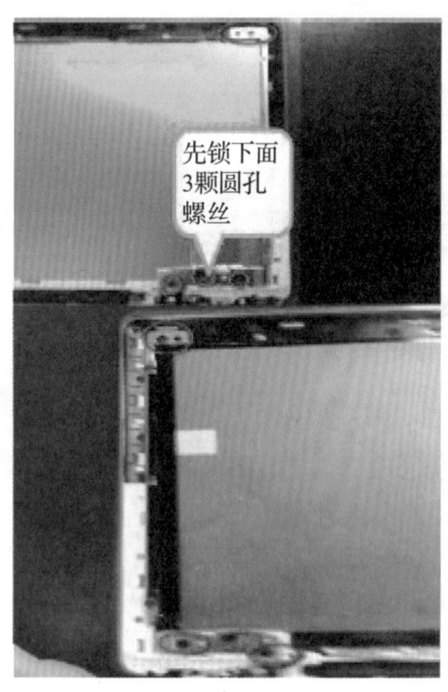

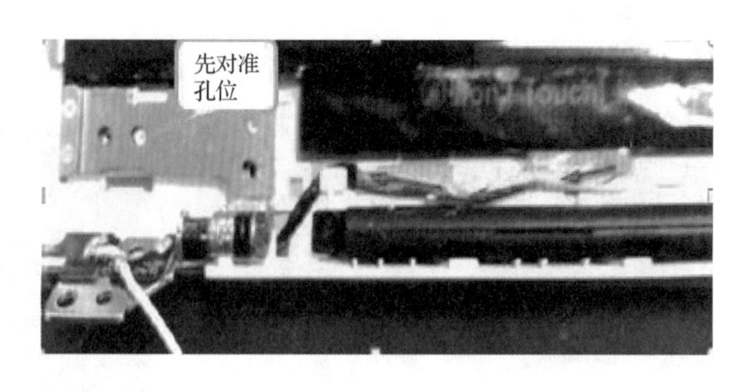

图 2-57 笔记本屏支架拆卸要点图示

9. 拆卸摄像头

卸下固定摄像头的螺丝，然后取下摄像头，注意将线从槽中理出，将屏线拔出，然后可将屏幕分离。笔记本摄像头拆卸要点图示如图 2-58 所示。

图 2-58 笔记本摄像头拆卸要点图示

此顺序的倒序即为笔记本安装顺序。

注意事项

1. D 壳 4 个角螺丝大小不一样，有对应编号按对应编号放入。

2. U310 D 壳有 4 颗螺丝，而类似机型 U410 只有 3 颗螺丝，其中一个胶垫下没有螺丝。笔记本 U410 胶垫底部如图 2-59 所示。

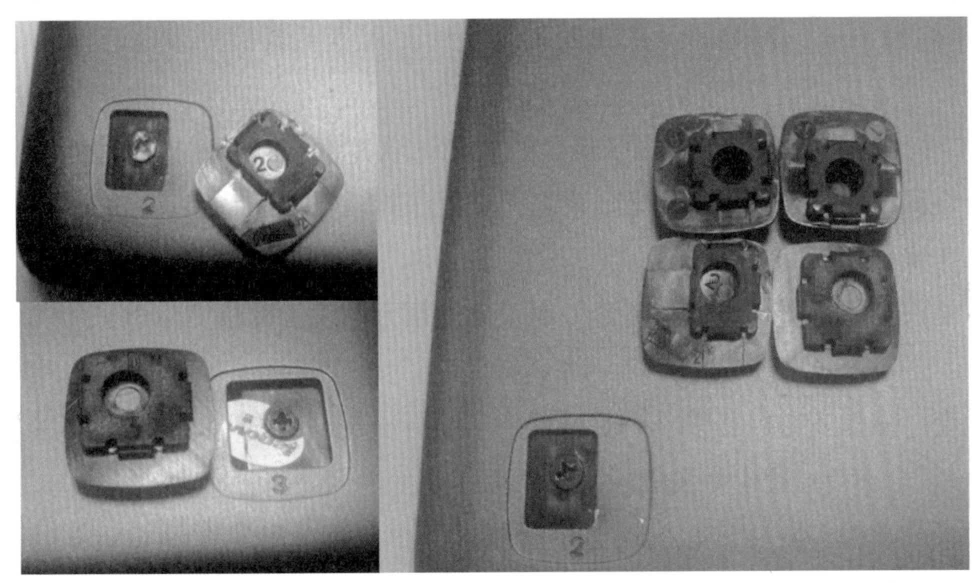

图 2–59 笔记本 U410 胶垫底部

2.8 笔记本拆装技术规范及注意事项

基本拆装规范及验机考核：

（1）维修前验机操作。在拆装维修前，须进行维修前验机动作。如故障现象复现、外观检查等（如涉及外观“非损”，要事先说明）。

（2）基本维修工具准备。如大、小十字螺丝刀，包含保护贴膜的一字螺丝刀、螺丝盒、防静电手环、液晶屏保护套、防静电桌布等。

（3）维修工具摆放原则。要求所有工具在拆装前按照易取放的原则整齐摆放，且须在使用完毕后放回原处。

（4）功能部件摆放原则。要求所有已拆卸下来的功能部件、机壳等须整齐、方向一致地摆放在足够空间的桌面上。各部件间不可叠放，且功能性部件须放置在防静电桌布上。

（5）螺丝分类原则。已拆卸下的螺丝应按照规格尺寸的原则，在螺丝盒内分格存放。

（6）切断电源操作原则。在拆装维修前，须断开供电电源，含适配器和电池电源。移除电源后，按电源开关 3~5 下，等待数秒后，再行操作。

（7）螺丝安装规范。要求做到按照螺丝种类的原则（含尺寸、颜色）正确复原安装到原机，不可错装或漏装。

（8）液晶屏保护措施。机器拆卸、安装过程中，LCD 面板须始终套在液晶屏保护套内。屏的表面要杜绝重压或划伤。（注意：在拆装机器底部螺丝时不建议带保护套，因为咱们的保护套较厚，紧螺丝用力过大易造成屏壳变形。考评者按照实际情况进行评定。）

（9）整体作业规范检验。包含是否采用正确插拔连线的方法，螺丝刀持握姿势是否标准，大、小螺丝刀使用场合，静电手环是否佩戴到位等。考评者按照实际情况进行评定。

（10）市电检测规范检验。包含如何正确使用万用表工具检测市电、检测电源是否到位等。

（11）维修完毕验机操作。采用联想金钥匙测试软件，对电脑主机各功能及端口进行验机演示。具体测试要求请参考《联想金钥匙测试程序验机规范》。

关键操作要领考核：

（1）市电检测环节熟练准确。包含如何正确使用万用表工具检测市电、检测电源是否到位等。

（2）无带电操作。在机器整个拆装过程中，没有出现“带电”操作的情形（裸板最小化测试例外）。整个拆装过程中，佩戴防静电手环作业。

（3）无新“非损”产生。在机器整个拆装过程中，没有出现新的某部件损坏、划伤等“非损”故障。

（4）无安装异常。所有功能、机构部件都安装到位，没有出现翘起、变形、漏装、错装的现象。整体安装顺序正确。

（5）无新故障出现。在机器整个拆装过程中，没有出现新的功能性故障，如“加电无显”等故障。

（6）无超时。整个拆卸、裸板最小化测试、拆卸安装共计用时 45 min 以内。

（7）机器外围接口熟悉。（各外部接口都认识，如 USB、HDMI、VGA、eSATA 等，要知道接口是输入还是输出）

直通职场 工程师怎样按照正确的操作方法，规范地完成维修操作？

职场情境：

工程师小王作为职场新人，拆装笔记本时，操作不够规范，对维修前、维修中、维修完毕的工作要点不是很清楚。

情境解析：

维修进程	关键步骤	具体操作
维修前	故障确认	复现故障，确定维修思路
	外观检查	检查外观，确认有无“非损”，与用户进行沟通确认
	工具准备	准备好联想标配的笔记本维修工具套件
	防静电措施	确保维修台的防静电皮有效接地，佩戴防静电手环
	拆装资料	准备相应机型的拆装资料，以备拆装过程中查询

续表

维修进程	关键步骤	具体操作
维修中	防止带电操作	拆装前关闭电源，并拆去所有外围设备，如 AC 适配器、电源线、PC 卡及其他电缆等
		取下电池，因为即使电源关闭，拔除了电源线，电池仍可以供电，一些电路、设备仍在工作，如直接拆装会引发电路损坏
		取下电池后，应打开电源开关，1 s 后关闭，以释放掉内部直流电路的电量
	拆装要点	拆装时要小心仔细，避免造成人为损伤
		使用合适的工具，不同螺钉使用不同的大小十字螺丝刀
		撬键盘盖板时，可以用在螺丝刀头贴有胶条的一字螺丝刀，防止刮伤键盘盖板
		拆装部件时先观察，确定拆装螺钉位置、数量，必要时用笔记录拆装顺序和要点
		拆装各类连接时，严禁直接拉拽线缆，而要握住其端口，再进行拆装
		拆装各类软排线时必须使用镊子
		不要硬挤压硬盘、软驱、光驱、液晶屏等易损部件，所有部件必须做到轻拿轻放
		拆装塑料材质部件时用力要柔和，不可用力过大，防止造成部件出现断裂等损伤
		出现漏装部件或者安装不到位的情况时必须完全拆解重新安装，严禁不负责任的强行安装。如有上下机壳卡扣结构安装不到位的情况必须完全拆解重新安装
	螺钉放置	螺钉分类放在钉盒中，记录其安装位置，避免出现错打螺钉、漏打螺钉等现象
	LDC 拆装要点	首先将液晶屏整体从主机上拆除，去除连线
		不要使用尖锐的东西拆除屏框，防止划伤液晶屏
		拆解后需要装入泡沫塑料袋保护并妥善放置，严禁在屏上放置任何物品
		清洁液晶屏需使用专门的液晶屏清洁剂以及液晶屏清洁布
	部件摆放	拆装下来的部件必须平放于有防静电皮的桌面上，或装入防静电袋，严禁部件互相叠放
	恢复电源	安装的最后步骤是安装电源，严禁安装电池后再装其他部件，严禁带电操作
	“非损”判定	拆装过程中应注意检查机器部件是否存在“非损”
维修完毕	验机	对笔记本进行加电验机，确认故障排除
		对笔记本基本功能检测，确认没有其他故障隐患

解决方案:

1. 将操作规范、程序步骤和操作要点牢记心中;

2. 勤训练、常操作，打牢基础，定会迎头赶上。

知识拓展 笔记本底盖拆解技巧

看似简单的底部盖板，很多新工程师不知道从何下手，而暴力拆解会导致底盖边缘的卡扣大量被弄断。在分离时还是有技巧可言的，下面我就结合自己拆解的经验为大家进行详细介绍。

第一类：直接用螺丝固定的盖板

代表机型：神舟精盾 K570N

在内存、散热器区域设计小盖板，这是笔记本传统的设计，也颇受大家欢迎。从拆解过的众多机型来看，一般采用多个小盖板设计的机型，其盖板的拆解难度都不高，拆掉固定小盖板的螺丝后，注意两个细节就可以了。第一点是部分机型除了使用螺丝固定外，注意橡胶减振垫下方的隐藏螺丝，盖板两侧还可能使用卡槽固定，这类盖板一般多设计在机身的边缘位置，所以当向上直接掀盖板无果时，可以尝试向机身外侧方向平移盖板，如神舟精盾 K570N 笔记本。第二点是部分机型边缘虽然没有设计滑槽，但是却设计有卡扣，这使得用户必须耗费很大的力气才能将盖板从底盖上取下来，因此当大家遇到这种情况会显得非常犹豫。其实这种担心是多余的，在排除没有未拆完固定螺丝的情况下，可以稍加发力进行拆解，此类情况一般多出现在做工普通的国产笔记本上。

第二类：采用免拆设计的盖板

代表机型：惠普 ProBook 系列

除了使用螺丝固定外，还有部分机型的盖板会使用免拆设计，这些盖板的表面看不到任何固定螺丝，因此很多工程师为此感到束手无策。再加上现在很多机型的盖板移除滑块和电池分离滑块是合二为一设计的，这在一定程度上更是增加了迷惑性和拆解的难度。一般而言，如果滑块集合有多种功能，大部分笔记本都会通过多标示或者特殊的颜色机型区分。而且这些滑块还有一个很大的不同：单一功能的滑块滑动后一般会返回到最开始的地方，而固定多个设备的滑块在分离电池后，一般会停留在滑槽中的某个位置上，虽然这种设计不一定适合所有机型，但是比较普遍。

而在具体的拆解步骤上，第一次推动滑块先拆解电池；第二次推动滑块，就能开启盖板了。当然还有特殊情况，有些机型虽然设计有两个移除滑块，但只有一个滑块会同时固定电池和盖板，而且往往是体积较大的那一个（此类设计一般滑块体积一大一小）。这种设计对模具工艺要求较高，一般出现在商用本中。

第三类：采用隐藏式散热孔和一体化底盖设计

目前很多超级本为了美观，会使用一体化的底盖，因此在维护时如何将盖板从机身上分离出来就显得尤为关键。目前来看，比较注重美观的超级本，其机身底部不可能设计过多的固定螺丝，底盖边缘会有很多的卡扣加强固定，因此选择正确的分离方式，对于减少拆解过程中底壳边缘卡扣的断裂程度有很大的帮助。所以在拆解时，建议大家首先从出风口（这类机型出风口隐藏在靠近屏幕转轴处）一侧开始入手拆解，虽然那个位置卡扣也比较密集，但是机身强度相对较低。当我们把底盖从机身上分离出一定的缝隙后，接下来的分离工作就显得容易很多了，建议大家按照先两侧后底部边缘的顺序分离。而对于采用镁铝合金底盖的机型，由于这些底盖强度高而且材料造型难度高，故一般不会设计过多的卡扣，大家只要拆掉螺丝后通常可轻松将其从机身上扣出来。

第四类：采用裸露式散热孔和一体化底盖设计

同样是一体化底盖设计，只是散热孔设计在了机身两侧，但是这类机型在底盖分离思路上和第三类存在很大的差异。第三类机型是从散热孔附近入手分离的，而这种机型则很难用三角撬片分离。此时大家应该先察看机身接口布局。对于带有光驱的机型，取掉光驱后可以从光驱仓门附近着手分离 C 壳和底盖；而对于没有配备光驱的机型，可以选择宽大的接口入手，如 D 读卡器和 B 接口，用三角撬片从接口边缘插入底盖和壳之间的缝隙，一点点进行剥离，轻松且方便。

工作任务 3　设计装机方案

对于热爱升级电脑的人来说，有时候成品机并不能满足自己的要求，那就需要自己组装一台电脑。如何根据用户需求进行“私人订制”？遵循哪些原则？选购配件的注意事项有哪些？能用更合理、更优的方式组装计算机是计算机专业学生需要掌握的内容。

微课：设计装机方案

任务清单如表 2–7 所示。

表 2–7　设计装机方案

任务目标	素质目标： 具有诚实守信、自我完善、服务大众的职业素养； 具有科技创新意识和追求卓越的职业信念。 知识目标： 掌握组装电脑方案的总体原则； 知道 PC 机不同用途配置选择的相关注意事项； 了解常见硬件配置规格参数。 能力目标： 能够利用第三方平台合理设计装机方案（京东自助装机）
任务重难点	重点： 组装电脑方案的总体原则； PC 机不同用途配置选择的相关注意事项； 常见硬件配置规格参数 。 难点： 能够利用第三方平台合理设计装机方案（京东自助装机）
任务内容 *	小信接待了一名顾客，他想组装一台台式机。他要求组装机要耐用一些，能流畅运行大型网游，能解决日常办公，满足娱乐的需求，请针对此需求，提供装机方案
工具软件	实训物品清单： 1. 能联网的电脑一台； 2. 打印机一台
资源链接	微课、图例、PPT 课件等

笔记本组装方案学习路径如图 2-60 所示。

图 2-60 笔记本组装方案学习路径

任务实施

（1）分工分组。

4 人 1 组进行演练，组内每人轮流完成一次场景演练。

工程师 1 人：负责完成的任务。

记录员 1 人：对照评分表对工程师拆装过程进行记录，并提交结果。

顾客 1 人：负责根据自己的需求提出装机要求。

摄像 1 人：负责全程记录演练过程。

（2）进行交互演练，10 min 内完成，提交组装方案（见表 2-8）。

表 2-8 组装方案

部件	配件型号	报价
主板		
CPU		
CPU 风扇		
电源		
内存		
声卡		
网卡		
显卡		

续表

部件	配件型号	报价
光驱		
机箱		
鼠标套装		
硬盘		
显示器		
音响		
打印机		
摄像头		
其他		
总价		

（3）根据视频、记录和装机方案，进行组间互评。

知识链接

2.9 组装电脑方案的总体原则

组装电脑必须考虑规格、大小、性能兼容性、价格等多个因素。在组装微机之前，必须明确微机的用途，然后根据需要和经济状况选择各个部件，切不可盲目攀比。此外，也不能一味追求低价而选择杂牌产品，甚至仿冒产品，应当以当前市场上的主流产品为主，选择信誉度高的经销商，从而保证自己的利益，避免以后的麻烦。总结为“五用”原则：适用、够用、好用、耐用、受用。

一、适用原则

使用电脑的目的不同，对电脑的要求也千差万别。学生的电脑主要用于学习和娱乐。专业人士则强调某些功能的强大，从而适应其工作的需要。视频、音频、动漫游戏发烧友不仅追求品质高，而且对多媒体等各项配置的要求都很高。因此，选择微机应首先弄清自己的需求。不顾需求和经济条件，片面追求高配置，却使用不到它的全部功能是一种资源和金钱的浪费；而过分追求低价，又往往会落入过低配置和劣质产品的陷阱。

二、够用原则

组装电脑要合理搭配，避免“一步到位”思想，避免“CPU 决定一切”思想。现在，计算机界普遍流行着 DIY 之风，一些 DIY 高手们更是频频出手，为自己的亲朋好友装机出谋划策。但是常常有这样一类“高手”，无论是为张三、李四，还是王二配置的计算机，都选择了大体相同的硬件配置，而毫不考虑他们不同的需求。

三、好用、耐用原则

好用、耐用原则即品牌质量原则。避免“最新的就是最好的”思想。知名品牌的产品会相当重视产品的品质，因此，选购时应重点考虑产品的品牌。目前市场上比较出名的品牌主板厂商有微星、技嘉、华硕等，这些主板的做工、稳定性、抗干扰性等，都处于同类产品的前列，更为重要的是这些品牌产商几乎提供了三年的质保，而且售后服务也非常完善。DIY爱好者也可以选择类似富士康、精英、华擎、磐正、升技之类的主板，这类品牌的主板大多数有着良好的性价比，而且也提供一年或三年的质保期，非常适合组装微机时用。

四、受用原则

受用原则即服务因素和浮动预算因素。购买前、购买时和购买后都需要经销商和厂商的服务，无论选择何种档次、品牌的主板。在购买前一定要认真了解厂商的售后服务，检查产品质保卡、承诺产品保换保修的时间长短、产品的说明书及包装、配件及附带的驱动和补丁程序提供的完整性。

确定机器的类型和配置以后，就要衡量自己的经济了，不要把预算弄得太死，最好有个差价浮动，这样做有两个好处，一是防止电脑市场配件价格变化，二是可以在配件品牌之间有更广的选择。

其实由于行业需求、个人爱好的区别，不同用户电脑的应用范围是有很大区别的。所以，硬件配置的侧重点也应该有所不同，才能真正满足人们的需求，这一点对于我们 DIY 计算机来说更为重要。

2.10 PC机硬件选型注意事项

1. 材料的准备

（1）主要部件的准备。

准备主板、CPU、CPU 风扇、电源、内存、显卡、鼠标套装、键盘、机箱以及显示器。

（2）次要部件的准备。

准备声卡、网卡、光驱、音响、摄像头、打印机、耳机、其他。

2. 不同用途配置选择的相关注意事项

（1）主板的选购。

ATX 主板的兼容性和可扩展性较强（主流主板），ITX 主板适用于小空间、低成本。

看 PCB 板材质：主板大小尺寸标准，薄厚适中，做工精细。主板 ATX 框架如图 2-61 所示。主板 Mini ITX 架构如图 2-62 所示。主板如图 2-63 所示。

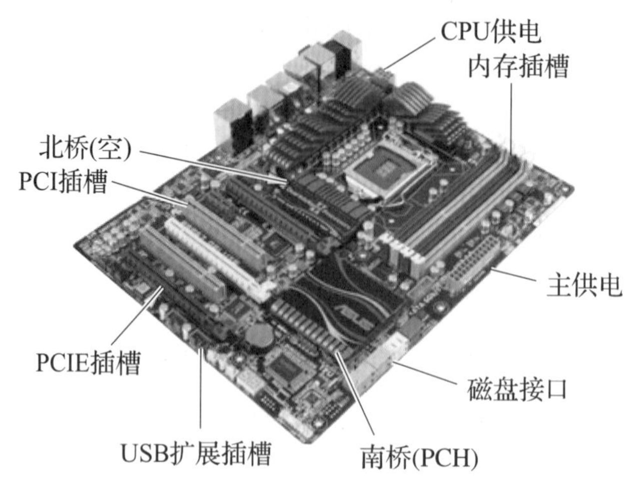

图 2-61 主板 ATX 框架

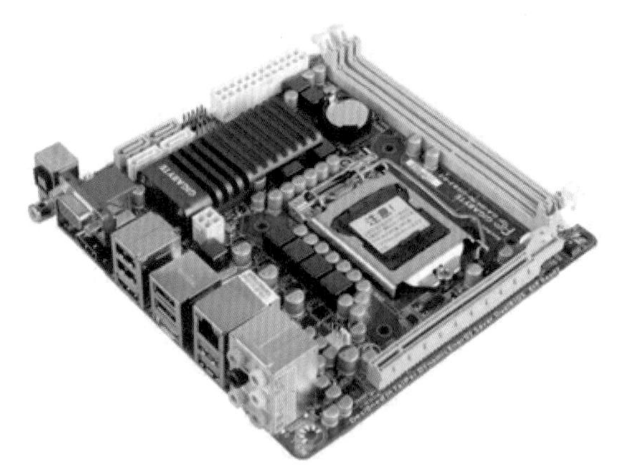

图 2-62 主板 Mini-ITX 架构

图 2-63 主板

看主板电容：主板供电固态铝质电解电容不会与氧化铝产生作用，通电后不会发生爆炸的现象，而液态铝质电解电容受热膨胀、易爆炸。

看主板器件布局：布局零乱易影响系统的稳定性和超频能力。

看主板品牌：品牌意味着产品的质量高低和服务的优劣，知名品牌如华硕、技嘉、微星、精英等。

（2）机箱的选购。

看大小：机箱并非大就好，重要的是能与主板以及其他硬件匹配。

看工艺：各边是否垂直，喷漆是否粗糙，边缘是否卷边处理，安装是否顺畅。

看用料：面板是否厚实，机箱板越重越好。

看内部：散热性能良好，多个防磁弹片和触点，扩展性能强大。

（3）CPU 的选购。

CPU 的性能指标：

主频：我们前面学过，CPU 的主频表示 CPU 运算和处理数据的速度。如图 2-64 所示，操作系统处理器型号显示位置。

外频：外频装机界面如图 2-65 所示。

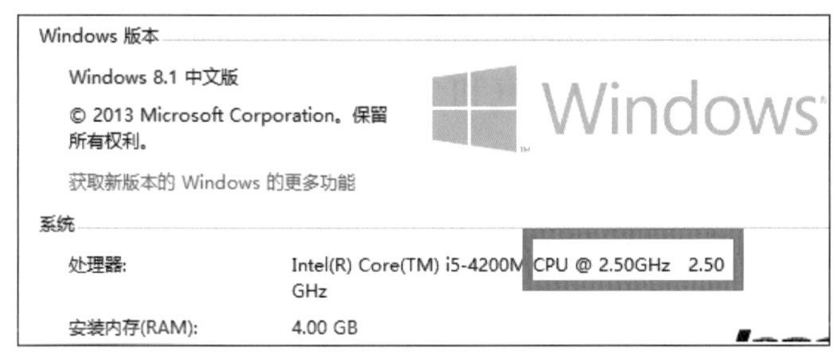

图 2-64　操作系统处理器型号显示位置

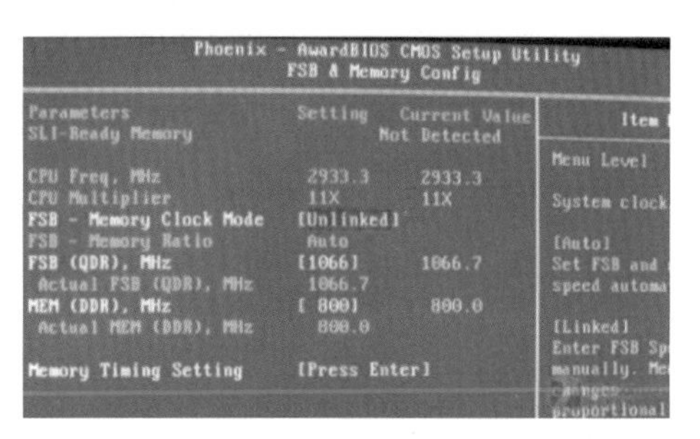

图 2-65　外频装机界面

前端总线频率：追求 CPU 与内存之间数据传输量的用户，可以选购大一点的前端总线频率。

外频与前端总线频率的区别：前端总线频率与外频的区别在于，一个是指单位时间内数据的传输量，一个是指 CPU 与主板之间同步运行的速度。CPU 前端总线频率如图 2-66 所示。

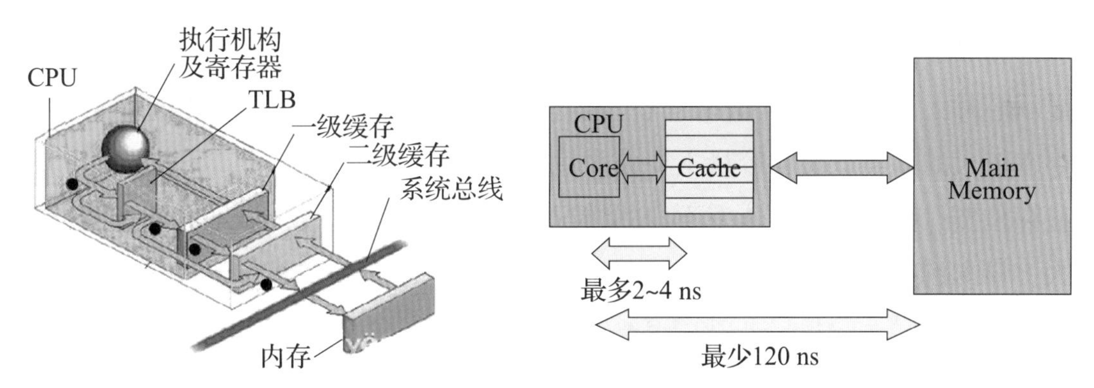

图 2-66　CPU 前端总线频率

CPU 主流产品有 Intel CPU 和 AMD CPU。CPU 如图 2-67 所示。

图 2-67　CPU

（4）内存的选购。

看插槽：不同的主板搭载的内存插槽是不同的，注意区分 DDR2、DDR3。

看容量：根据操作系统选内存容量，32 位的 Windows XP 选 2 GB 就够了，64 位的 Windows 7 或 Windows 8 则要选 4 GB 或以上了。

看外观：观察 PCB 板是否整洁，有无毛刺，内存颗粒上的字是否模糊，金手指是否有严重插痕。

（5）硬盘的选购。

看硬盘性能：目前硬盘的主流接口为 SATA 2.0；传统硬盘容量应在 500 GB 以上；固态硬盘容量应该在 30 GB 以上；缓存区容量应该在 8 MB 以上；传统硬盘转速为 7 200 r/min。

看硬盘用途：企业级硬盘要求高性能、高可靠性、高容错性和安全性。接口有 SAS（串行 SCSI）、FC（光纤）、SATA 等。桌面级硬盘主要针对家庭和个人用户，应用在台式机、笔记本等领域。接口有 SATA、SATA 2.0、SATA 3.0 等。

（6）显卡的选购。

看用途：

➢ 办公电脑：显卡要求较低，可以处理简单的图像即可，可选价格较低的显卡。

➢ 家庭电脑：一般用于上网、看电影和一些小游戏等，可选中低档的显卡。

➢ 网吧电脑：一般安装多种网络游戏，对显卡的性能要求比较高，最好选购集成显卡。

➢ 专业图形图像设计电脑：一般安装了图形图像的处理软件，如 Photoshop、AutoCAD 等，最好选购支持这些软件处理的显卡。

看显存容量：显存容量与位宽越大，显卡性能越好。用户可根据实际需求情况选择，目前主流显存为 512 MB 和 1 GB。

看显示芯片：显卡的核心部件，其性能直接影响显卡的性能。不同的显示芯片在性能及价格上存在较大的差异，显存容量主要由采用的显示芯片决定。

看显存位宽：在数据传输速率不变的情况下，显存位宽越大，显示芯片所能传输的数据量就越大，显卡的整体性能也就越好。目前主流显卡的位宽为 256 位，很多高端显卡的显示位宽可高达 512 位。

看品牌：显卡的主流品牌包括 Intel、ATI、VIA、NVIDIA 等，其中 Intel、VIA 厂商主要产品为集成芯片；ATI 和 NVIDIA 厂商主要产品为独立芯片；Matrox 和 3D Labs 厂商主要针对专业图形处理用户。

（7）电源的选购。

看功率：主要硬件的功耗总和，再加上 100 W 左右就可以了。

看变压器：看变压器大小，桥式整流器电源的稳定性比较好。

看风扇：风扇的位置安排恰当。

看线材：较粗的线材比较经久耐用。

看重量：精钢材质好且厚重。电源如图 2-68 所示。

图 2-68 电源

（8）显示器的选购。

看亮度：LCD 屏亮度在 500 流明，对比度在 600∶1 以上的产品就完全可以满足观看需要。

一般等离子的亮度都在 500 cd/m^2 以上，显示的画面清晰艳丽，有些高档的等离子亮度可以达到 1 000 cd/m^2。

看对比度：对比度是屏幕上同一点最亮时（白色）与最暗时（黑色）的亮度的比值，高的对比度意味着相对较高的亮度和呈现颜色的艳丽程度。一般选择 70%~80% 为宜。

看可视角度：可视角度大小，决定了用户可视范围的大小以及最佳观赏角度。视角越大，观看的角度越好，LCD 显示器也就更具有适用性。一般 19 英寸的 LCD 显示器，左右的可视角度都为 160°。

看响应时间：显示时间应以人肉眼看不到拖尾现象为宜。目前市场上的主流 l cd 响应时间都已经达到 8 ms 以下，某些高端产品响应时间甚至为 5 ms，4 ms，2 ms 等。

看分辨率：在选购 LCD 显示器时，分辨率可以参考说明书。显示器的分辨率没有调整到合适的大小，会影响到显示效果，眼睛容易疲劳。显示器的分辨率是根据个人的习惯来定的，只要不超过显示器支持的最大分辨率就可以了，超过了显示支持的最大分辨率会黑屏的。分辨率如图 2–69 所示。

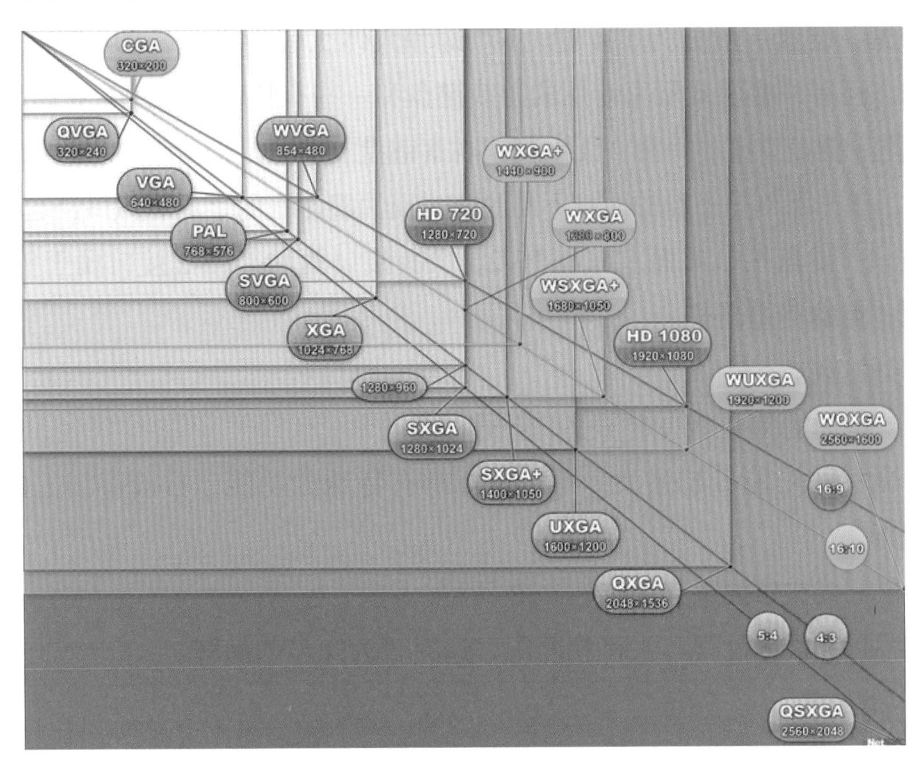

图 2–69 分辨率

看显示接口：LCD 显示器包括 VGA 和 DVI 接口，如果对画质的要求较高，在选购 LCD 显示器时，应考虑是否支持 DVI 接口。显示接口如图 2–70 所示。

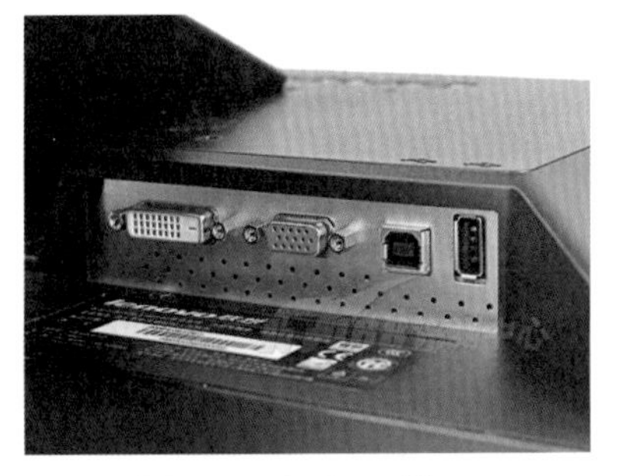

图 2–70 显示接口

看坏点数：在屏幕上颜色不会发生任何变化的点，包括亮点或暗点，在选购 LCD 显示器时可以将屏幕设置为全黑检测亮点；将屏幕设置为全白检测暗点。

（9）CPU 风扇的选购。

看散热片材质：一般说来，铜质的散热片，其导热速度要比铝材的散热片大，散热效果更好一些。对于普通用户而言，用铝材散热片已经足以达到散热需求了。

看底部厚度和散热面积：底部越厚的，热容量越大，能带走的热量也越多；散热面积越大，即散热片的鳍片数越多，导热速度也越快，同时注意散热片的加工精度。

看风扇：目前市场上的风扇，轴承一共有三类：含油轴承、单滚珠轴承（也就是含油加滚珠）、双滚珠轴承。

看扣具：较紧的扣具可以使风扇的底部同 CPU 表面紧密结合，达到良好的散热效果，但另一方面，例如 Intel 和 AMD 的 CPU，它们的压力承受有一定的范围，超过这个范围，如果安装不慎，就很容易把 CPU 压坏。因此，大家在选择的时候，不仅仅应该注意扣具安装是否方便，同时也要看扣具的压力问题。

（10）键盘的选购。

看键盘手感：亲手触摸为好，可选择不同工作原理的键盘。

看键盘布局：键盘一般分为 104 键、107 键和人体工程学键盘，104 键和 107 键是家用电脑最常见的。还有一些游戏玩家专用的游戏键盘和一些有特殊需求的专业键盘。

看生产工艺：键盘工整、平滑、无毛刺。观察键盘上字母是否清晰，有的是激光雕刻，有的是油墨印刷。激光雕刻是平滑的而且不易脱落，而油墨印刷的字母有微微凸起，易掉色。

看键盘接口：键盘接口市面上只有 PS/2、USB 接口两种。PS/2 接口属于传统接口；USB 接口安装方便，但价格稍高些。

（11）鼠标的选购。

看持握感：鼠标的持握感决定了手的舒适程度。

看功能：鼠标的功能日趋强大，每款鼠标都有特殊的功能，目前市场上出现 3D、4D、5D 乃至 6D 鼠标。

看接口：鼠标接口市面上有 PS/2、USB 两种。

看外观与品牌：最好外观与主机相匹配，选择较为知名的品牌。

（12）声卡的选购。

看接口：PCI 声卡有着较低的 CPU 占用率和较高的信噪比。

看需求：普通用户，市场上所有声卡均可满足；音乐发烧友，可选高档一些的。

看芯片音效：一定要了解有关产品所采用的音频处理芯片，它是决定一块声卡性能和功能的关键。

看兼容性：不同品牌的声卡与主板、CPU 可能存在着兼容性问题。

（13）网卡的选购。

看驱动程序：网卡一般分为服务器网卡和工作站网卡，它提供的驱动程序越多，所能支持的网络操作系统就越多，兼容性也就越好。

看网卡接口：对应于网络传输介质的不同，一般的网卡都有三种端口类型供选择（AUI 端口，为粗同轴电缆的接口；BNC 端口，为细同轴电缆的接口；RJ-45 端口，为无屏蔽双绞线的接口）。

看总线：常见的总线类型包括 ISA、EISA、MCA、VL 和 PCI 总线。Intel 的 PCI 总线具有明显的性能优势，而且支持即插即用，已被服务器广泛采用。

（14）光驱的选购。

看品牌：选择口碑较好的品牌，产品质量和售后服务有保障。

看接口：IDE 接口已基本淘汰，可优先选择 SATA 接口的光驱。

看稳定性：尽可能选择全钢机芯，使用寿命长，稳定性好。

看噪声和减振：减少噪声和振动可以使光盘运转顺畅，提高读取速度。

（15）音箱的选购。

看材质：音箱的材质通常分为塑料和木质两种。

听音质：2.0、2.1、5.1 音箱分别适合不同音质需求。

掂重量：好的音箱在重量上会沉甸甸的，这是采用了相对好的材质的缘故。

选品牌：漫步者、惠威、麦博、三诺等都是不错的选择。

2.11 常见装机方案

1. 入门级装机方案

该装机方案可以满足办公、上网和简单游戏等应用，总价较低，适合于学生用机及低端家用。

方案 1：

配件名称	配件型号	参考价格
CPU	Intel G620 双核（散片）	350 元
散热器	超频三甲壳虫	28 元
主板	华擎 H61M-VS	300 元
显卡	集成	0 元
内存	南亚易胜 4GB DDR3-1600	120 元
硬盘	1TB 单碟 希捷 ST1000DM003	600 元
电源	超频三 Q5	170 元
机箱	金河田、大水牛	120 元
显示器	LG E1948S-BN 19 英寸 LED	640 元
总价		2 328 元

方案 2：

配件名称	配件型号	参考价格
CPU	AMD A4 3300（盒装）	350 元
散热器	超频三甲壳虫	28 元
主板	华擎 A55M-HVS	360 元
显卡	集成	0 元
内存	南亚易胜 4GB DDR3-1600	120 元
硬盘	1TB 单碟 希捷 ST1000DM003	600 元
电源	超频三 Q5	170 元
机箱	金河田、大水牛	120 元
显示器	LG E1948S-BN 19 英寸 LED	640 元
总价		2 388 元

2. 普通办公用装机方案

该装机方案用于满足日常办公、公司管理系统应用等，注重系统整体的稳定性。

方案 1：

配件名称	配件型号	参考价格
CPU	Intel i3 2120 双核（散片）	680 元
散热器	超频三甲壳虫	28 元
主板	华擎 H61M-U3S3	400 元
显卡	蓝宝石 HD6750 512MB 白金版	500 元
内存	南亚易胜 4GB DDR3-1600	120 元
硬盘	1TB 单碟 希捷 ST1000DM003	600 元
电源	超频三 Q5 300w	170 元
机箱	金河田、大水牛	120 元
显示器	Acer S220HQLBbd 英寸 LED	800 元
总价		3 418 元

方案 2：

配件名称	配件型号	参考价格
CPU	AMD x4 631（散装）	370 元
散热器	超频三红海散热器	55 元
主板	华擎 A55M-HVS	360 元
显卡	蓝宝石 HD6770 512M 白金版	600 元
内存	南亚易胜 4GB DDR3-1600	120 元

续表

配件名称	配件型号	参考价格
硬盘	1TB 单碟 希捷 ST1000DM003	600 元
电源	超频三 Q5 300w	170 元
机箱	金河田、多彩、大水牛、航嘉、富士康等	120 元
显示器	Acer S220HQLBbd 英寸 LED	800 元
总价		3 195 元

3. 主流装机方案

使用的配件均为市场主流，最具性价比，适用于编程学习、工作、游戏等多方面需求，推荐用 Intel 平台。

配件名称	配件型号	参考价格
CPU	Intel E3-1230v2（散片）	1 380 元
散热器	思明神木散热器	60 元
主板	微星 ZH77A-G43	720 元
显卡	华硕 HD 6770 1GB	650 元
内存	三星黑武士 4GB DDR3-1600	160 元
硬盘	1TB 单碟 希捷 ST1000DM003	600 元
电源	安钛克 BP430+	300 元
机箱	酷冷至尊 毁灭者	220 元
显示器	Acer S220HQLBbd 英寸 LED	800 元
总价		4 890 元

4. 豪华装机方案

该方案适用于游戏发烧友用机，选用高档配件，追求运行速度、画面品质效果等。

配件名称	配件型号	参考价格
CPU	Intel i7 3770K（散片）+HR-02_	（2 800+300）元
散热器	思明神木散热器	60 元
主板	华硕 P8Z68-V	1 500 元
显卡	华硕 EAH6850 1GB	900 元
内存	三星黑武士 DDR3-1600 2x4GB	320 元
硬盘	浦科特 64g ssd+ 希捷 2TB	（600+800）元
电源	安钛克 VP550	400 元
机箱	联立 K68X-E	600 元
显示器	飞利浦 237E3QPHSU 23 英寸 IPS LED	1 100 元
总价		9 380 元

直通职场 2021年硬件行情与Intel 12代CPU简介

职场情景：

2021年年底，客户想装台式机，向你了解目前硬件行情与Intel 12代CPU。

情景解析：

2021年硬件行情：

CPU：Intel全新12代本月发售，Intel 10代、11代处理器价格再次下调，AMD处理器锐龙5000系列价格下调，锐龙3000系列反而出现涨价现象，例如R5 3600。

内存：内存价格不同程度下调。

机械硬盘：价格一直趋于稳定，个别型号略有降价。

固态硬盘：价格基本趋于稳定，个别型号略有降价。

显示器：近期整体价格下调了不少。

显卡：开始有降价的趋势，近期显卡价格下调明显。

关于全新Intel 12代CPU：

Intel全新推出基于10nmESF工艺的12代酷睿CPU，核心代号Alder Lake-S，采用了全新LGA1700插槽，首次采用了全新的高性能混合架构，也广称为“大小核”设计，其中大核为主导性能发挥的性能核，称之为P核，采用的是Golden Cove架构，主要侧重于游戏与生产力工具的重负载大型应用，相比11代酷睿Rocet Lake性能提升了16%，而相比10代酷睿Comet Lake性能提升了28%。小核主要针对的是能效表现的能效核，称之为E核，采用的是Gracemot架构设计，主要增加了多线程吞吐的承载能力和后台管理。支持全新PCIe5.0和全新DDR5内存，DDR5内存基础频率为4 800 MHz，同时引入了最新的XMP3.0技术。

目前Intel首发推出了六款12代未锁频的CPU，型号包括内置核显版本的i9-12900K、i7-12700K和i5-12600K，还有i9-12900KF、i7-12700KF和i5-12600KF无核显版本产品，对于目前新产品上市初期，价格上无疑较贵，现阶段只适合尝鲜与高端玩家，装机预算偏高。

解决方案：

1. 学好计算机硬件基础知识，为选购电脑配置打好理论基础。

2. 常关注计算机主流网站及主要部件厂商的最新消息。

3. 订阅《电脑报》等计算机学习资料。

知识拓展 京东自助装机（DIY装机）

有时，成品机并不能满足个人要求，那就需要自己组装一台电脑。下面简单介绍如何在京东组装一台“私人订制”的台式机。

（1）首先进入京东主页，在全部商品分类下选择“电脑、办公→装机大师”。

（2）进入装机大师后，单击导航栏上的自助装机。

（3）接下来就是选配件了。首先单击左侧 CPU 按钮，在右侧弹出的商品中选择需要的 CPU，当然也可以筛选。本实验中选择的是英特尔（Intel）酷睿 i5-4590。

（4）接下来选择主板，同样单击左侧的主板按钮，在右侧弹出的商品中选择需要的主板，当然也可以筛选。

（5）同样的方法，依次选择显卡、内存、硬盘、机箱、电源、显示器等其他配件。每增加一个配件，下方会计算出商品总额。我们还可以打印、保存或清空所选的配置清单。

（6）当然我们还可以选择是否使用京东的装机服务和购买的套数。

（7）接下来，加入购物车、结算。最后，就是耐心地等待“私人订制”的爱机了！

达标检测

一、选择题

1.（单选）对于 Ux10 来说拆卸后盖前需要做到（　　）。

A. 断开 AC 与主机的连接　　B. 断开电池与主机的连接

C. 按 3 下开关以释放静电　　D. 以上都是

2.（单选）台式机拆装需要注意（　　）。

A. 拆装前需要注意观察区分免螺丝及带螺丝的机箱拆装

B. 拆卸硬盘需要注意释放连线卡扣再拔出线缆

C. 拆卸显卡时需要注意插槽底部的锁定卡扣

D. 以上都是

3.（单选）关于台式机光驱的拆装，以下哪些说法是正确的？（　　）

A. 光驱拆下固定螺丝后向后拉从机箱内取出

B. 光驱拆下固定螺丝后，都不需拆卸前面板即可从前方拉出

C. 除拆卸固定螺丝外，一般还需要将前面板拆卸才能从前方取出

D. 以上都不对

4.（单选）关于 CPU 的拆装需要注意的是（　　）。

A. CPU 拆下后，针脚朝上放在防静电桌面上

B. CPU 拆下后，针脚朝下放在防静电桌面上

C. CPU 拆下后，不得直接放置在防静电桌面上

D. CPU 不得从第一块主板拆下后直接安装到第二块主板上

5.（多选）散热片拆装需要注意的是（　　）。

A. 不得一次直接把螺丝拆出来

B. 按照对角方向，依次松开四个角的螺丝一半左右

C. 松开一半后，再按对角方向依次将螺丝全部取下

D. 拆下的散热片，硅脂朝下放置防止进灰

6.（单选）拆装完成后，部件放置的要求有（　　）。

A. 拆下的螺丝需要分类并放入螺丝盒

B. CPU 拆下后需要放在防静电布上，不得放在非防静电区域

C. 散热器有硅脂一面需向下放置防尘

D. 拆下的任何部件，都不允许放在防静电区域之外的地方

7.（单选）关于电源，以下哪些说法是正确的？（　　）

A. 如果主板是 24 Pin 电源接口，是无法使用 20 Pin 的电源为其供电的

B. 电源表面是铁壳，所以在防静电布过小的时候，允许放置在防静电区域外

C. 180 W 和 250 W 电源输出电压值是不同的，所以不能混用

D. 电源内部的是温控风扇，在刚开机温度不高的时候是不会转的

8.（多选）以下哪些属于笔记本主机的主要部件？（　　）

A. 主板　　B. 电源适配器　　C. 电池　　D. 内存

9.（单选）U310 与 U410 相比，拆装需要注意（　　）。

A. 两者底部的固定螺丝都是 4 颗

B. 两者底部的固定螺丝都是 3 颗

C. U310 是 3 颗螺丝，U410 是 4 颗螺丝

D. U310 是 4 颗螺丝，U410 是 3 颗螺丝

10.（单选）在硬件拆装规范中对部件的堆叠要求是（　　）。

A. 部件严禁任何形式的堆叠　　B. 无电路的部件可以堆叠

C. 堆叠不允许超过 2 层　　D. 在防静电袋的保护下允许堆叠

二、综合应用

1. 拆装台式机，根据“PC 拆机练习评分表”打分，并记录过程。

2. 拆装笔记本（自选），根据“PC 拆机练习评分表”打分，并记录过程。

3. 拆装 YOGA 笔记本（自选），根据“PC 拆机练习评分表”打分，并记录过程。

4. 根据客户需求，填写“组装方案”，并记录过程。

5. 根据客户需求，进行京东自助装机，对当前方案进行优化，并把优化结果记录下来。

学习领域三 操作系统安装与调试

3

知识导图

- 操作系统安装与调试
  - 计算机系统安装
    - BIOS设置
    - 硬盘的分区与格式化
    - 使用U盘制作启动安装盘
    - 安装Windows 10操作系统
    - 操作系统和使用软件激活Windows 10操作系统
  - 安装驱动程序
    - 驱动程序的相关概念
    - 安装驱动程序

工作任务 1　计算机系统安装

任务描述

硬件系统的组装完成仅仅提供了计算机良好工作的物质基础，要使计算机能够高效、准确地帮助我们完成各项工作，必须安装软件系统并进行相应测试，包括对硬盘的先期处理，安装操作系统与驱动程序，同时考虑到计算机系统使用的安全与可靠，还应预先做好安全防范与灾难恢复工作。

微课：计算机操作系统安装

任务清单

任务清单如表 3–1 所示。

表 3–1　安装 Windows 系统

任务目标	素质目标： 具有良好的心理素质和责任意识； 养成规范化操作的职业习惯。 知识目标： 了解操作系统的基本概念； 掌握常用 Windows 系统的安装及注意事项； 了解常用 Windows 系统激活机制及正确激活 Windows； 掌握主流机型的系统恢复。 能力目标： 独立正确安装 Windows 系统
任务重难点	重点： 常用 Windows 系统的安装及注意事项； 主流机型的系统恢复。 难点： 常用 Windows 系统的安装及注意事项
任务内容	1. 数据备份； 2. BIOS 设置； 3. 制作安装 U 盘； 4. 安装 Windows； 5.驱动安装； 6. 恢复备份数据
工具软件	工具清单： 实训 PC、U 盘、常用软件、USB 外置光驱、系统光盘、网线、笔记本电脑、移动硬盘
资源链接	微课、图例、PPT 课件、实训报告单

操作系统安装主要步骤如图 3–1 所示。

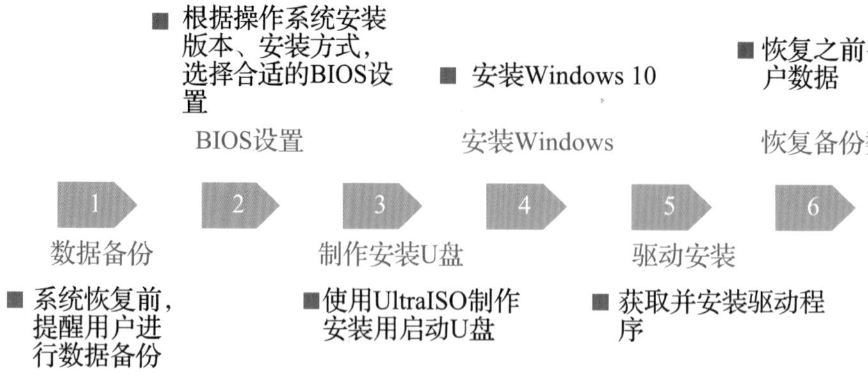

图 3–1　操作系统安装主要步骤

任务实施

1. 每组提供计算机一台。
2. 准备 Windows 10 Professional（专业版）安装包。
3. 准备 U 盘、光盘、移动硬盘、USB 外置光驱、网线、笔记本电脑等。
4. 准备如下软件并安装：

（1）UltraISO（软碟通）；

（2）微 PE。

5. 参照表 3–2 实施任务，记录实训结果，完成实训报告。

表 3–2　计算机系统安装实训结果记录表

项目	操作项	详细描述
准备阶段	确认安装需求	与用户确认需要安装的 Windows 10 操作系统版本、兼容性及磁盘规划等信息（内存大于 4G 建议安装 64 位 Windows 10 系统，商业用户建议安装专业版或企业版 Windows 10）
	准备工具	准备安装操作系统的必备工具，如 U 盘、光盘、USB 外置光驱、网线、笔记本电脑等
	准备系统安装镜像	从微软官方网站下载 Windows 10 指定版本（32 位 /64 位，Windows 10 中文版 /Windows 10 专业）的 ISO 系统镜像（或由讲师提供指定版本的 Windows 10 操作系统 ISO 格式系统镜像）
	准备系统安装介质	通过工具软件（如 UltraISO 等）将 Windows 10 系统镜像制作成为安装介质，U 盘或光盘不限
	确认数据	与用户确认数据已经备份，或者是放弃数据，告知安装操作系统会覆盖原有操作系统数据，并且有可能影响其他分区的数据，用户接受风险或者备份、放弃数据方可进行下一步的操作

续表

项目	操作项	详细描述
BIOS设置阶段	检查 BIOS 中磁盘工作模式	根据开机启动界面的提示按 F2 或 Del 键进入 BIOS 设置界面，在高级设置（Advance）界面找到磁盘工作模式设置项，将磁盘工作模式设置为 AHCI 或 RAID 工作模式
	检查 BIOS 中启动模式	检查启动模式当前为 Legacy 还是 UEFI。设置为 UEFI 启动模式时检查“EXIT”项内的“OS Optimal Default”为“Enable”；“Startup”项中的“CSM”项为“Enable”；“Boot”项中的 Boot Mode 为“UEFI”；“Secure Boot”项为“Enable”。根据机型设置 Legacy/UEFI 启动模式
	理解 UEFI 或 Legacy 启动模式的区别	通过问答方式了解 UEFI 与 Legacy 启动模式的区别
安装系统	用安装介质启动服务器	根据设置的启动模式，使用光盘或 U 盘启动，选择 UEFI 或 Legacy 启动模式开始 Windows 10 系统安装
	输入 Windows 10 序列号（根据实际使用的安装镜像操作）	在提示需要输入序列号进行下一步安装的位置，输入序列号或者选择跳过进行下一步
	选择系统安装过程中的语言与键盘	根据系统提示，选择安装过程中的语言与键盘属性，然后单击“下一步”
	选择操作系统版本	下一步，并接受许可，选择安装方式为自定义安装，根据需要选择 Windows 系统的对应版本，如 Windows 10、Windows 10 专业版等
	选择创建分区	根据用户要求创建系统分区，注意如果是 MBR 分区，分区不会超过 2 TB
	完成系统安装	选择“开始安装”，等待拷贝完文件重启若干次，完成系统安装
系统登录	首次配置启动向导	系统安装完成后，首次启动会出现配置向导界面，根据提示完成首次启动配置
	创建本地用户及密码	Windows 10 启动默认要求创建微软账号用户及密码，如果现场环境不允许，建议创建本地用户及密码，在创建用户阶段切换到创建本地用户账号及密码选项
	登录系统	输入创建的账户名称与登录密码登录系统
	关闭自动更新	在“运行”中输入“服务”，禁用 Windows update 服务
	检查 Windows 激活状态	打开“系统”页面，检查 Windows 激活状态。如果使用 OEM 版的 Windows 10，可以看到系统已经激活，如果是商业版 Windows 10 此项为未激活
	通过磁盘管理进行分区	打开“磁盘管理”控制台，将未分配的磁盘空间划分为另一个分区，并且进行快速格式化

知识链接

3.1 BIOS设置

1. BIOS 概述

BIOS（Basic Input Output System，基本输入/输出系统）是一组运行在计算机主板上的一个 ROM 芯片的程序。它保存着计算机最重要的基本输入/输出程序、开机后自检程序和系统自启动程序。它可从 CMOS 中读写系统设置的具体信息，主要功能是为计算机提供最直接的硬件设置和控制。

（1）BIOS 的起源。

BIOS 技术源于 IBMPC/AT 机器的流行，以及第一台由康柏公司研制生产的“克隆”PC。在 PC BIOS 启动过程中,BIOS 担负着初始化硬件、检测硬件功能，以及引导操作系统的责任。在早期，BIOS 还提供一套运行时的服务程序给操作系统及应用程序使用。BIOS 程序存放于一个断电后内容不会丢失的只读内存（ROM）中，当系统过电或被重置（Reset）时，处理器第一条指令的位址就会被定位到 BIOS 的内存中，让初始化程序开始执行。英特尔公式从 2000 年开始，发明了可扩展固件接口（Extensible Firmware Interface），用以规范 BIOS 的开发，而支持 EFI 规范的 BIOS 也被称为 EFI BIOS。之后为了推广 EFI，业界多家著名公司共同成立了统一可扩展固件接口论坛（UEFI Forum），英特尔公司将 EFI 1.1 规范贡献给业界，用以制定新的国际标准 UEFI 规范。目前 UEFI2.1.0 规范是最新的版本，新的一致性配置文件功能，将 UEFI 可以支持的平台类型扩展到更广泛的平台类型，如物联网、嵌入式设备和汽车空间，而不仅仅是简单的通用计算机。

（2）BIOS 程序。

BIOS 程序是存储在 BIOS 芯片中的，BIOS 芯片是主板上一块长方形芯片或正方形芯片，只有在开机时才可以进行设置，CMOS 主要用于存储 BIOS 设置程序的参数与数据，而 BIOS 设置程序主要对计算机的基本输入/输出系统进行管理和设置，使系统运行在最好状态下。使用 BIOS 设置程序还可以排除系统故障或者诊断系统问题，有人认为既然 BIOS 是“程序”，那它就应该属于软件，感觉像 Word 或 Excel。但也有很多人不这么认为，因为它与一般的软件还是有区别的。而且它与硬件的联系也非常紧密。形象地说，BIOS 应该是连接软件程序与硬件设备的一座“桥梁”，负责解决硬件的即时要求。

（3）BIOS 设置和 CMOS 设置的区别与联系。

BIOS 是主板上的一块 EPROM 或 EEPROM 芯片，里面装有系统的重要信息和设置系统参数的设置程序（BIOS Setup 程序）；CMOS 是主板上的一块可读写的 RAM 芯片，里面装的是关于系统配置的具体参数，其内容可通过设置程序进行读写。CMOS RAM 芯片靠后备电池供电，即使系统掉电后信息也不会丢失。BIOS 与 CMOS 既相关又不同：BIOS 中的系统设置程序是完成 CMOS 参数设置的手段；CMOS RAM 既是 BIOS 设定系统参数的存放场所，又是 BIOS 设定系统参数的结果。因此，完整的说法应该是“通过 BIOS 设置程序对 CMOS 参数进行设置”。由于 BIOS 和 CMOS 都跟系统设置密切相关，因此在实际使用过程中造成了 BIOS 设置和 CMOS 设置的说法，其实指的都是同一回事，但 BIOS 与 CMOS 却是两个完全不同的概念，千万不可混淆。

2. BIOS 设置

（1）BIOS 设置的进入。

由于计算机品牌有上百种，而每种品牌又有各种类型，因此 BIOS 的类型也是成百上千的，对于不同型号或主板，进入 BIOS 的方式也不同，关于进入的方式，可以根据主板型号进入购买主板的官方网站进行查询。下面介绍通用的设置进入方法。

①在电脑启动时单击 Del 键，进入该页面，再单击“Advanced BIOS Features”后单击回车键。BIOS 设置 1 如图 3-2 所示。

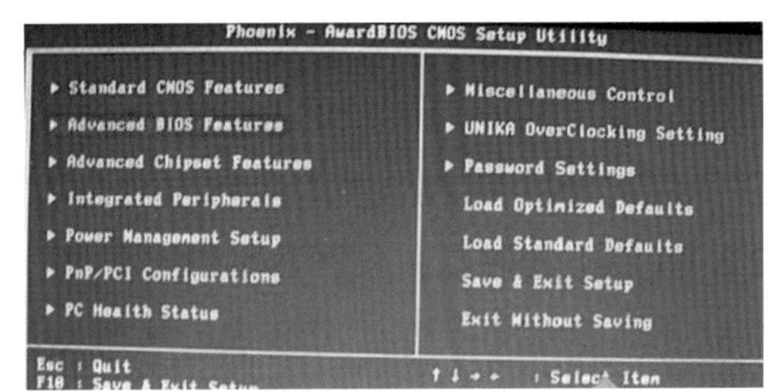

图 3-2　BIOS 设置 1

②进入下一个页面，选择“Hard Disk Boot Priority”后单击回车键，进入设置。BIOS 设置 2 如图 3-3 所示。

③进入设置页面后，通过按 Page UP 或 + 号移动到第 1 的位置（同时按住 Shift 和 = 两个键就是 +），最后按 F10 回车保存。BIOS 设置 3 如图 3-4 所示。

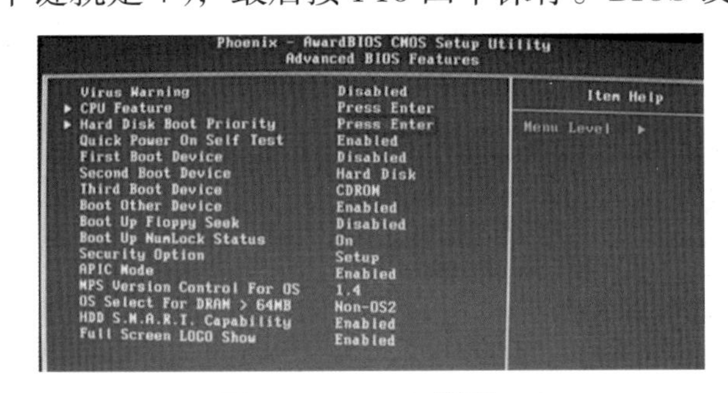

图 3-3　BIOS 设置 2

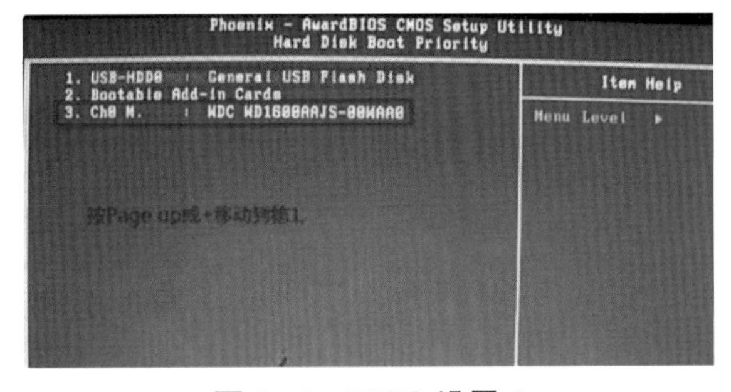

图 3-4　BIOS 设置 3

（2）BIOS 的具体设置。

BIOS 对于经常使用、维修，以及给计算机安装系统的人并不陌生，但是 BIOS 又是很多人不敢碰的一个东西，那么 BIOS 究竟是什么呢？它是一组固化到计算机主板的一个程序，可以设置和控制系统。关于如何进行BIOS的设置，读者可以参考哔哩哔哩网站的相关内容。

3.2　硬盘的分区与格式化

1. 硬盘分区概述

硬盘分区实质上是先对硬盘进行的一种格式化，然后才能使用硬盘保存各种信息。创建分区时就已经设置好了硬盘的各项物理参数，指定了硬盘主引导记录（Master Boot Record,

MBR）和引导记录备份的存放位置。而对于文件系统及其他操作系统管理硬盘所需要的信息，则是通过之后的高级格式化（即 FORMAT 命令）来实现的。虽然完全可以只创建一个分区来使用全部或部分的硬盘空间，但无论划分了多少个分区，也无论使用的是 SCSI 硬盘还是 IDE 硬盘，必须把硬盘的主分区设定为活动分区才能通过硬盘启动系统。两种启动引导方式如图 3–5 所示。UEFI 启动方式如图 3–6 所示。UEFI 启动优势如图 3–7 所示。

在安装操作系统之前硬盘必须已划分好分区。（重新划分分区会丢失硬盘中所有数据，请在操作前务必确认数据已做好备份。）

（1）分区类型介绍。

分区类型有 MBR 和 GPT 两种。MBR 的全称是 Master Boot Record（主引导记录），MBR 最大支持 2.2 TB 磁盘，它无法处理大于 2.2 TB 容量的磁盘。MBR 还只支持最多 4 个主分区。MBR 分区对应的是传统的 BIOS/Legacy 启动方式引导操作系统，Windows XP、Windows 7 大多采用此分区类型。GUID 分区是源自 EFI 标准的一种较新的磁盘分区表结构的标准，支持 2.2 TB 以上的磁盘，分区数量没有限制。GPT 分区对应的是 UEFI 启动引导方式。 Windows 7/8/10 都能够支持 GPT 分区表，联想出厂的 Windows 8、Windows 10 采用的都是 GPT 分区。两种方式如图 3–5~ 图 3–8 所示。两种分区对比如图 3–9 所示。

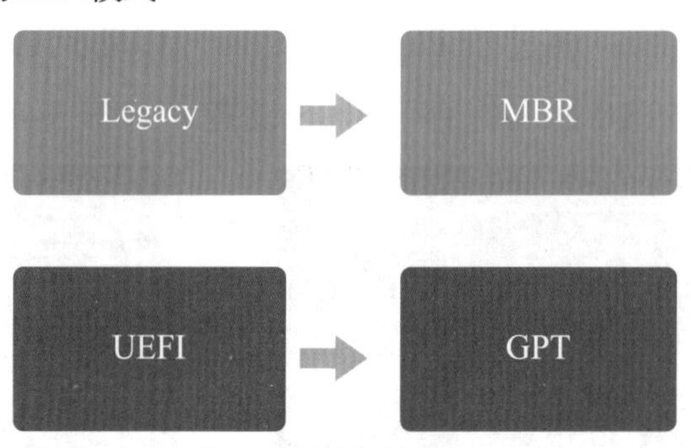

图 3–5　两种启动引导方式

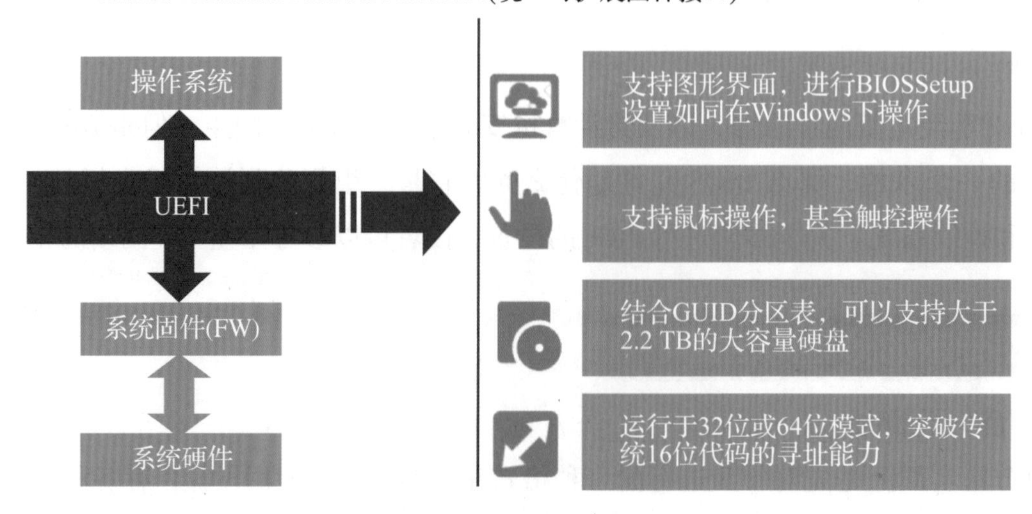

图 3–6　UEFI 启动方式

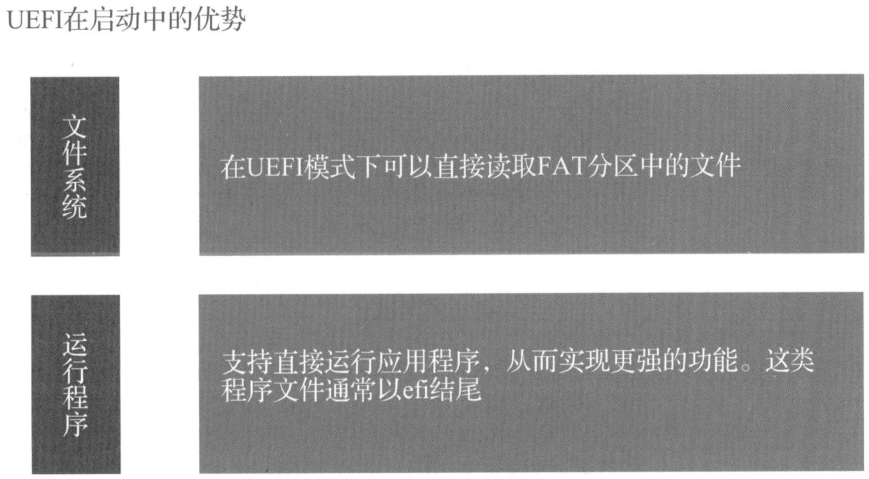

UEFI在启动中的优势
文件系统
在UEFI模式下可以直接读取FAT分区中的文件
运行程序
支持直接运行应用程序，从而实现更强的功能。这类程序文件通常以efi结尾

图 3-7　UEFI 启动优势

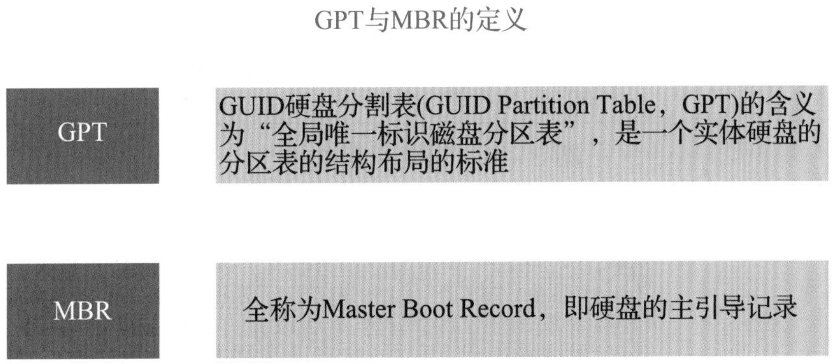

GPT与MBR的定义
GPT
GUID硬盘分割表(GUID Partition Table，GPT)的含义为“全局唯一标识磁盘分区表”，是一个实体硬盘的分区表的结构布局的标准
MBR
全称为Master Boot Record，即硬盘的主引导记录

图 3-8　两种分区方式定义

GPT与MBR分区对比
MBR(主引导记录)
主引导代码
第一个分区信息
第二个分区信息
第三个分区信息
第四个分区信息
硬盘有效标志
第一个分区
第二个分区
第三个分区
第四个分区
MBR分区表
MBR分区特点
分区表固定大小
支持四个主分区
支持最大硬盘2 TB
GPT分区特点
分区表非固定大小
支持128个主分区
突破2 TB容量，最大支持9.4 ZB
分区信息有备份
PMBR
GPT分区表头
GPT分区表
第N个分区信息
第N个分区
备份GPT分区表
备份GPT分区表头

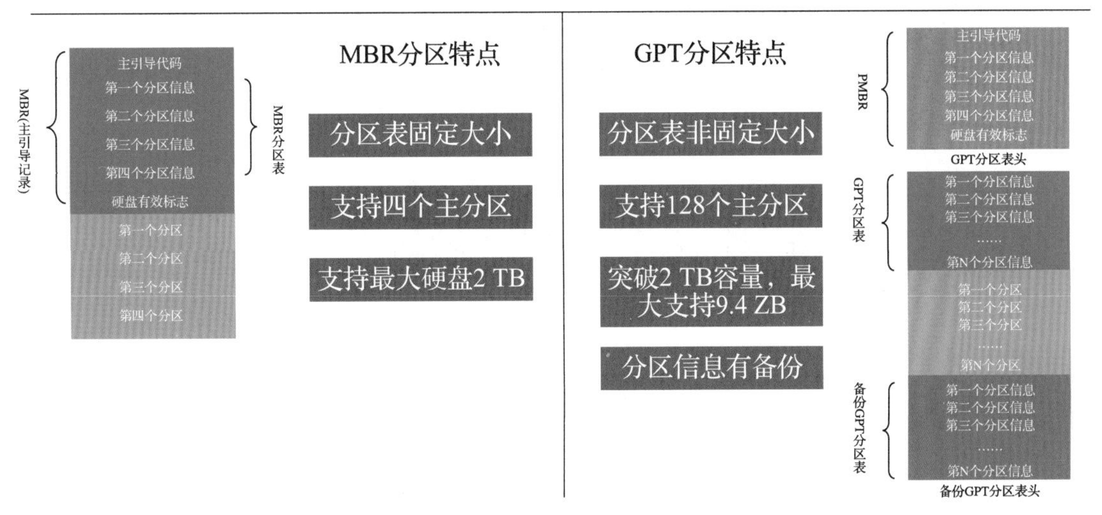

图 3-9　两种分区对比

（2）GPT 分区结构（见图 3-10、图 3-11）。

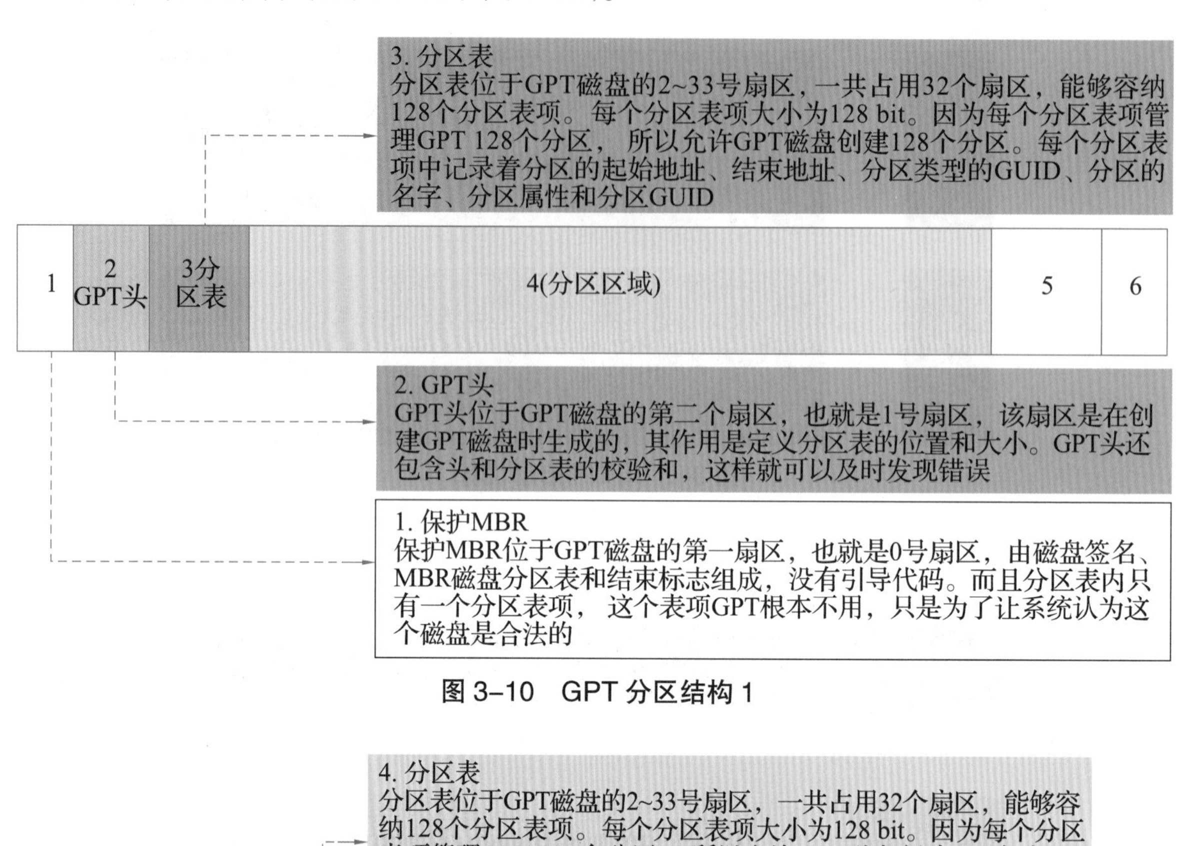

图 3-10　GPT 分区结构 1

4. 分区表
分区表位于GPT磁盘的2~33号扇区，一共占用32个扇区，能够容纳128个分区表项。每个分区表项大小为128 bit。因为每个分区表项管理GPT 128个分区，所以允许GPT磁盘创建128个分区。每个分区表项中记录着分区的起始地址、结束地址、分区类型的GUID、分区的名字、分区属性和分区GUID

1	2 GPT头	3 分区表	4(分区区域)	5	6

5. GPT头备份
GPT头有一个备份，放在GPT磁盘的最后一个扇区，但这个GPT头备份并非完全GPT头备份，某些参数有些不一样。复制的时候根据实际情况更改一下即可

6. 分区表备份
分区区域结束后就是分区表备份，其地址在GPT头备份扇区中有描述。分区表备份是对分区表32个扇区的完整备份。如果分区表被破坏，系统会自动读取分区表备份，也能够保证正常识别分区

图 3-11　GPT 分区结构 2

GPT 分区如图 3-12 所示；GPT 分区顺序如图 3-13 所示。

图 3-12　GPT 分区

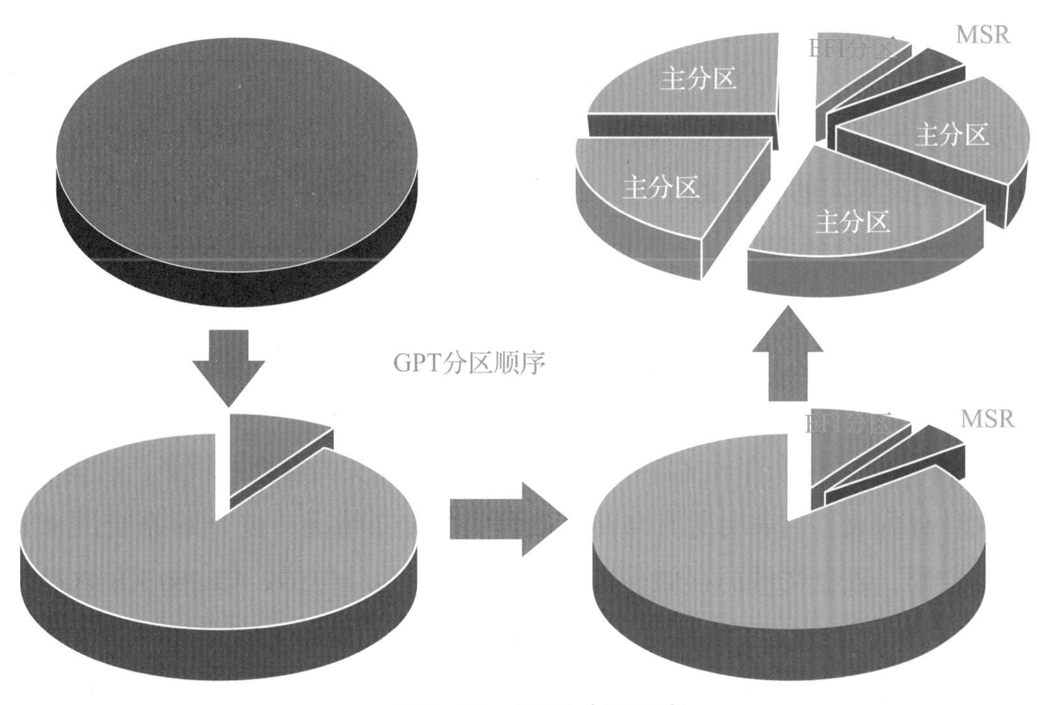

图 3–13　GPT 分区顺序

3. 硬盘格式化

因为各种操作系统都必须按照一定的方式来管理磁盘，只有格式化才能使磁盘的结构被操作系统认识。

磁盘的格式化分为物理格式化和逻辑格式化。物理格式化又称为低级格式化，是对磁盘的物理表面进行处理，在磁盘上建立标准的磁盘记录格式，划分为磁道（Track）和扇区（Sector）。逻辑格式化又称为高级格式化，是在磁盘上建立一个系统存储区域，包括引导记录区、文件目录区（FCT）、文件分配表（FAT）。

常用的格式化方法是采用 DOS 的 FORMAT 命令，通过 FORMAT 命令对软盘进行物理格式化和逻辑格式化，对硬盘一般只做逻辑格式化。硬盘的物理格式化已经在出厂前完成，用户若再想对硬盘进行物理格式化，可采用 DOS 的 LOWFORMAT、HDFMT 等硬盘格式化子程序或用硬盘管理软件 DM 等进行。

对磁盘进行格式化时可以完成很多功能：在磁盘上确定接收信息的磁道和扇区，记录专用信息，如磁道标志（每个磁道一个）、扇区标志（每个扇区一个）和保证所记录的信息是准确的 CRC 位。

在格式化过程中，还能对有缺陷的磁道添加保留记号，以防止将其分配给数据文件，并在磁盘上建立三个区域，即引导记录区、FAT 区和 FCT 区，这些区域不能用来存储信息，所以会使用户所用的磁盘空间减少。

以 360 KB 软盘为例，其格式化如下。

磁道：共 80 道，每面为 40 道，编号为 0~39 道。

磁头：每面 1 个，编号 0 头，1 头。

扇区：每道 9 个扇区。

分配单元：一个扇区（512 KB）为 1 簇。

引导记录区位于 0 道 0 头的第一扇区，主要用于向操作系统提供磁盘的参数，所包含信息如下：①格式化时采用的 DOS 版本号；②每个扇区的字节数；③每簇扇区数；④有几个文件分配表；⑤允许的目录个数；⑥在磁盘上共有多少扇区。如果采用 SYS 传递系统，其格式化软盘所用的 DOS 系统同安装的 DOS 系统不是同一个厂家或版本的 DOS 时，可能出现错误提示，因为 SYS 传递系统文件时，需要检查厂家与版本号。最简单的解决方法是重新格式化软盘，并带“/S”参数。

FCT：指文件目录区，用来存放文件系统的目录。由于相关内容介绍较多，这里不再赘述。

FAT：指文件分配表。它表明所有文件在磁盘上的分布情况，被 DOS 系统用来为文件分配和释放磁盘空间，磁盘文件的存储是以簇（Cluster）为单位的，如 360 KB 软盘是以 1 个扇区为 1 簇（512 B），在磁盘上文件并不是连续存储的，而是由 FAT 表来保存文件存放顺序簇号的。每个文件的目录项中都有一个起始号，可指出该文件前 512 B 所在的位置，如果文件大于 512 B 则要进入 FAT。

实质上，FAT 是由一串“簇号”组成的，由目录项的起始簇号指出该文件在 FAT 中的第 1 个簇号。在这个簇号单元里，记载的是该文件下一簇号，以此类推，直至该文件的最后一个簇号。这样就可通过“簇号链”将文件的存储空间链接在一起。

DOS 系统有了 FAT 就能有效地管理磁盘空间。当需要存储一个新文件时，DOS 系统先会扫描磁盘空间的 FAT，跳过所有已分配的簇找到第一个可用簇。作为该文件的起始簇号，将该簇的内容存放到下一个可用簇的簇号中，这样将以此找到可用簇分配给该文件直到满足文件长度为止，在最后一个可用簇的内容上填上 FF*FFF 中之一。反之，在读取一个文件时，需以此从目录项的起始簇号开始顺着簇号找出分配给该文件的所有簇号，直到最后一个簇号为止。

如果格式化成功，系统就会提供整个磁盘空间和可用空间的字节数。这样，用户就可以向磁盘写入信息了。

3.3 使用U盘制作启动安装盘

1. UltraISO 制作 U 盘启动盘

制作系统安装 U 盘的软件很多，如 UltraISO（软碟通）、软媒魔方、大白菜、老毛桃等，大白菜、老毛桃等以前使用较多，由于这些软件携带很多后台垃圾软件，现在已经逐渐淘汰，目前最常使用的软件是 UltraISO。UltraISO 是一款功能强大的光盘镜像文件制作 / 编辑 / 转换工具，它可以直接编辑 ISO 文件，从 ISO 中提取文件和目录，也可以从 CD-ROW 制作光盘映像或者将硬盘上的文件制作成 ISO 文件。下面我们就以 UltraISO 为例讲解系统安装 U 盘的制作，具体步骤如下。

（1）在制作 U 盘安装之前，需要准备操作系统的镜像文件（.iso 文件），然后根据操作系统镜像文件的大小准备一个 U 盘。需要注意的是，U 盘里如果有重要资料，需要备份，因为 UltraISO 在制作安装盘时，会将 U 盘中的数据删除。

（2）下载安装 UltraISO 软件，单击“文件”→“打开”，如图 3-14 所示。

（3）选择下载好的镜像打开，后缀是（.iso），如图 3-15 所示。

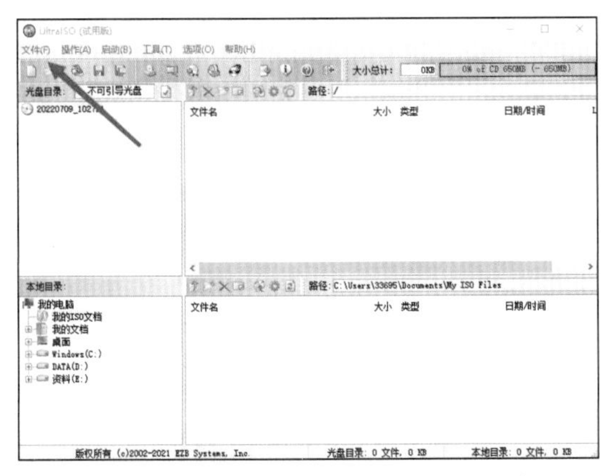

图 3-14　在 UltraISO 中打开文件

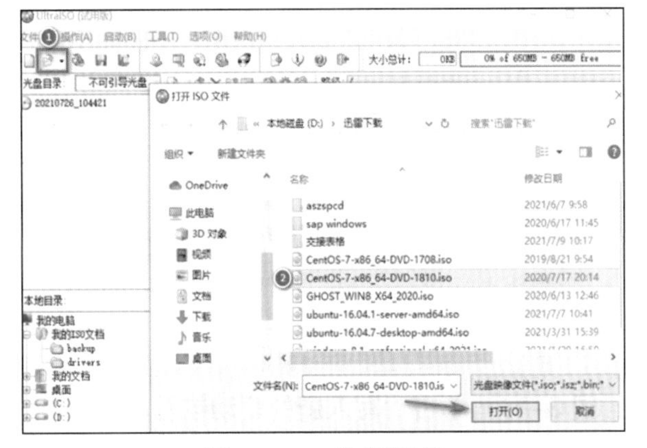

图 3-15　选择镜像

（4）打开后界面图如图 3-16 所示。

（5）单击“启动”→“写入硬盘映像”，如图 3-17 所示。

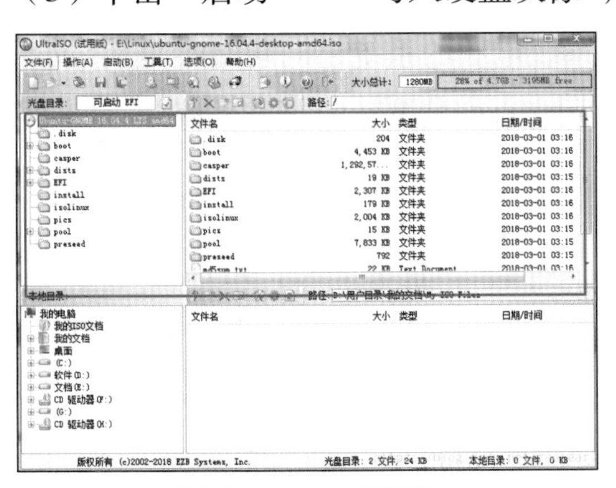

图 3-16　打开镜像

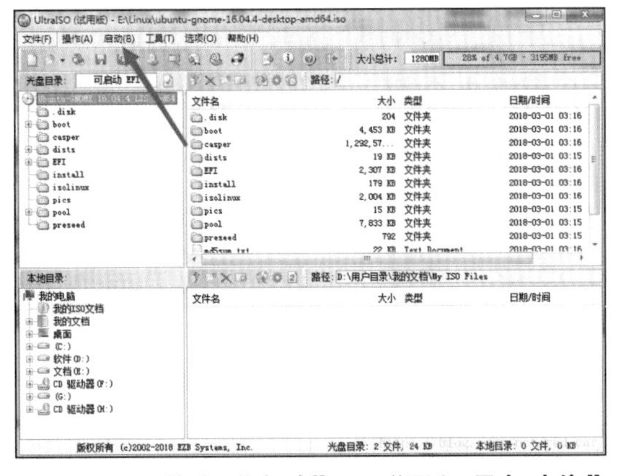

图 3-17　单击“启动”→“写入硬盘映像”

（6）单击“便捷启动”，如图 3-18 所示。

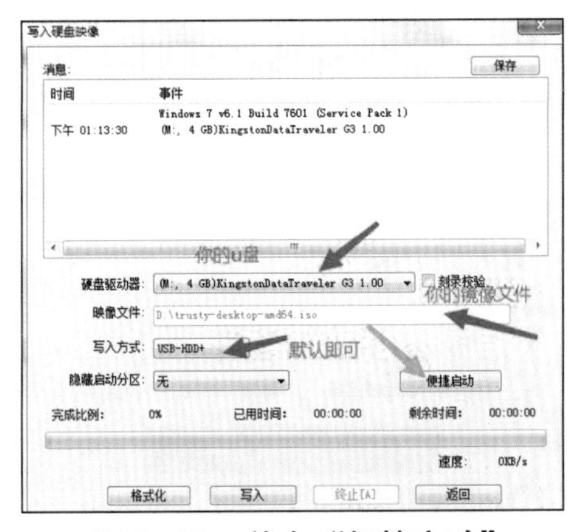

图 3-18　单击“便捷启动”

（7）单击“写入新的驱动器引导扇区”。

这里需要注意一下：如果是制作 Windows 的 U 盘启动盘，选择 Windows 10/8.1/7，如果是制作 Linux 的 U 盘启动盘，选择 Syslinux，如图 3–19 所示。

（8）单击“写入”，等待写入完成即可，如图 3–20 所示。

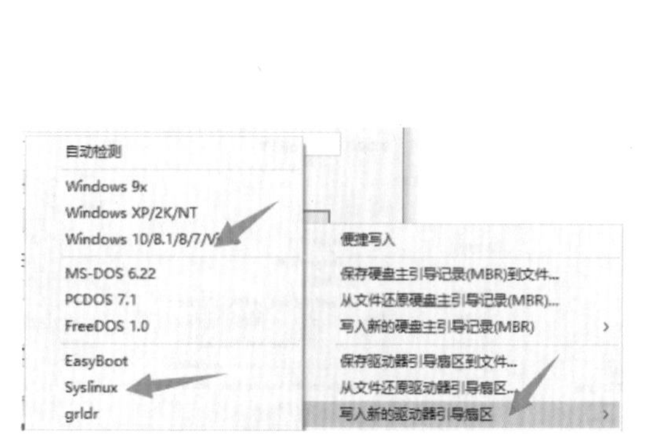

图 3–19 单击“写入新的驱动器引导扇区”

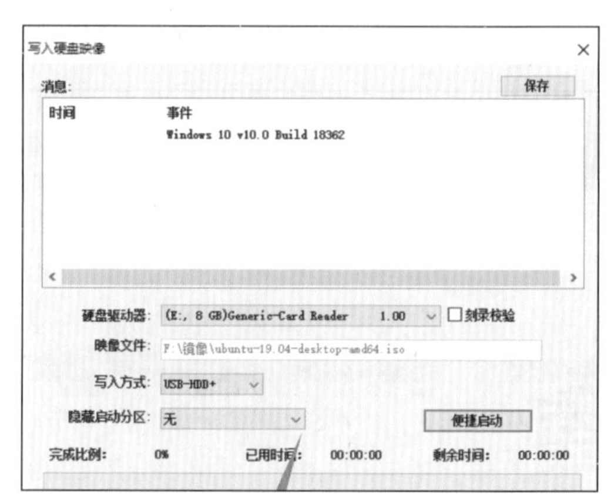

图 3–20 单击“写入”

2. 微 PE 制作 U 盘启动盘

WinPE 是一款很好用的 WinPE（Windows 预先安装环境（Microsoft Windows Preinstallation Environment），简称 Windows PE 或 WinPE）工具箱，可以用来制作一个随插随用的 U 盘启动盘，并且不影响 U 盘的日常使用，在 Windows 系统电脑的系统出问题时会是救命般的存在。下面就来介绍一下如何制作 PE 启动盘，并使用它来安装 Win10 操作系统。

制作之前，您需要准备：

（1）16 GB 以上的 U 盘（至少要能够装下准备安装的操作系统镜像）。

（2）系统镜像（推荐官方渠道或是 MSDN 下载）。

U 盘启动盘制作步骤：

（1）下载微 PE 工具箱。

官网下载即可：http://www.wepe.com.cn/download.html。

（2）制作 U 盘启动盘。

插入 U 盘，启动微 PE 软件，选择安装进 U 盘。安装 PE 进 U 盘如图 3–21 所示。

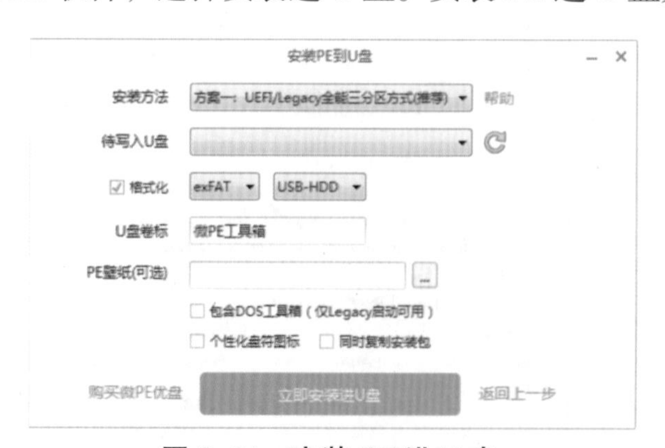

图 3–21 安装 PE 进 U 盘

之后选择插入的 U 盘，其他的默认即可。

至此，U 盘启动盘已制作完毕，有了它，就可以脱离硬盘引导系统启动，并在这个环境中安装 Windows 系统了。

3.4　安装Windows 10操作系统

1. Windows 操作系统概述

（1）什么是操作系统?

操作系统（Operating System，OS），是电子计算机系统中负责支撑应用程序运行环境以及用户操作环境的系统软件，同时也是计算机系统的核心与基石。

操作系统是最基础的系统软件，是现代计算机必配的软件。计算机没有操作系统就如同人没有头脑。常用的操作系统有 Windows、UNIX、Linux 等。OS 简介如图 3-22 所示。

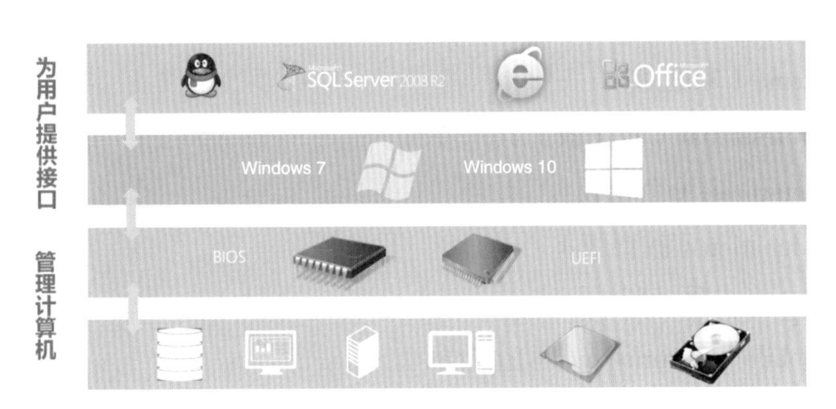

图 3-22　OS 简介

（2）Windows 系统简介。

Windows 是美国微软公司研发的一套操作系统，Windows 采用了图形化界面模式，操作较为简单直观，随着电脑硬件和软件的不断升级，微软的 Windows 也在不断升级。目前主流的 Windows 操作系统包括 Windows 7、Windows 8/8.1、Windows 10。

2. Windows 10 发展史及版本介绍

Windows 发展史如图 3-23 所示。

（1）Windows 10 发布时间及历程:

2015 年 7 月 29 日 Windows 10 正式版（TH1）发布。

2015 年 11 月 12 日 Windows 10（TH2）发布。

2016 年 8 月 3 日 Redstone 1（RS1）发布。

2018 年 8 月 9 日，微软推送了 Windows 10（RS5）发布。

Windows 图标如图 3-24 所示。

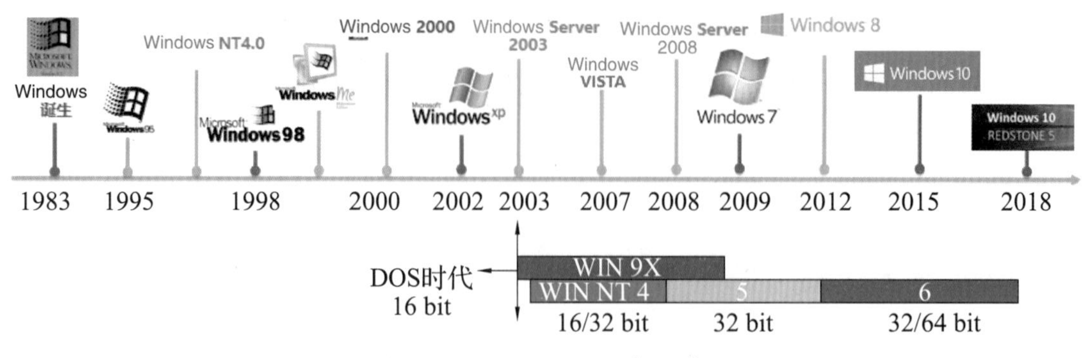

图 3–23 Windows 发展史

图 3–24 Windows 图标

（2）版本介绍：

Windows 10 Home（家庭版）。

Windows 10 Professional（专业版）。

Windows 10 Enterprise（企业版）。

Windows 10 Education（教育版）。

Windows 10 Mobile（移动版）。

Windows 10 Mobile Enterprise（移动企业版）。

Windows 10 IoT Core（物联网版）。

注：以上版本除 Windows 10 IoT Core 外都分别包含 32 位和 64 位。

（3）统一的 Windows 之路如图 3–25 所示。

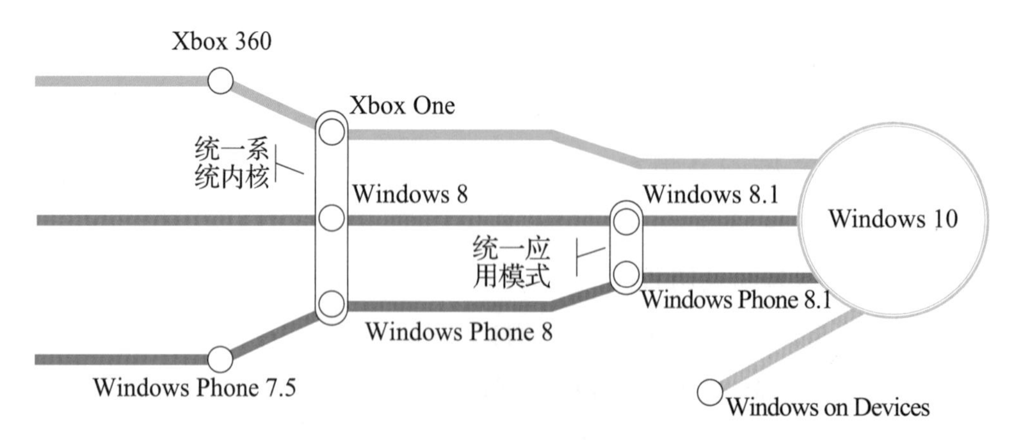

图 3–25 统一的 Windows 之路

3. Windows 10 安装

（1）安装镜像获取和安装介质制作。

①操作系统安装原理如图 3–26 所示。

图 3-26　操作系统安装原理

②操作系统安装方式如图 3-27 所示。

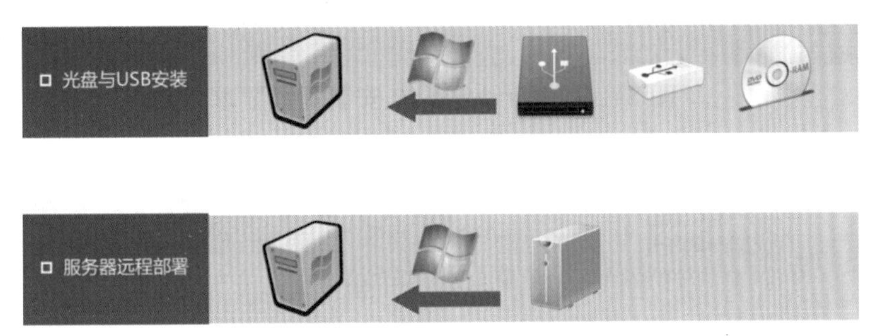

图 3-27　操作系统安装方式

③Windows 10 安装镜像的构成如图 3-28 所示。

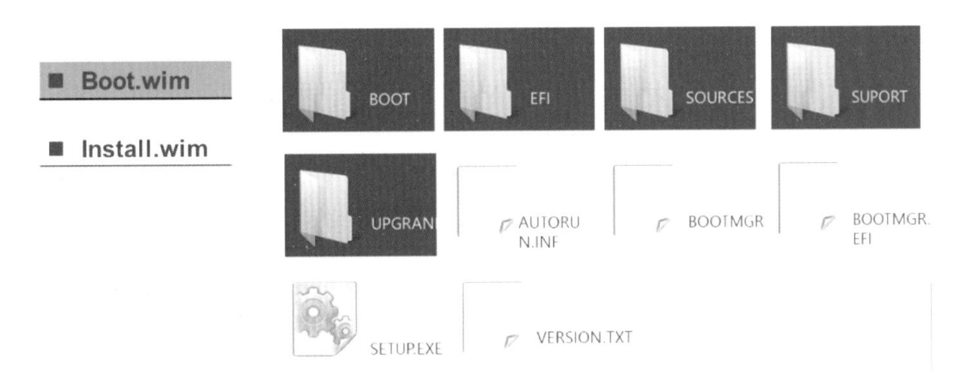

图 3-28　Windows 10 安装镜像的构成

④安装镜像制作如图 3-29 所示。

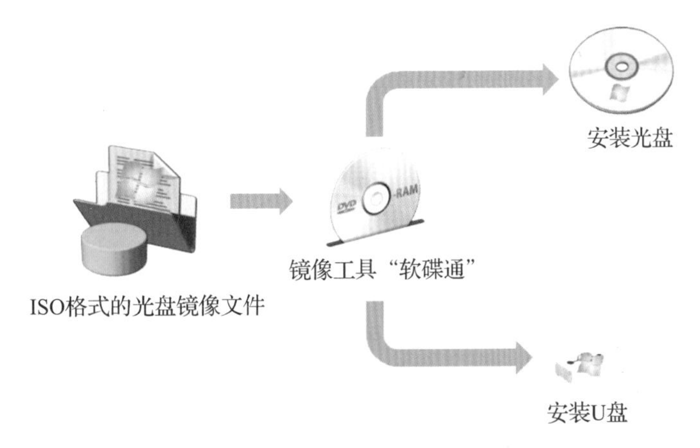

图 3-29　安装镜像制作

（2）Windows 10 安装配置要求如图 3-30 所示。RTW：全球发布如图 3-31 所示。

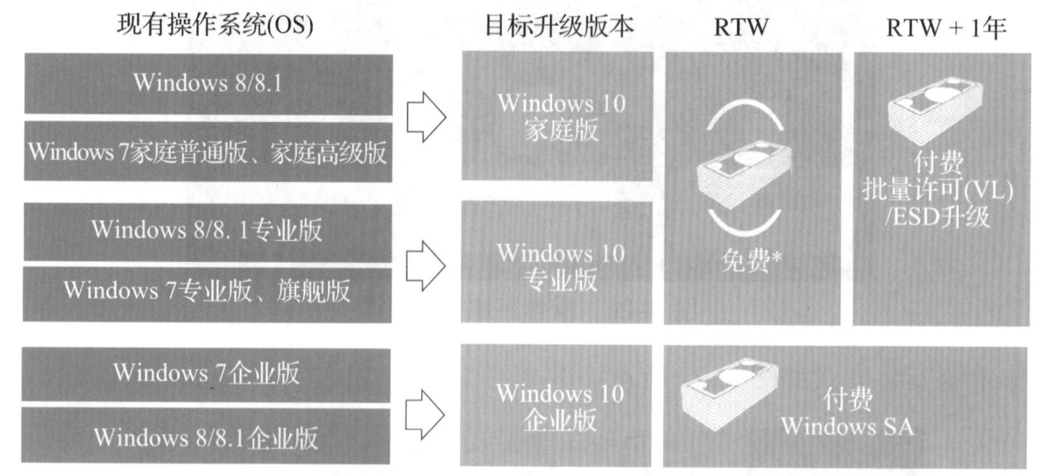

图 3-30 Windows 10 安装配置要求

Windows 10配置要求(标准)	
内存模组	1 GB(32位版)
	2 GB(64位版)
固件	UEFI 2.3.1,支持安全启动
显示卡	支持DirectX9
硬盘空间	≥16 GB(32位版)
	≥20 GB(64位版)
显示器	800*600以上分辨率
	(消费者版本≥8吋；专业版≥7吋)
操作系统	Microsoft Windows 10 64位版
	Microsoft Windows 10 32位版

Windows 10配置要求(最低)	
处理器	1 Ghz或更快(支持PAE、NX和SSE2)
内存模组	1 GB(32位版)
	2 GB(64位版)
显示卡	带有WDDM驱动程序的微软DirectX9图形设备
硬盘空间	≥16 GB(32位版)
	≥20 GB（64位版）
操作系统	Microsoft Windows 10 64位版
	Microsoft Windows 10 32位版

图 3-31 RTW：全球发布

重新安装类型介绍如表 3-3 所示。

表 3-3 重新安装类型介绍

重新安装类型	可供选择的重新安装选项	你的应用会怎样	存储在 \Users 下的个人数据会怎样	存储在其他文件夹或驱动器中的数据会怎样	所需的驱动空间
初始化 Windows 10	保留我的文件	不是电脑附带的应用将会删除	已保留	已保留	中等
初始化 Windows 10	删除所有内容	不是电脑附带的应用将会删除	已删除	已删除	低
使用安装介质重新安装 Windows 10	保留所有内容（默认）	所有应用和设置都将保留	已保留	已保留	高
使用安装介质重新安装 Windows 10	保留个人数据	所有应用都将删除	已保留	已保留	中等
使用安装介质重新安装 Windows 10	不保留任何内容	所有应用都将删除	已删除	已删除	低
使用安装介质执行 Windows 10 的干净安装	不适用（此重新安装选项将删除并重新创建所有磁盘分区）	已删除	已删除	已删除	非常低

（3）Windows 10 计算机基础配置要求如图 3-32 所示。

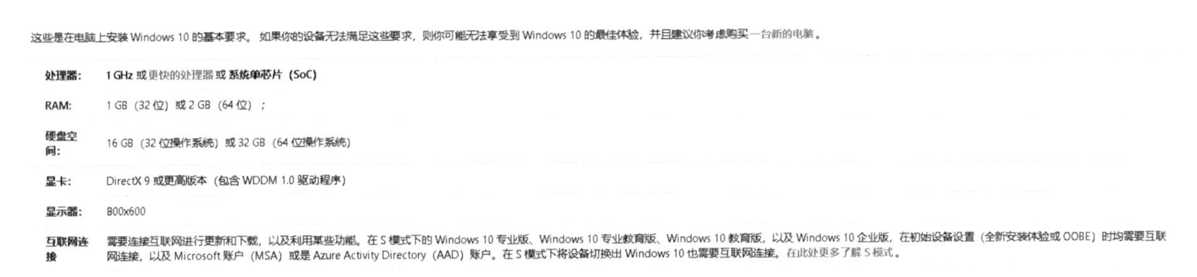

安装 Windows 10 的系统要求

这些是在电脑上安装 Windows 10 的基本要求。如果你的设备无法满足这些要求，则你可能无法享受到 Windows 10 的最佳体验，并且建议你考虑购买一台新的电脑。

处理器:	1 GHz 或更快的处理器或系统单芯片（SoC）
RAM:	1 GB（32 位）或 2 GB（64 位）；
硬盘空间:	16 GB（32 位操作系统）或 32 GB（64 位操作系统）
显卡:	DirectX 9 或更高版本（包含 WDDM 1.0 驱动程序）
显示器:	800x600
互联网连接	需要连接互联网进行更新和下载，以及利用某些功能。在 S 模式下的 Windows 10 专业版、Windows 10 专业教育版、Windows 10 教育版，以及 Windows 10 企业版，在初始设备设置（全新安装体验或 OOBE）时均需要互联网连接，以及 Microsoft 账户（MSA）或是 Azure Activity Directory（AAD）账户。在 S 模式下将设备切换出 Windows 10 也需要互联网连接。在此处更多了解 S 模式。

图 3-32　Windows 10 计算机基础配置要求

（4）安装 Windows 10 系统前注意事项如图 3-33 所示。

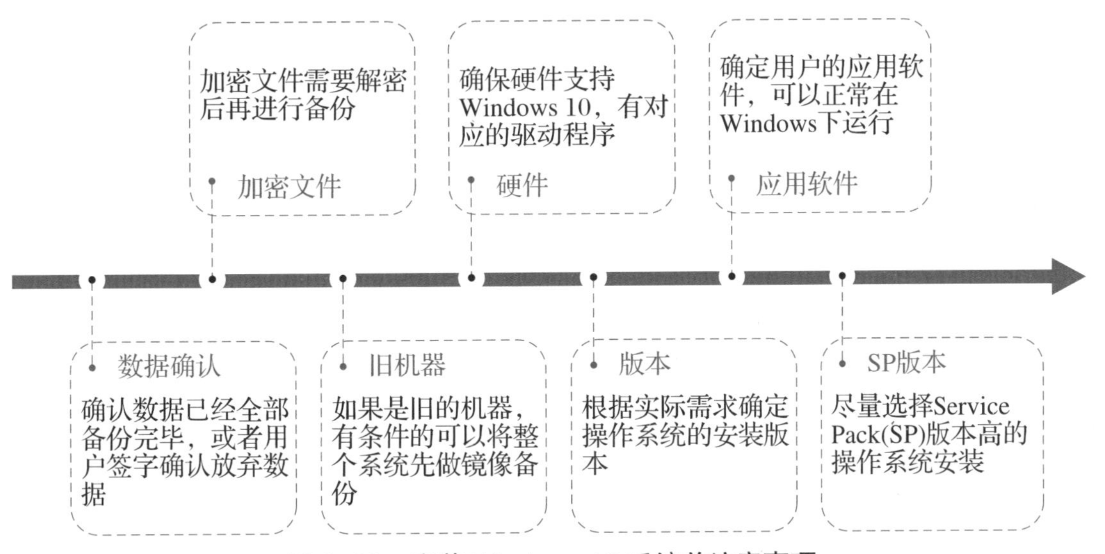

图 3-33　安装 Windows 10 系统前注意事项

（5）镜像安装步骤如图 3-34 所示。

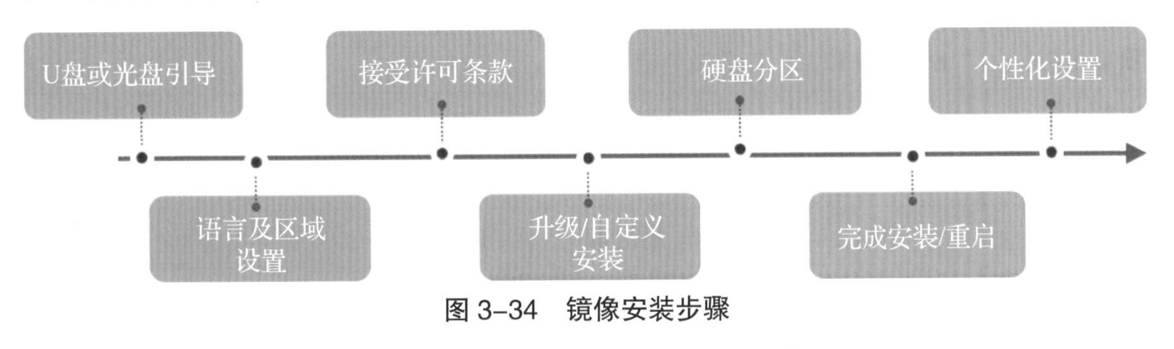

图 3-34　镜像安装步骤

（6）执行 Windows 10 的全新安装。

在安装操作系统之前，需要通过互联网下载一份操作系统后才能安装操作系统。关于操作系统的获取方式，可以通过微软官方渠道进行获取，也可以购买对应的 Ghost 镜像进行备份。

安装步骤如下：

①用微 PE 软件把 U 盘启动盘制作完成后，再把准备好的 Windows 10 镜像文件复制到 U

盘中。（如果没有系统镜像的话，可以到 msdn.itelly.net 下载原版系统）

②将系统镜像文件放入 U 盘后，将 U 盘插在需要重装的计算机上，之后选择 U 盘启动，使用 U 盘引导启动（至于如何选择 U 盘启动，不同型号的计算机方法也不同，请自行根据自己的电脑品牌及型号查找）。电脑品牌及型号如表 3–4 所示。

表 3–4 电脑品牌及型号

主装机主板		主装机主板		主装机主板	
主板品牌	启动按键	笔记本品牌	启动按键	台式机品牌	启动按键
华硕主板	F8	联想笔记本	F12	联想台式机	F12
技嘉主板	F12	宏碁笔记本	F12	惠普台式机	F12
微星主板	F11	华硕笔记本	ESC	宏碁台式机	F12
映泰主板	F9	惠普笔记本	F9	戴尔台式机	ESC
梅捷主板	ESC 或 F12	联想 Thinkpad	F12	神舟台式机	F12
七彩虹主板	ESC 或 F11	戴尔笔记本	F12	华硕台式机	F8
华擎主板	F11	神舟笔记本	F12	方正台式机	F12
斯巴达克主板	ESC	东芝笔记本	F12	清华同方台式机	F12
昂达主板	F11	三星笔记本	F12	海尔台式机	F12
双敏主板	ESC	IBM 笔记本	F12	明基台式机	F8
翔升主板	F10	富士通笔记本	F12		
精英主板	ESC 或 F11	海尔笔记本	F12		
冠盟主板	ESC 或 F12	方正笔记本	F12		
富士康主板	ESC 或 F12	清华同方笔记本	F12		
顶星主板	ESC 或 F12	微星笔记本	F11		
铭瑄主板	ESC	明基笔记本	F9		
盈通主板	F8	技嘉笔记本	F12		
捷波主板	ESC	Gateway 笔记本	F12		
Intel 主板	F12	eMachines 笔记本	F12		
杰微主板	ESC 或 F8	索尼笔记本	ESC		
致铭主板	F12	苹果笔记本	长按“option”键		
磐英主板	ESC				
磐正主板	ESC				

③进入微 PE。

将在上一步制作好的 U 盘启动盘插入待安装系统的电脑，成功进入后，就可以进入这样一个酷似 Windows 10 的界面。进入微 PE 如图 3-35 所示。

图 3-35　进入微 PE

④安装 Windows 10。

如果需要安装 Windows 10，选择桌面上的 Windows 安装器。选择镜像文件，选择需要安装的驱动器，也可勾选“无人值守”安装，之后一步步安装即可。安装 Windows 10 如图 3-36 所示。

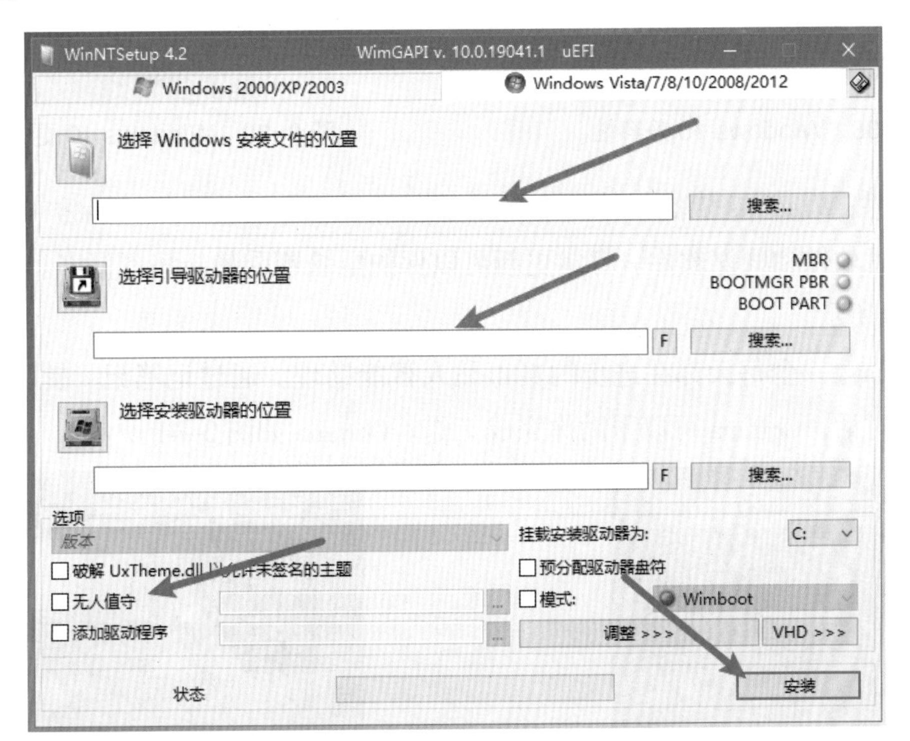

图 3-36　安装 Windows 10

4. Windows 10 新特性

（1）熟悉的用户体验：熟悉开始菜单操作体验。开始按钮又回归到了任务栏，桌面再次成为主角，我们的最低要求是对 Windows 10 一见如故。Windows 10 用户体验如图 3–37 所示。

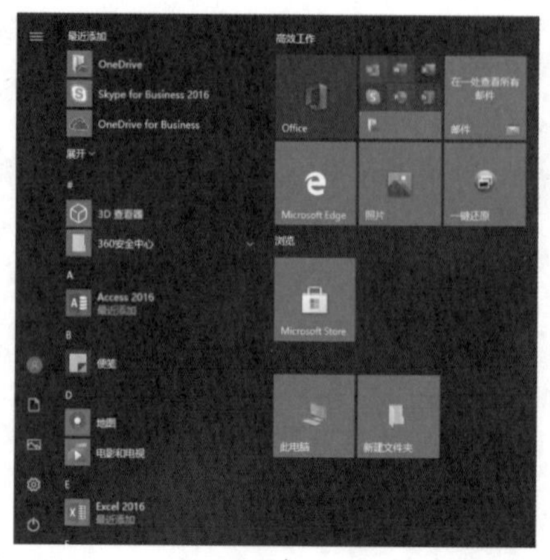

图 3–37　Windows 10 用户体验

（2）兼容性：Windows 兼容更多设备及软件，包括正在使用的软件 / 硬件。Windows 10 兼容性如图 3–38 所示。

（3）更高性能：全新的 Windows 10 可以使原有设备宛如新生。使用 Windows 10 可以获得更快启动速度、更长电池使用时间等体验，无论工作还是娱乐，随时开始，无须担心干扰。Windows 10 更高性能如图 3–39 所示。

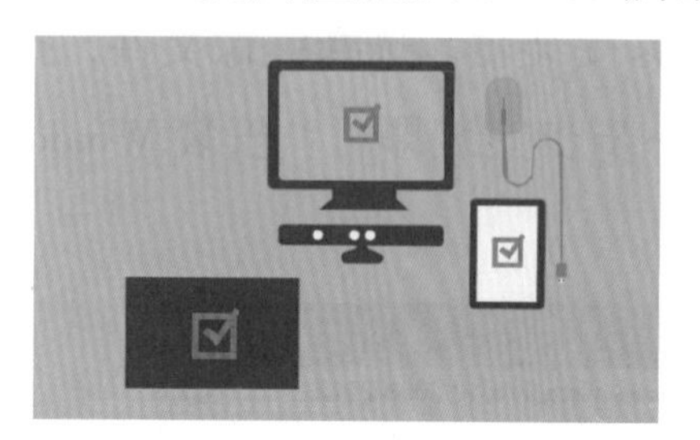

图 3–38　Windows 10 兼容性

图 3–39　Windows 10 更高性能

（4）安全性：Windows 依然保持原有的无忧使用体验。Windows 10 保护电脑远离病毒、钓鱼网站、恶意软件和间谍软件。日常更新可以保护电脑不受最新病毒侵害。Windows 10 安全性如图 3–40 所示。

（5）Cortana：一个每天都在进步的真正私人智能助理。通过记笔记、提醒、待办事项、搜索甚至语音对话，Cortana 可以帮助你完成工作。Cortana 如图 3–41 所示。

图 3–40　Windows 10 安全性

图 3–41　Cortana

（6）Windows Hello：不仅你了解 Windows，现在 Windows 可以更了解你。无须密码，使用面部或指纹识别登录。不用担心，你将会得到企业级安全保障。Windows 10 不但个性化、方便，还很安全。Windows Hello 如图 3–42 所示。

（7）开始 & 动态磁贴：重要信息，了若指掌。只需单击一下，即可在开始菜单中找到想要的内容，根据需求个性化设置开始菜单，把想要的功能放在喜欢的位置动态磁贴使你无须单击即可得到想要的信息。开始 & 动态磁贴如图 3–43 所示。

图 3–42　Windows Hello

图 3–43　开始 & 动态磁贴

（8）语音、触控笔、手势：更多更自然的人机交方式可供选择。无论是触控、手势，还是语音控制，在 Windows 10 中总能找到你最喜欢的操作方式，键盘鼠标操作依然未变，所以你依然可以打字或使用鼠标单击操作。语音、触控笔、手势如图 3–44 所示。

（9）Continuum：你所在的界面总是最易用的界面。Windows 优化了在所有设备上的使用体验，大到房间内最大的显示屏，小到口袋里最小的屏幕，或是其他尺寸的任何设备，窗口和任务栏都能自动适应，方便使用。Continuum 还能保证你使用任何方式操作你的设备都轻松自如，无论是语音、触控笔、手势还是键盘鼠标，都由你说了算。 Continuum 如图 3–45 所示。

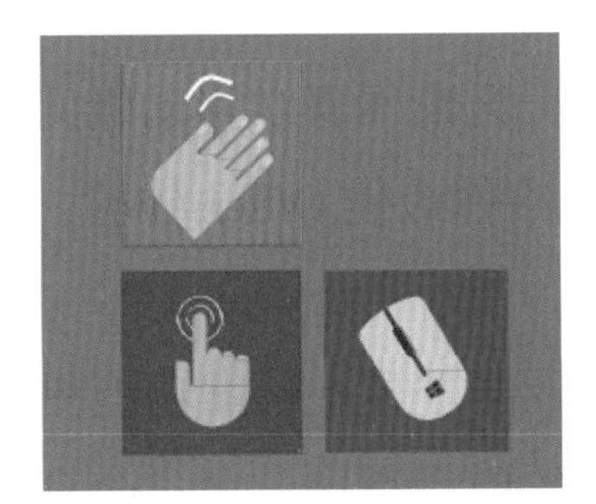

图 3–44　语音、触控笔、手势

图 3–45　Continuum

（10）游戏 &Xbox：内置最好的游戏、图形处理功能及 Xbox。使用最新的硬件和出色的图形性能，Xbox 的游戏体验可以在 Windows 10 上进行。能够帮助你录制和分享最佳游戏瞬间，查看其他好友动态，还可以将 Xbox One 上的游戏连接到 Windows 10 设备。游戏 &Xbox 如图 3–46 所示。

（11）内置应用：内置的精彩应用可以在你所有 Windows 设备间使用。Windows 10 提供了像照片、地图、邮件和日历、音乐、视频、人脉等开箱即用的应用。它们可以在设备间无缝运行，还可以通过 OneDrive 同步内容。内置应用如图 3–47 所示。

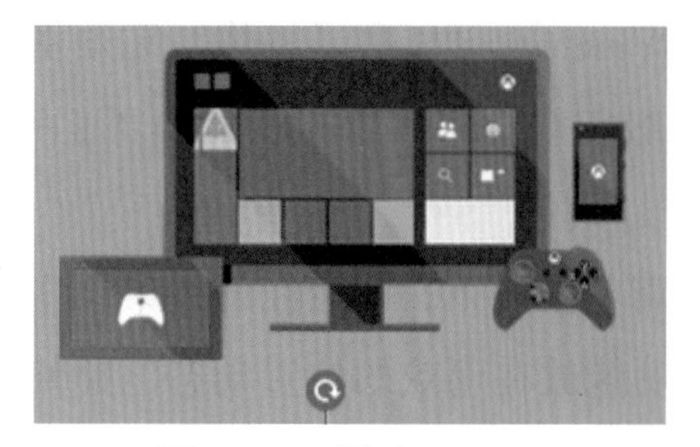

图 3-46　游戏 &Xbox

图 3-47　内置应用

（12）OneDrive：一处存放所有文件。Windows 10 提供 15 GB 的免费 OneDrive 云存储空间，你可以在一个地方存储、管理你所有设备的文件、照片、音乐和文件，随时随地在任何设备上都可以找到它们。另外，你还可以轻松与他人分享、协作，即使它们没有 OneDrive。OneDrive 如图 3-48 所示。

（13）Edge 浏览器：用你喜欢的方式浏览网页。Windows 10 前所未有的 Edge 浏览器重新定义了网页，以给用户带来快速流畅的浏览体验，它是唯一能够直接在网页上手写、键入并通过 OneNote 分析的浏览器。另外，你还可以获得不受干扰的舒适阅读体验。 Edge 浏览器如图 3-49 所示。

图 3-48　OneDrive

图 3-49　Edge 浏览器

（14）Office：最高效操作系统中的最高效的办公软件。无论你喜欢移动版的触控办公体验还是桌面版你所熟悉的成熟桌面体验，Windows 10 都能给你最佳 Office 体验。 Office 如图 3-50 所示。

（15）多任务 & 虚拟桌面：分类、专注、高效工作的最佳方式。贴靠功能更加易用，将一个应用贴靠到屏幕的一侧，Windows 会显示其他已打开的应用程序。通过合理布局，让你可以同时使用不同程序。最大化利用屏幕，还可以同时显示多达 4 个应用程序。多任务 & 虚拟桌面如图 3-51 所示。

图 3-50　Office

图 3-51　多任务 & 虚拟桌面

（16）商店 & 应用：一站购买精彩应用、游戏、音乐、视频。在应用商店中可以为你所有 Windows 设备获得应用。一处即可购买应用、音乐、电影、电视节目等。商店 & 应用如图 3–52 所示。

图 3–52　商店 & 应用

3.5　操作系统和使用软件激活Windows 10操作系统

（1）Windows 10 采用的是 OEM Activation3.0（OA3.0）的激活机制。此激活机制的验证更加严格且与硬件相关联。计算机基本信息如图 3–53 所示。

①工厂生产装配完毕后，需要通过微软的工具将生成硬件特征的 128 bit 哈希值，连同之前获得的唯一序列号发送至微软服务器。

②用户联网使用时主机将会与微软激活服务器联机比对硬件特征和序列号完成激活。

③主板中内置对应主机操作系统版本的 Windows Key。

④硬件特征发生改变或者序列号与安装版本不一致都会导致 Windows 8/8.1/10 无法激活。

（2）预装 Windows 10 正确激活的必要条件。

①出厂包含有 Windows 8/8.1/10 授权。

②系统版本必须与出厂系统版本一致。

③如更换主板，必须申请与出厂系统版本完全一致的主板。

图 3–53　计算机基本信息

（3）如何查询联想出厂预装何种系统版本？（其他品牌可网上搜索查询）

①通过机箱或电脑外壳上的贴标判断：预装 Windows 系统的联想电脑上一般会有 Windows 徽标或 COA 标签。联想笔记本电脑上，请在笔记本底面或电池槽中查找以上标签；联想分体台式电脑上，请在机箱左、右侧或前侧查找以上标签；联想一体机电脑上，请在显示器背面或底座上查找以上标签。系统版本如图 3–54 所示。

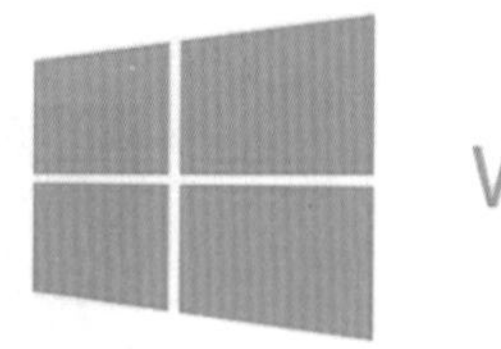

图 3–54 系统版本

②通过联想官网查询。

联想机型登录 http://support.lenovo.com.cn/lenovo/wsi/Modules/Newbxpz.aspx ，在搜索框中输入主机编号，搜索后单击“配置查询”按钮。Think 机型登录 http://think.lenovo.com.cn/service/warranty/repairDeploy.html，输入主机编号，单击右侧“查询”按钮。在打开的页面中单击“配置信息”按钮，即可列出配置列表，单击“展开 / 收起详情”按钮，可查看全部配置信息，一般在配置列表的底部即可找到操作系统的配置信息。

③通过 IPS 查询。

登录 IPS 系统，在搜索框中输入主机编号，单击查询，根据命名规范可知用户电脑是否自带系统以及带的是哪种系统。 IPS 查询如图 3–55 所示。

图 3–55 IPS 查询

（4）预装 Office 软件激活。

①什么是 Office 家庭版和学生版 2016？

四大生产力组件：

Word 2016：轻松创建、润饰和分享美观大方的文档。

Excel 2016：快速处理各种数据，并以全新的方式统计分析，辅助决策。

PowerPoint 2016：幻灯片制作更加简单，切换动画更加炫目，更加专业的演讲模式。

OneNote 2016：随时随地记录笔记，整理、归纳更加方便。

②预装 Office 初次激活流程（以预装 Office 2019 激活为例）。

首先，在激活 Office 之前，需要保证 Windows 10 已经激活，判断方法如下：

先进行联网，单击“开始”→“设置”→“更新和安全”→“激活”，显示 Windows 已激活或下图展示。激活如图 3–56 所示。

设置
主页
查找设置
更新和安全
Windows 更新
传递优化
Windows 安全中心
备份
疑难解答
激活
Windows
版本　Windows 10 专业版
激活　已经通过使用你所在组织的激活服务激活 Windows
更新产品密钥
若要在此设备上使用其他产品密钥，请选择"更改产品密钥"。
更改产品密钥

图 3–56　激活

激活注意事项：

• 激活需要连接互联网。

• 时间 2~5 min。

• 需要有微软账户（也可在激活过程中注册）。

• 激活 Office 之前，需保证 Windows 已经激活。

• 需在 Windows 10 激活 6 个月内激活。

③激活步骤。

A. 单击屏幕左下角 Windows 菜单按钮，单击任意 Office，打开 Office 组件。打开 Office 组件，如图 3–57 所示。

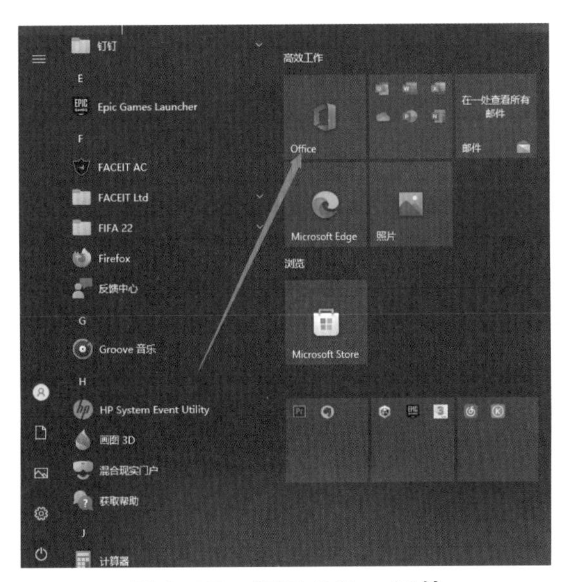

图 3–57　打开 Office 组件

B. 登录自己的微软账号，请牢记自己的微软账号，因为 Office 的版权将会同步到你的微软账号。如果没有自己的微软账号，请单击旁边的创建账户。登录设置 Office 如图 3–58 所示。

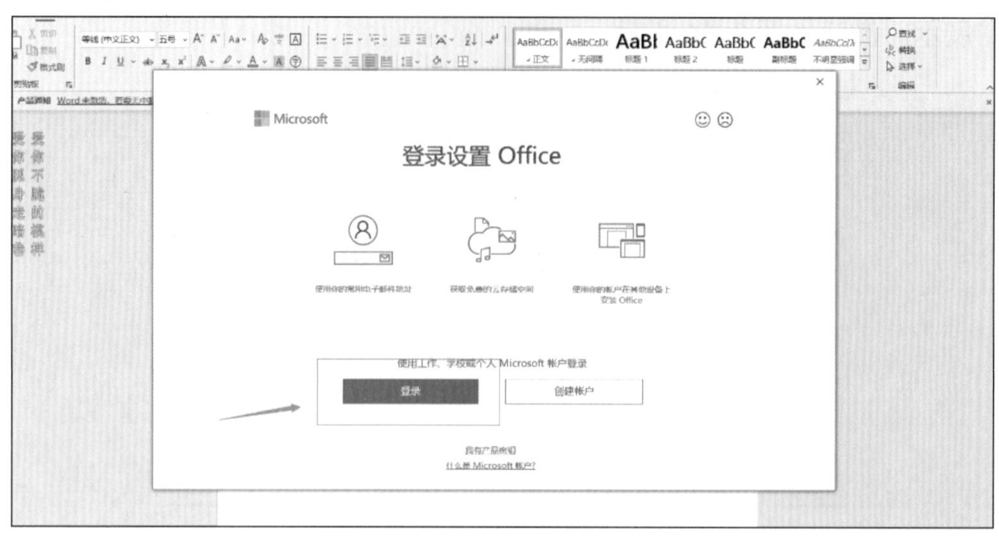

图 3–58 登录设置 Office

C. 请输入您的微软账号和密码。微软账号和密码如图 3–59 所示。

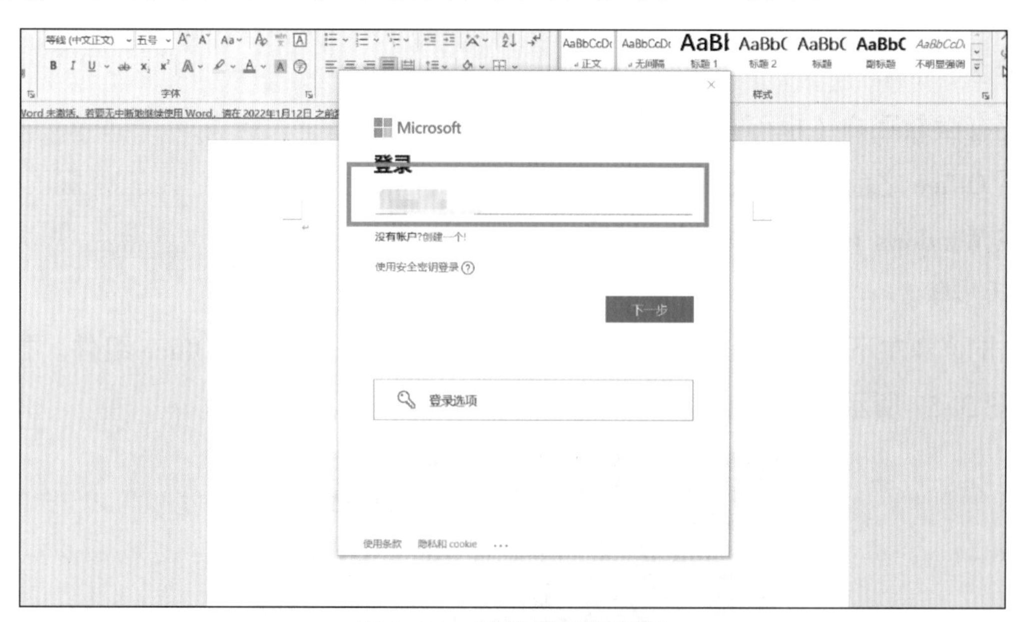

图 3–59 微软账号和密码

D. 单击“激活 Office”，下一步选择“中文”。激活 Office 如图 3–60 所示。

图 3–60 激活 Office

E. 单击接受。接受许可协议如图 3-61 所示。

图 3-61 接受许可协议

F. 查看 Office 已经正常激活。查看 Office 如图 3-62 所示。

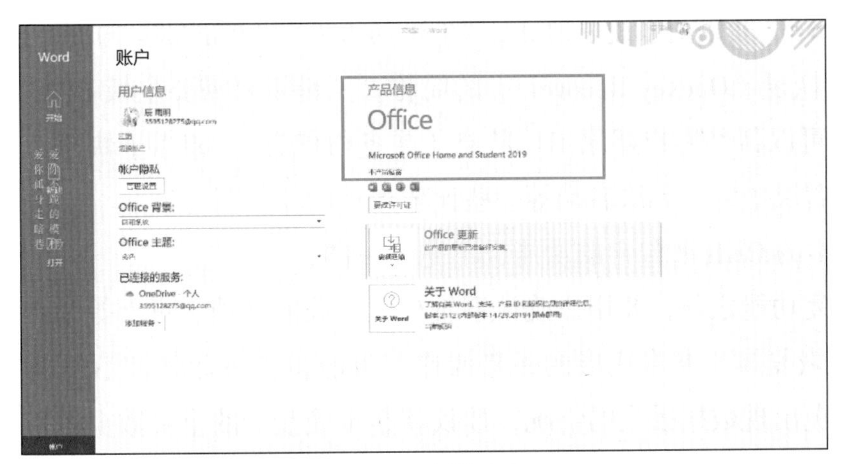

图 3-62 查看 Office

④ Office 家庭版和学生版激活重装系统后如何重新下载安装?

A. 登录微软账户网站: https://stores.office.com/myaccount/，或者 https://account.microsoft.com/services/。

B. 使用 Microsoft 账户登录。Microsoft 账户登录如图 3-63 所示。

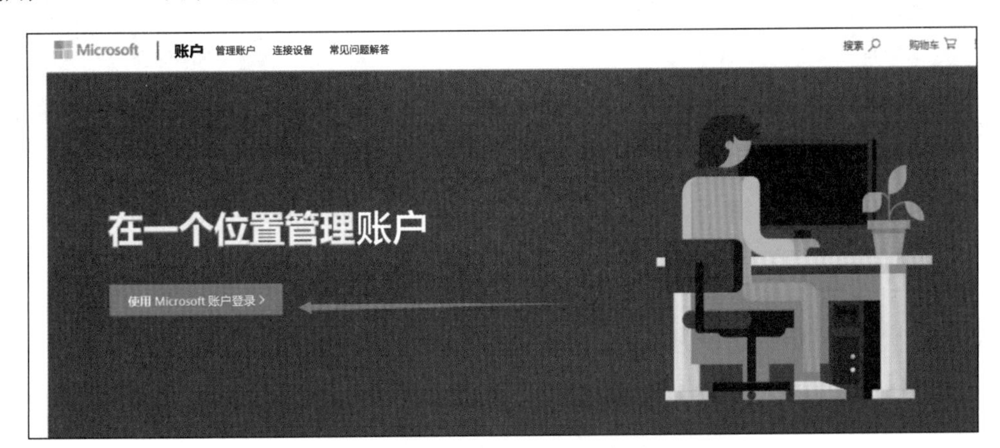

图 3-63 Microsoft 账户登录

直通职场 Windows 10 PBR备份操作（联想系统恢复工具介绍）

故障现象：客户反映，计算机在使用过程中，操作系统崩溃无法正常启动，计算机中的数据面临丢失的风险。

故障解析：计算机中存储的数据并不安全，在计算机使用的过程中，一不小心的误操作、病毒感染、黑客的入侵、各种软硬件的故障都会对数据安全造成威胁。磁盘的数据备份与恢复很重要，应利用计算机系统本身所带的备份程序或者第三方软件进行硬盘分区备份，当系统崩溃，不能进入操作系统时，就可以对备份的数据进行恢复。

解决方案：

1. 常用一键恢复介绍

Think 和 Lenovo 产品一键恢复方式是不同的。Lenovo 产品部分是 OKR，后期是 PBR；Think 产品 Windows 7 及以前系统是 RnR，Windows 8/8.1 和 Windows 10 是 PBR。

OKR 是一键恢复（Onekey Recovery）的简称。一键恢复需要主板 BIOS 和硬盘隐藏分区配合共同完成。可以帮助用户还原出厂状态（或备份状态），相当于快速、简单地重新安装了系统。多用于解决中毒、无法启动等一些比较严重的软件问题。

注：不同版本的 OKR 所包含的功能也不完全一样。

使用一键恢复功能之前，要用户确认系统分区、我的文档、桌面等是否有重要文件需要保存。由于一键恢复属于非常底层的磁盘操作，可能会受磁盘分区不正确等很多因素的干扰，因此为了避免出现数据丢失的情况，建议将整个硬盘上的重要数据都备份到其他的存储设备上去。

（1）Lenovo 一体机及台式机型。

重新启动计算机在 Lenovo 自检画面时，不停单击 F2 键或“Fn+F2”组合键进入一键恢复或联想拯救系统。F2 键、“Fn+F2”组合键分别如图 3-64、图 3-65 所示。

图 3-64 F2 键

图 3-65 “Fn+F2”组合键

（2）Lenovo 笔记本机型。

在机器关机状态下按一键恢复按键或一键恢复针孔开机，出现选项画面后选择“System Recovery”，进入一键恢复系统。一键恢复按键、“System Recovery”如图 3-66、图 3-67 所示。

图 3-66　一键恢复按键

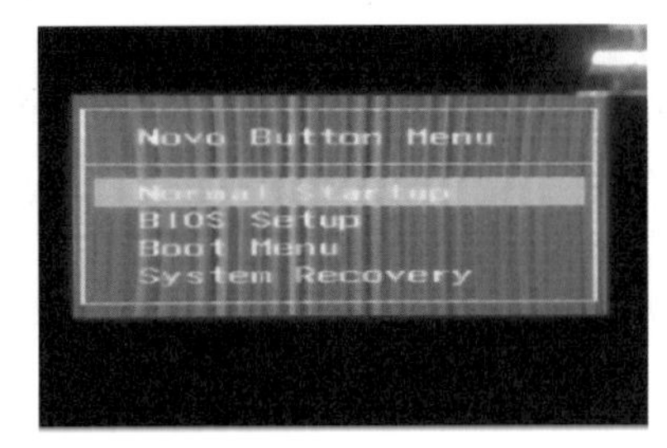

图 3-67　选择“System Recovery”

（3）ThinkPad 机型。

重新启动计算机在 ThinkPad 自检画面时，按下键盘上 F11 键或“Fn+F11”组合键或“ThinkVantage”键进入一键恢复。F11 键或“Fn+F11”组合键、“ThinkVantage”键如图 3-68、图 3-69 所示。

图 3-68　F11 键或“Fn+F11”组合键

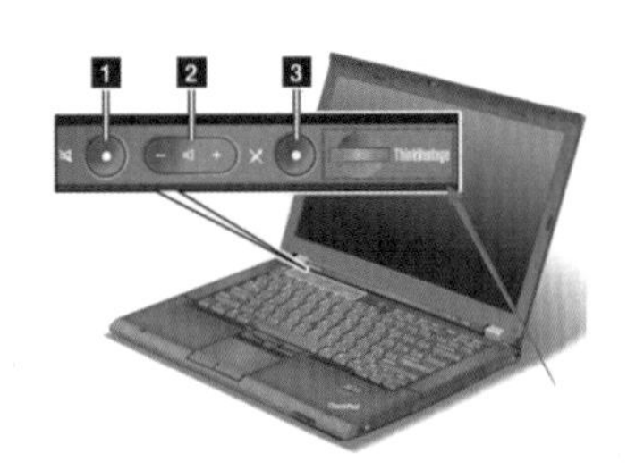

图 3-69　“ThinkVantage”键

2. Windows 10 PBR 备份操作

PBR（Partition Boot Record）是微软 Windows 8/8.1/10 自带的系统恢复工具，用于修复、重置、恢复受损的操作系统。Windows 10 PBR 备份如图 3-70 所示。

图 3-70　Windows 10 PBR 备份

PBR 恢复如何更新系统备份呢？PBR 恢复也是有备份文件的，这个文件就是 C:\Recovery\Customizations\USMT.PPKG，这个文件需要在 PE 下才能看到或者需要使用第三方软件才能看到，默认系统下使用资源管理器是无法打开 Recovery 文件夹的。PBR 手动备份操作步骤：

（1）进入审核模式。如果系统还没有解包，在下面的开机向导界面，按下“Ctrl+Shift+F3”组合键，系统会自动重启进入审核模式。审核模式如图 3-71 所示。

（2）如果系统已经解包，此时已经在系统下，请在运行里输入 sysprep，单击“确定”，如图 3-72 所示。

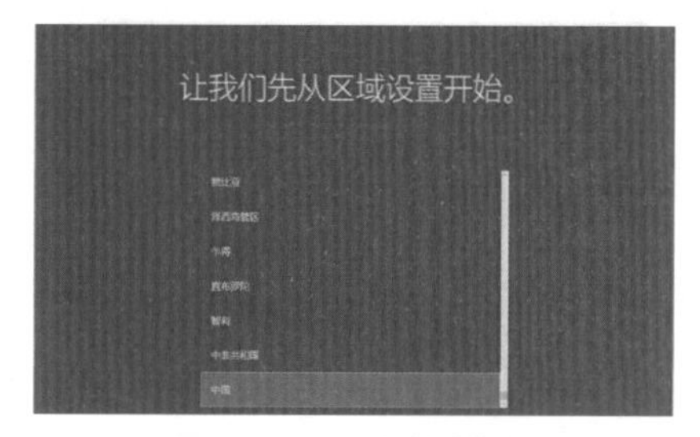

图 3-71 审核模式

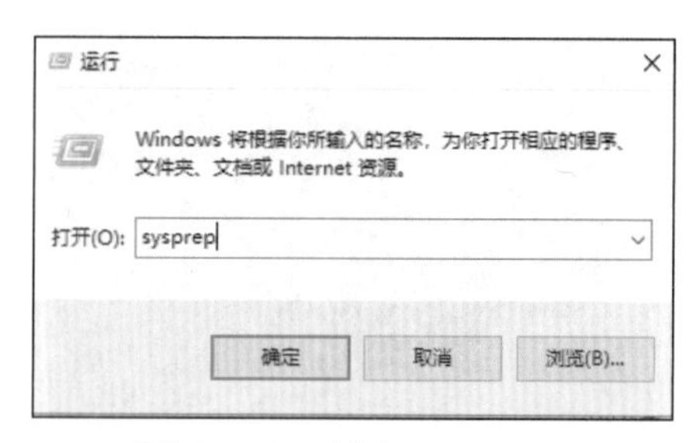

图 3-72 输入 sysprep

（3）在打开的文件夹下双击 sysprep.exe，如图 3-73 所示。

图 3-73 双击 sysprep.exe

（4）在弹出的界面，选择“进入系统审核模式”，单击“确定”，系统自动重启进入审核模式。（注：进入审核模式后，请自行在账户管理里删除之前创建的账户）。系统审核模式如图 3-74 所示。

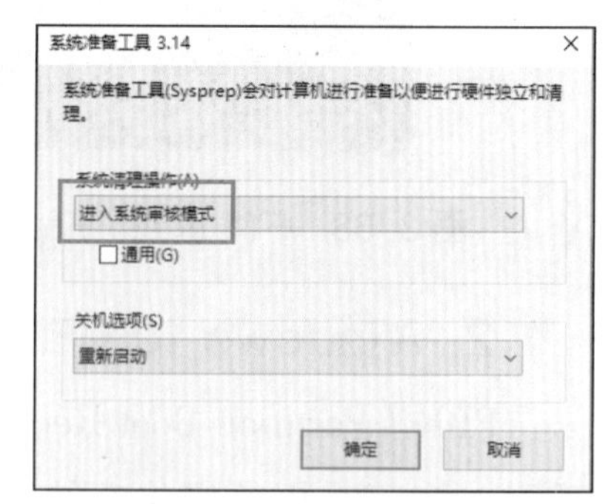

图 3-74 系统审核模式

（5）进入系统后，解压附件 SWWORK 到 C 盘根目录，也就是 SWWORK 文件夹在 C 盘根目录。解压附件 SWWORK 如图 3-75 所示。

图 3-75 解压附件 SWWORK

（6）使用管理员身份打开 PowerShell，如图 3-76 所示。

图 3-76 打开 PowerShell

（7）在 PowerShell 下进 C:\SWWORK\USMT，运行 scanstate.cmd 进行更新系统备份，如图 3–77 所示。

（8）系统备份更新完毕，再使用系统准备工具进行系统封装即可。注意按照图 3–78 勾对应选项。

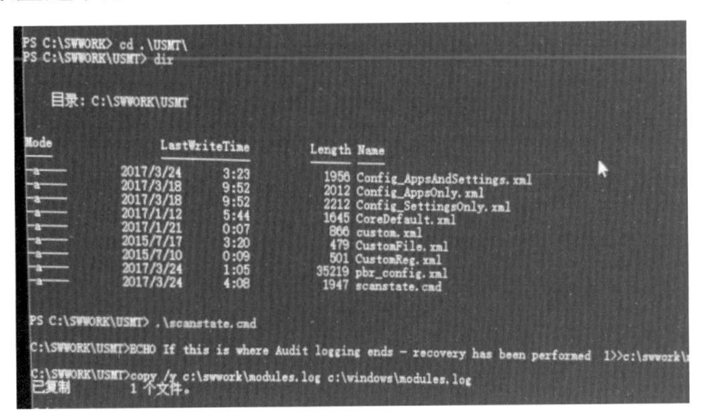

图 3–77　运行 scanstate.cmd

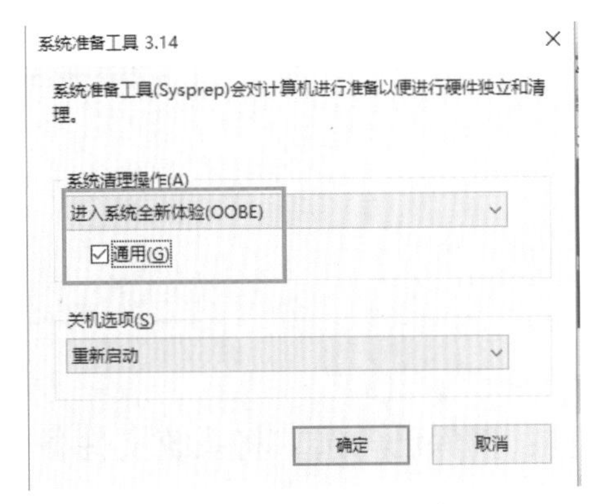

图 3–78　系统封装

3. Windows 10 PBR 创建恢复介质

（1）按快捷键“Win+X”，打开控制面板，单击右上角，查看方式为“大图标”，单击“恢复”，打开控制面板，如图 3–79 所示。

图 3–79　打开控制面板

（2）单击创建恢复驱动器。创建恢复驱动器如图 3–80 所示。勾选如图 3–81 所示。

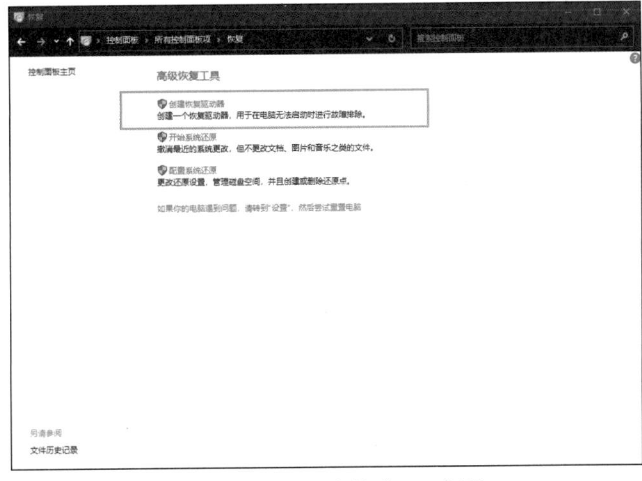

图 3–80　创建恢复驱动器

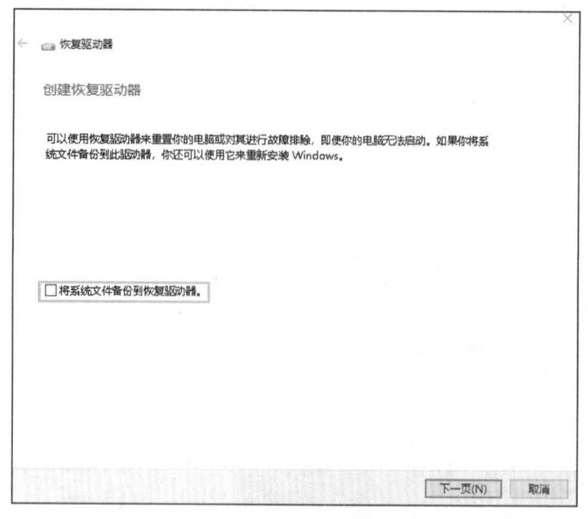

图 3-81　勾选

注：确保已勾选“将系统文件备份到恢复驱动器”。勾选如图 3-81 所示。

（3）如果插入了符合要求的移动存储介质，会直接显示在下方。插入符合要求的移动存储介质如图 3-82 所示。

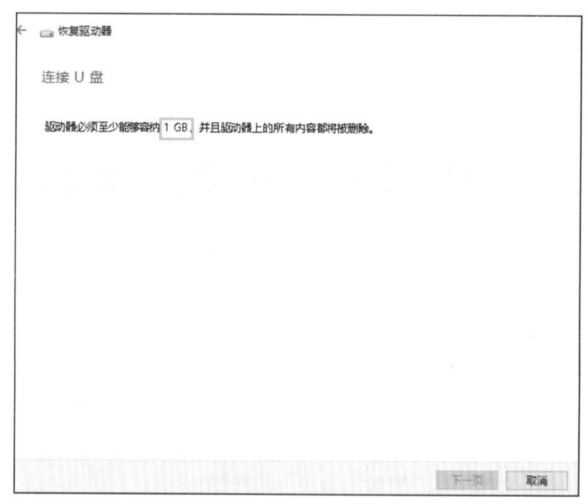

图 3-82　插入符合要求的移动存储介质

（4）备份提示，创建恢复介质将清空存储介质，需要提前转移数据文件。提前转移数据文件如图 3-83 所示。

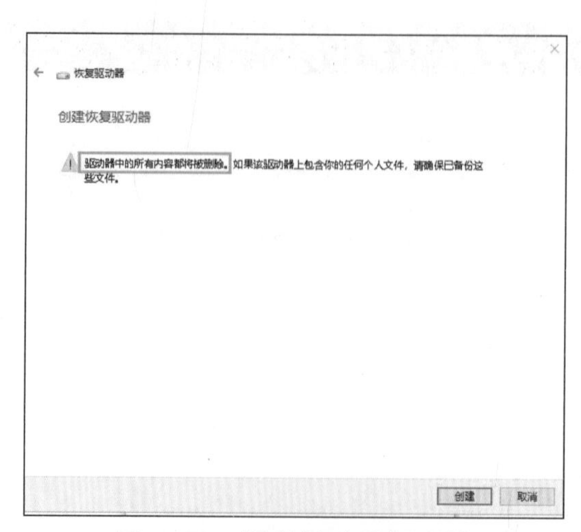

图 3-83　提前转移数据文件

（5）复制过程如图 3-84 所示。

（6）创建完成如图 3-85 所示。

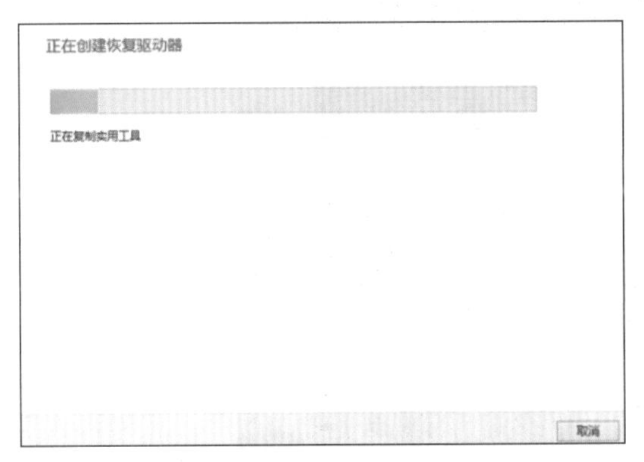

图 3-84　复制过程

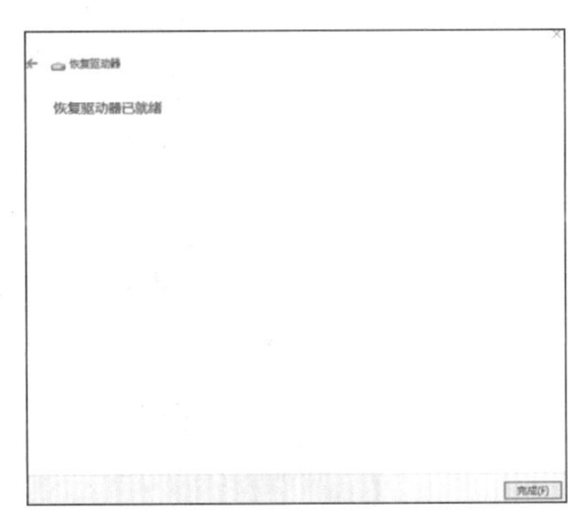

图 3-85　创建完成

知识拓展　国产操作系统介绍（鸿蒙）

国产操作系统鸿蒙是华为公司自主研发的一款操作系统，相信许多网友都想体验一下这个国产的操作系统，但这几年鸿蒙系统一直都在紧锣密鼓地开发、测试、完善中，直到 2019 年年底华为官方才推出鸿蒙系统的开发者工具和搭载鸿蒙系统的模拟器。2020 年年底更是推出了华为旗下的全网通（5G 双卡）P40、全网通版 P40 Pro、Mate30、Mate30（5G）等部分型号的手机申请升级测试版鸿蒙 2.0 系统的活动。没有符合升级的手机就没办法体验这个系统了吗？当然不是，下面给大家分享一个体检鸿蒙系统（见图 3-86）的办法。

鸿蒙官方为了方便开发者为鸿蒙系统开发应用，专门提供了一套开发者工具 HUAWEI DevEco Studio2.0。这套工具包含了鸿蒙系统模拟器，我们可以通过这里的模拟器来体验鸿蒙系统的魅力。首先我们去鸿蒙开发者官网下载安装 HUAWEI DevEco Studio2.0，如图 3-87 所示。

图 3-86　鸿蒙系统

图 3-87　HUAWEI DevEco Studio2.0

安装完后在顶部的菜单栏找到并打开 Tools（工具），找到 HVD Manager，这时会需要登录你的华为账号授权一下，授权成功后将会看到车机、电视、穿戴设备、手机等各种各样搭载着鸿蒙操作系统的模拟器，这时就可以体验各种设备下的鸿蒙操作系统啦！如图 3-88、

图 3-89、图 3-90、图 3-91 所示。

图 3-88　搭载鸿蒙系统的虚拟设备

图 3-89　搭载鸿蒙系统的 TV

图 3-90　搭载鸿蒙系统的手表

图 3-91　搭载鸿蒙系统的手机

2021 年 6 月 2 日华为鸿蒙系统（HarmonyOS）2.0 正式开始在华为手机上搭载，这只是个内测、公测推广的开始。让华为和市场上众多人没想到的是，至 2021 年 8 月 6 日，鸿蒙系统的用户就已超 5 000 万人，平均每秒就有 8 个用户升级！确证鸿蒙系统（HarmonyOS）2.0 必成，最关键的还是已涵盖数十种手机机型，数千万升级用户对系统的反馈是赞美有加，几乎没有发现什么严重的问题。鸿蒙系统，从技术及系统定位、架构角度看，已经不存在大问题。从特色功能、系统性能、体验上看，尽管还有太多真正的新特性尚未完全展示，但已经超越安卓系统，很多方面已可与苹果 iOS 相媲美。

鸿蒙系统可以完美兼容安卓 App，已经把生态打造初期阶段的最大风险消除掉，升级用户毫无担心、有底气。相信随着鸿蒙系统生态的快速打造，鸿蒙生态很快就会完善起来。对如此优秀的国产操作系统，涉及国家安全和国人隐私安全的大事，国家高度重视，各品牌的广大手机用户，也已在热切期待鸿蒙系统。

工作任务 2　安装驱动程序

任务描述

各种各样的计算机硬件设备扩展出了诸多功能，如为计算机添加一台打印机、添加一块显卡，要让这些硬件设备正常工作，还要为其添加“驱动程序”后才能正常运行，下面介绍进入驱动程序的操作方法。

微课：安装驱动程序

任务清单

任务清单如表 3–5 所示。

表 3–5　安装驱动程序

<table>
<tr><td>任务目标</td><td>素质目标：
具有良好的心理素质和责任意识；
养成规范化操作的职业习惯。
知识目标：
了解驱动程序的相关概念；
掌握安装驱动程序的方法；
了解如何查看设备和驱动信息；
熟悉如何在 Windows 10 系统更新驱动。
能力目标：
能够独立正确安装设备驱动程序</td></tr>
<tr><td>任务重难点</td><td>重点：
安装驱动程序的方法；
更新设备驱动的方法。
难点：
常用更新驱动的方法</td></tr>
<tr><td>任务内容 *</td><td>1. 驱动程序的相关概念；
2. 安装驱动程序；
3. 查看设备和驱动信息；
4. Windows 10 系统更新驱动</td></tr>
<tr><td>工具软件</td><td>工具清单：
实训 PC（需要安装好 Windows 10 系统）、常用软件</td></tr>
<tr><td>资源链接</td><td>微课、图例、PPT 课件、实训报告单</td></tr>
</table>

PC 软件服务实训周路径如图 3-92 所示。

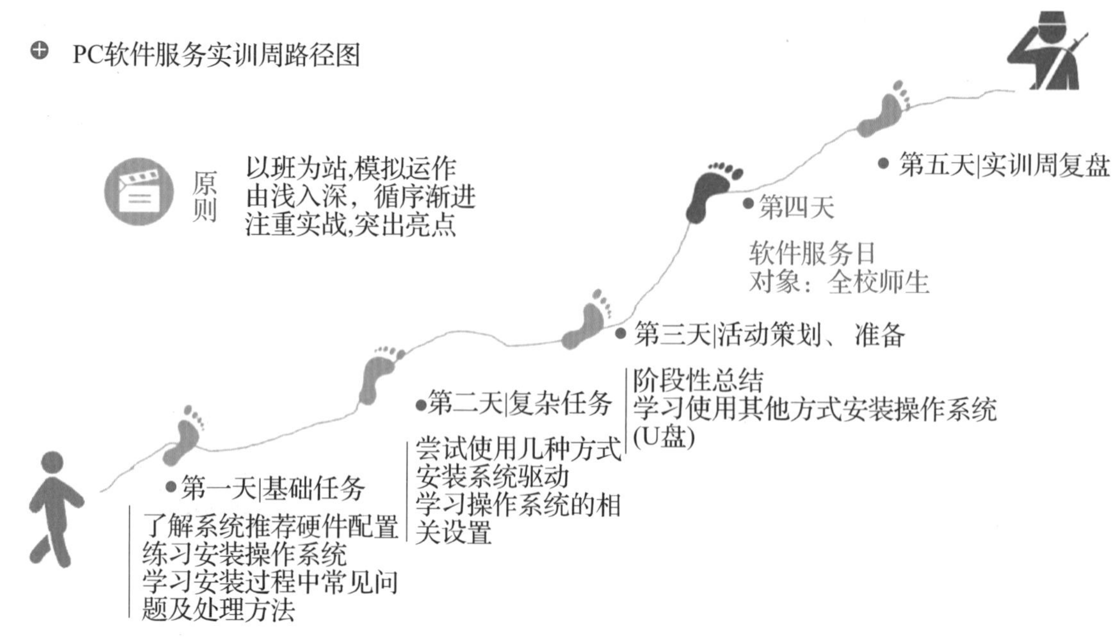

图 3-92　PC 软件服务实训周路径

任务实施

1. 每组提供计算机一台，每台计算机已经预装 Windows 10 系统。

2. 准备如下软件并安装：

（1）驱动精灵；

（2）360 驱动大师。

3. 记录安装和更新结果，完成实训报告。驱动程序安装与更新结果记录表如表3-6所示。

表 3-6　驱动程序安装与更新结果记录表

项目	操作项	详细描述
准备阶段	准备相关关键驱动	根据机器型号及之前确认过的 Windows 10 32 位 /64 位操作系统的信息，在厂商官方网站下载对应的 Windows 10 32 位 /64 位驱动。驱动应包括磁盘驱动（如果有），主板相关驱动，显卡、声卡、读卡器、摄像头等驱动
	查看设备和驱动信息	找到需要安装驱动程序的设备及其型号，获取所需要的驱动程序，可以使用软件如驱动精灵
安装驱动	加载磁盘驱动（根据实际机型情况进行）	插入带有驱动的 U 盘，找到 U 盘中的磁盘驱动文件并加载
	使用工具软件安装驱动程序	利用各种软件工具（360 驱动大师等）来手动安装驱动程序

续表

项目	操作项	详细描述
驱动更新	查看驱动程序版本	打开“设备管理器”，展开查看驱动是否识别正确。如果识别不正常，安装对应的设备驱动，优先安装主板驱动。参考官网网站驱动安装说明进行驱动安装。特别检查显示适配器、声音、视频和游戏控制器、网络适配器的驱动
	Windows 10 系统更新驱动	在“文件资源管理器”中，或者在“设置”中进行更新驱动

3.6 驱动程序的相关概念

成功安装操作系统后，如要为计算机添加某种硬件设备（如打印机），还需要为这个新添加的设备安装相应的“驱动程序”才可使用。那么什么是驱动程序呢?

1. 驱动程序的定义

驱动程序是一种使计算机和设备进行通信的特殊程序，相当于硬件的接口，操作系统只能通过这个接口才能控制硬件设备的工作，若某设备的驱动程序未能正确安装，则不能正常工作。因此，驱动程序在系统中所占的地位十分重要，当操作系统安装完毕后，首先就要进行硬件设备驱动程序的安装。大多数情况下如硬盘、显示器、光驱等则不需要安装驱动程序，而打印机、显卡、声卡、扫描仪、摄像头、Modem 等设备就需要安装驱动程序。另外，不同版本的操作系统对硬件设备的支持也是不同的，版本越高所支持的硬件设备就越多，如使用 Windows 10，U 盘的驱动程序就必须单独安装了。

2. 驱动程序的作用

驱动程序的本质就是软件代码，主要作用是在计算机系统与硬件设备之间完成数据传送的功能，只有借助驱动程序，两者才能通信并完成特定的功能。如果一个硬件设备没有驱动程序只有操作系统是不能发挥其特有功能的，也就是说，驱动程序是介于操作系统与硬件之间的媒介，可实现双向的传达，即将硬件设备本身具有的功能传达给操作系统，同时也将操作系统的标准指令传达给硬件设备，从而实现两者的无缝连接。

从理论上讲，所有的硬件设备都需要安装相应的驱动程序才能正常工作。但像 CPU、内存、主板、软驱、键盘、显示器等设备却并不需要安装驱动程序也可以正常工作，这是为什么呢?

由于这些设备对于计算机来说是必需的，因此早期的设计人员便将这些设备列为 BIOS 能直接支持的。也就是说，上述硬件在安装后，就可以被 BIOS 和操作系统直接支持，不再需要安装驱动程序。从这个角度来说，BIOS 也是一种驱动程序。但是对于其他的硬件，如网卡、声卡、显卡等却必须要安装驱动程序，不然这些硬件就无法正常工作。当然，也并非所有的驱动程序都是对实际硬件进行操作的，如 Android 中的有些驱动程序只提供辅助操作系统的功能。驱动程序的作用如图 3-93 所示。

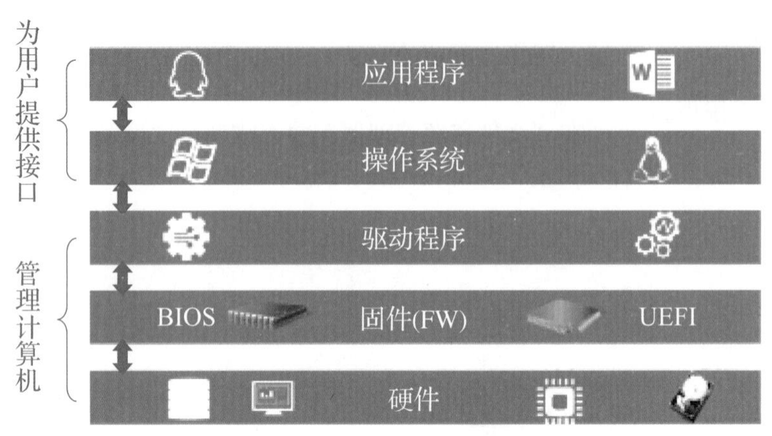

图 3-93 驱动程序的作用

3.7 安装驱动程序

1. 驱动安装和更新的途径（见图 3-94）

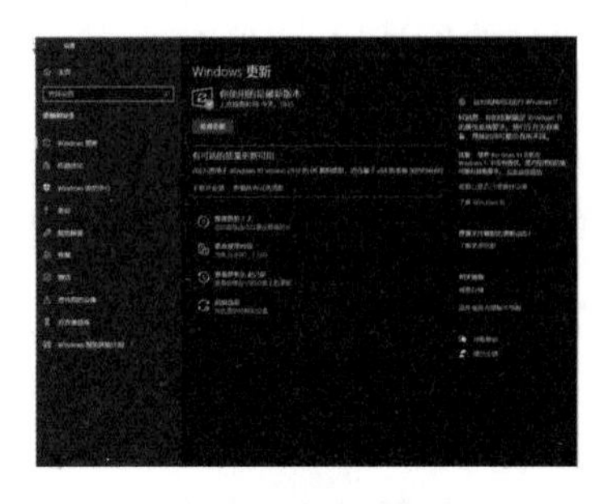

图 3-94 驱动安装和更新的途径

2. 驱动程序的安装步骤

驱动程序安装的一般顺序：主板芯片组（Chipset）→显卡（VGA）→声卡（Audio）→网卡（LAN）→无线网卡（Wireless LAN）→红外线（IR）→触控板（Touchpad）→ PCMCIA 控制器（PCMCIA）→读卡器（Flash Media Reader）→调制解调器（Modem）→其他（如电视卡、CDMA 上网适配器等），若不按顺序安装可能会导致某些软件安装失败。

（1）安装操作系统的 Service Pack（SP）补丁。由于驱动程序直接面对的是操作系统与硬件，因此应该先用 SP 补丁解决操作系统的兼容性问题，才能确保操作系统和驱动程序的无缝合。

（2）安装主板驱动。主板驱动主要用来开启主板芯片组的内置功能及特性，主板驱动里一般是主板识别和管理硬盘的 IDE 驱动程序或补丁，如 Intel 芯片组的 INF 驱动和 VIA 的

4in1 补丁等。如果还包含 AGP 补丁，一定要先安装完 IDE 驱动再安装 AGP 补丁，这一步很重要，它也是造成系统不稳定的直接原因。

（3）安装 DirectX 驱动。这里推荐安装最新版本 DirectX 9.0C。可能有些用户会认为，“我的显卡并不支持 DirectX 9，没有必要安装 DirectX 9.0C”，其实这是个错误的认识，把 DirectX 等同为了 Direct 3D。DirectX 是嵌在操作系统上的应用程序接口（API），它由显示、声音、输入和网络四大部分组成，其中显示部分又分为 Direct Draw（负责 2D 加速）和 Direct 3D（负责 3D 加速），所以说，Direct 3D 只是其中的一小部分而已。而 DirectX 9.0C 不仅改善了显示部分，也能给声音部分（DirectSound）带来更好的声效；输入部分可支持更多的游戏输入设备，可使其充分发挥出最佳状态和全部功能；网络部分（DirectPlay）可增强计算机的网络连接，以提供更多的连接方式。只是因为 DirectX 9.0C 在显示部分的改进比较大，也更引人关注，才忽略了其他部分的功劳，所以安装 DirectX 9.0C 的意义并不仅指显示部分。当然，有兼容性问题就另当别论了。

（4）安装显卡、声卡、网卡、调作解调器等插在主板上的板卡类驱动。

（5）安装打印机、扫描仪、读写机等外设驱动。

上述安装顺序可使系统文件合理搭配，协同工作，充分发挥系统的整体性能。另外，显示器、键盘和鼠标等设备也是有专门驱动程序的，特别是一些品牌比较好的产品。虽然不用安装它们也可以被系统正确识别并使用，但是安装驱动程序后，能增加一些额外的功能，并可提高稳定性和性能。

3. 使用工具安装驱动程序

手动安装驱动程序是一件比较复杂而枯燥的工作。但是通过利用各种软件工具来进行安装（如驱动精灵、360 驱动大师等）就比较简单和高效了。

在 360 官方网站下载“360 驱动大师”后就可以安装驱动程序了，具体方法如下：

（1）打开“360 驱动大师”官网，下载轻巧版，如图 3–95 所示。

图 3–95　打开“360 驱动大师”官网

（2）双击“360 驱动大师”可执行程序，安装“360 驱动大师”，如图 3–96 所示。

图 3-96 安装“360 驱动大师”

（3）扫描检测硬件的驱动程序，如图 3-97 所示。

图 3-97 扫描检测硬件的驱动程序

（4）选择需要更新的驱动程序，然后单击“一键安装”，如图 3-98 所示。

图 3-98 选择需要更新的驱动程序

（5）自动备份，下载驱动和安装驱动程序，如图 3–99 所示。

图 3–99　下载驱动和安装驱动程序

（6）重新检测让你更直观了解电脑驱动的状态，如图 3–100 所示。

图 3–100　重新检测

直通职场　查看设备和驱动信息

故障现象： 客户反映，操作系统安装完成后，仍有可能还有少部分设备的驱动程序需要手工安装。

故障解析： 当像 Windows 这样的操作系统安装完成后，部分设备的驱动程序已经自行安装完毕，但仍有可能还有少部分设备的驱动程序需要手工安装，这是因为操作系统很难对其发行后新出现的设备进行识别。此时，用户就需要找出哪些设备需要手工安装驱动程序。

解决方案：

1. 找到需要安装驱动程序的设备及其型号

以 Windows 10 为例，可通过单击“控制面板”→“设备管理器”（查看方式：“大图标”或“小图标”）来查看驱动程序安装情况，如图 3-101 所示。

在如图 3-102 所示的界面中来检查有哪些设备需要手工安装驱动程序。

图 3-101　设备管理器

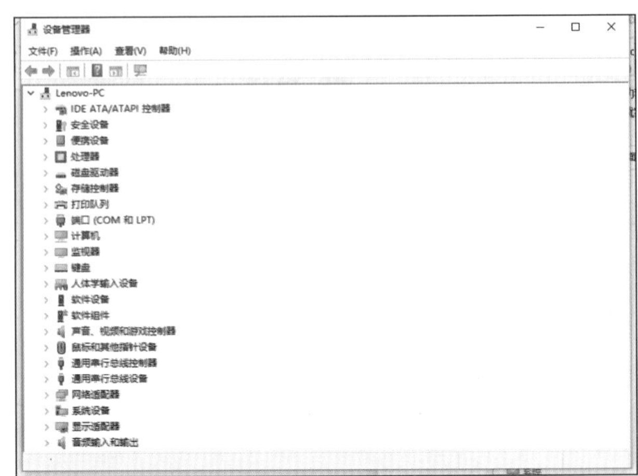

图 3-102　检查设备

2. 获取所需要的驱动程序

在“设备管理器”中，用户找到了没有正确安装驱动配序的设备之后就需要为这些设备安装与其型号完全一致的设备驱动程序。各用户的情况不一样，获得相应驱动程序的渠道也不一致，主要分以下几种情况：

（1）带有配套驱动程序光盘的计算机。

针对拥有收动程序光盘的用户，品牌机可找出购买计算机时该计算机的驱动程序光盘，组装计算机可找出主板、显卡、声卡等设备的驱动程序光盘。这些光盘中一般都有自动安装的功能，只要将驱动程序光盘放入计算机的光盘驱动器，并安装相应的驱动程序即可。少数不能自动安装的光盘，需要手工打开光盘中的内容，找到设备对应操作系统版本的驱动程序文件夹，执行其中的安装程序即可。

（2）可以知道型号的品牌机或板卡，但没有适合的驱动程序光盘。

当不能找出当时购买计算机时随机附带的驱动程序光盘时，或是原来的驱动光盘不适合新的操作系统时，就需要通过其他途径获取驱动程序了。最方便的就是借助互联网来下载硬件设备的驱动程序。

品牌机可以通过对计算机主机机身的观察，找到型号标贴。台式机的型号标贴一般在主机的背板或机身侧面。笔记本的型号标贴一般在键盘触控板两侧。而主板型号可以在主板包装盒、主板说明书等处找到。产品型号就是在设备生产厂商官网搜寻驱动程序的关键。

（3）未知品牌型号的计算机或板卡，或设备官网未提供配套驱动程序下载。

如果所使用的计算机无法从机箱、外观、包装等处找到规格型号，那么用户还可以通过打开机箱找到相关板卡的规格型号，如果仍然无法了解板卡的规格型号，还可以观察某设备的主控芯片型号，用户可以通过设备的主控芯片型号在互联网中搜索该设备的驱动程序。

（4）既不知道计算机或板卡品牌型号，又看不懂板卡上的芯片规格型号。

通过主控芯片型号来获取驱动程序，基本上可以找到所需要的驱动程序。但是实际应用中，总是会遇到主机不方便拆开，或是即使拆开也不方便查找主控芯片等各种各样的困难。所以，用户也可以使用“驱动精灵”“驱动人生”等专业的驱动管理软件。这些软件可以实现智能检测硬件并自动查找最匹配的驱动程序进行安装，且为用户提供最新驱动更新、本机驱动备份、还原和卸载等功能。

图 3-103 所示为“驱动精灵”界面，其软件界面清晰、操作简单、设置人性化，大大方便用户管理驱动程序。这类智能驱动管理软件往往还配备了万能网卡版，这样用户安装了智能驱动管理软件后，会自动识别网卡，先使网卡工作起来，随后再下载其他硬件设备的驱动程序。“驱动精灵”界面如图 3-103 所示。

图 3-103 “驱动精灵”界面

提示:在上述几种方案中，后三种均需该计算机接入 Internet，且网络接入设备（如网卡）已安装驱动程序，并工作正常。否则需借助其他计算机从 Internet 中下载后再复制到该计算机中。

3. 驱动程序版本

使用计算机时，特别需要关注驱动程序的版本。硬件设备的驱动程序会针对不同的操作版本，这是因为不同的操作系统有不同的接口对接驱动程序以驱动具体的硬件设备。如设备驱动程序总会注明 for Windows 2000/XP，for Windows 7 32bit，for Linux 等，不同的操作系统需要安装与其对应的驱动程序版本。

此外，即使是同一个操作系统的驱动程序，也会有正式版、认证版、测试版等多种版本之分。官方正式版驱动是按照芯片厂商的设计研发，经过反复测试、修正，最终通过官方渠道发布出来的正式版驱动程序。常说的 WHQL 认证版就是微软对各硬件厂商驱动的一个认证，通过了 WHQL 认证的驱动程序与 Windows 系统基本上不存在兼容性的问题。所谓测试版驱动程序，是指处于测试阶段，还没有正式发布的驱动程序。但也往往具备更好的性能或更丰富的可调节性。从使用计算机的角度看，用户应注重使用稳定可靠的驱动程序，所以应优先使用正式版或认证版，而未必使用最新的驱动程序版本。

知识拓展 Windows 10系统更新驱动

现在，不少朋友都已经将电脑系统升级到了 Windows 10 正式版。不过，他们表示不知道在 Windows 10 系统中更新驱动至最新版，这该怎么办呢？下面，给大家分享一种更新驱动的方法。具体如下：

（1）单击电脑下方的开始菜单，右击“文件资源管理器”。开始菜单如图 3–104 所示。

（2）选中列表中的“管理”。列表中的“管理”如图 3–105 所示。

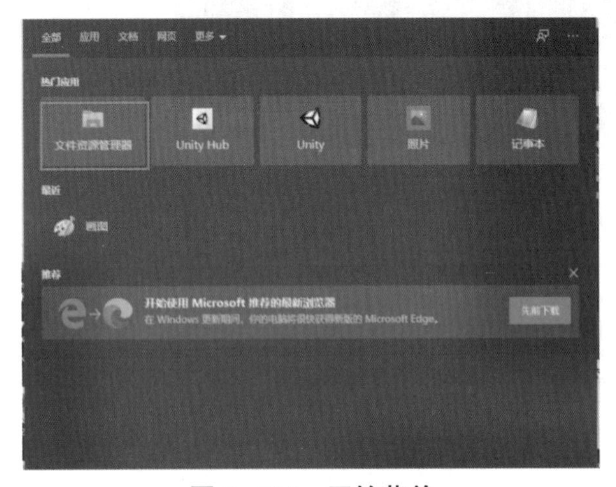

图 3–104　开始菜单

图 3–105　列表中的“管理”

（3）之后，出现了“计算机管理”窗口。“计算机管理”窗口如图 3–106 所示。

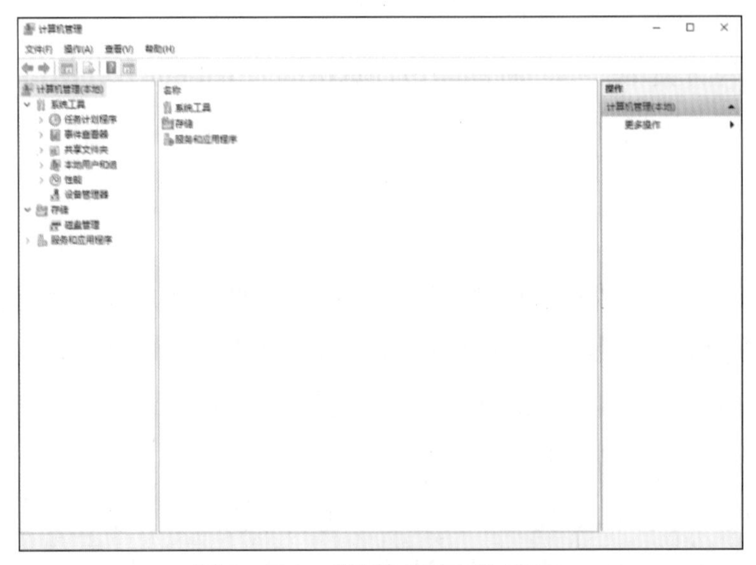

图 3–106　“计算机管理”窗口

（4）单击左边列表的“设备管理器”。设备管理器如图 3–107 所示。

（5）再单击列表中的“网络适配器”。网络适配器如图 3–108 所示。

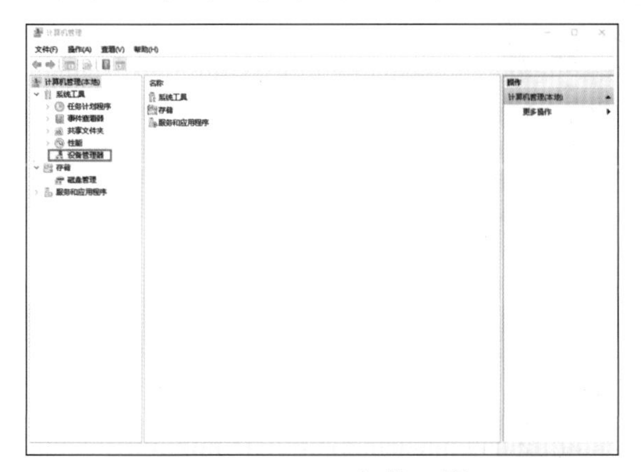

图 3–107 设备管理器

图 3–108 网络适配器

（6）找到“Realtek PCIe GBE Family Controller”，右击它，单击“更新驱动程序软件”，如图 3–109 所示。

（7）单击“自动搜索更新的驱动程序软件”，如图 3–110 所示。

图 3–109 更新驱动程序软件

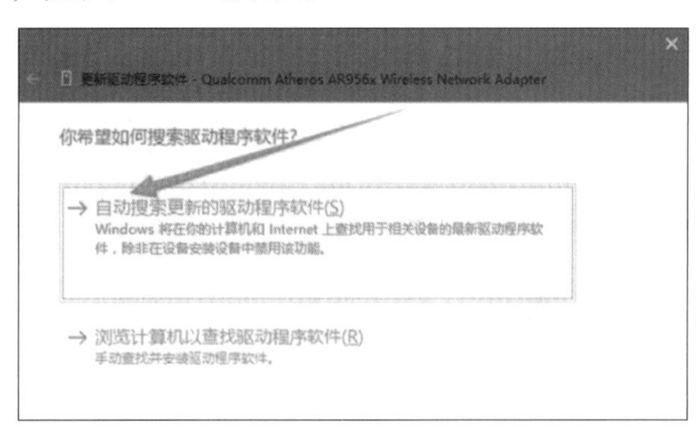

图 3–110 自动搜索更新的驱动程序软件

（8）接着，便开始自动搜索最新的驱动程序，如图 3–111 所示。

（9）等一会儿就会出来结果。如图 3–112 所示。

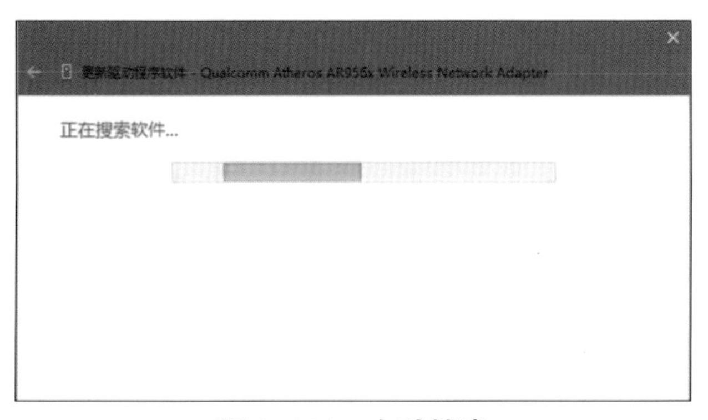

图 3–111 自动搜索

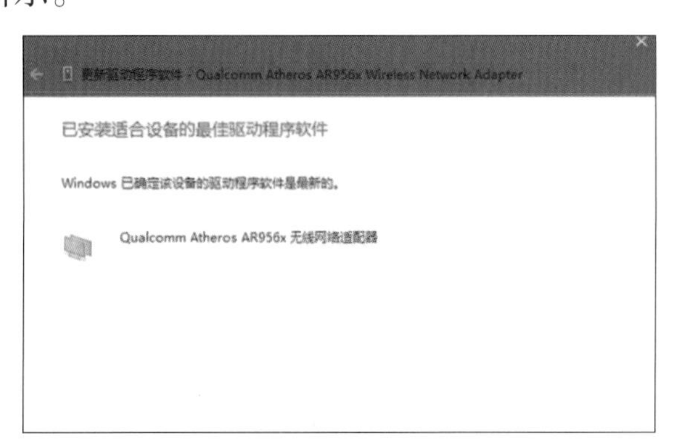

图 3–112 结果显示

（10）还有一种方法，单击开始菜单，再单击“设置”按钮，如图 3–113 所示。

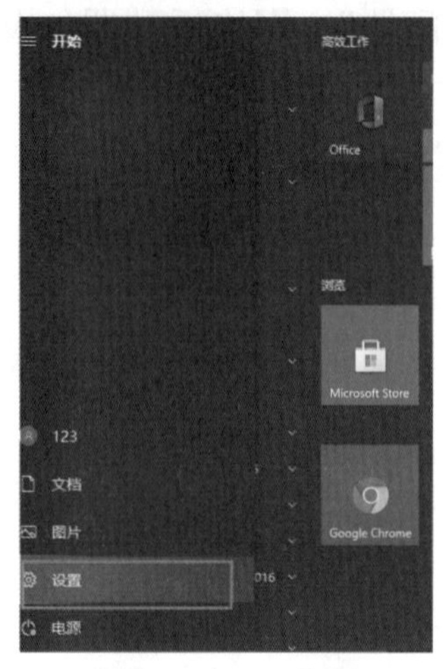

图 3–113　设置

（11）单击界面中的“更新和安全”，如图 3–114 所示。

图 3–114　更新和安全

（12）单击左边列表中的“Windows 更新”，在右侧就会有一个“检查更新”的按钮，如图 3–115 所示。

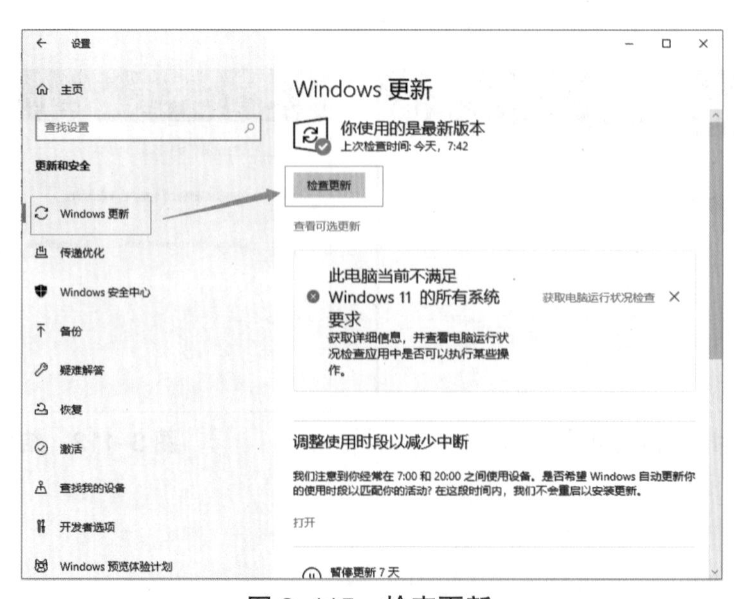

图 3–115　检查更新

（13）之后，就开始了检测更新。过一会儿就会出来结果，如果有新的驱动就会要我们下载并且安装。

达标检测

一、选择题

1. 下列关于 BIOS 的说法中，正确的选项是（ ）。

A. BIOS 是基本输入 / 输出系统

B. BIOS 是被固化在主板上的可读写存储器中的一组程序

C. BIOS 中的数据断电后就会丢失

D. BIOS 可以设置参数并存储数据

2. 关于 BIOS 的设置，下列描述中错误的是（ ）。

A. 计算机启动时，按“Del”键或“F2”键可以进入 Phoenix BIOS 主界面

B. 大部分 BIOS 都不支持鼠标和键盘操作

C. BIOS 超级用户密码可以查看并修改 BIOS 设置

D. BIOS 启动顺序设置之后就无法更改了

3. 在 BIOS 设置中，在（ ）选项中可以进行启动顺序的设置。

A. Main　B. Advanced　C. Boot　D. Security

4. 利用 Ghost 软件制作的硬盘分区镜像文件的扩展名为（ ）。

A. EXE　B. GST　C. GHO　D. BAK

5. 关于操作系统，下列说法中错误的是（ ）。

A. 操作系统是一个软件，处于硬件与应用软件之间，它既管理计算机硬件资源，又控制应用软件的运行，并且为用户提供交互操作界面

B. 按照源码开放与否，可将操作系统分为开源操作系统和闭源操作系统

C. 用户一般可使用的操作系统只有 Windows 操作系统

D. 操作系统的全新安装是指在硬盘中没有任何操作系统的情况下安装操作系统

6. 下列说法中不正确的一项是（ ）。

A. 使用盗版操作系统涉嫌违法

B. 使用盗版操作系统导致个人信息不安全

C. 盗版系统和正版系统无差别

D. 使用 Ghost 安装操作系统是安全的

7. 关于操作系统的下列说法中正确的一项是（ ）。

A. 提供人机交互的平台

B. 管理计算机硬件和软件资源

C. 没有操作系统的计算机不能正常使用

D. 以上都对

8. 关于驱动程序，下列说法中错误的是（　　）。

A. 操作系统必须通过驱动程序才能控制硬件设备进行工作

B. 驱动程序可以初始化硬件设备

C. 驱动程序可以完善硬件性能

D. 计算机外部设备不需要安装驱动程序

9. 下列哪一个版本的驱动程序性能无法得到保证？（　　）

A. 官方认证版驱动　　B. 测试版驱动

C. 微软 WHQL 认证版　　D. 第三方驱动

10. 关于 Windows 10 操作系统，下列说法中错误的是（　　）。

A. Windows 10 操作系统重新添加了“开始”菜单

B. Windows 10 操作系统内置了人工智能机器人 Edge

C. Windows 10 操作系统支持虚拟桌面

D. Windows 10 操作系统增加了通知中心，方便用户及时接收消息

11.（　　）不是预装 Windows 10 系统正常激活的必要条件。

A. 出厂包含 Windows 10 授权

B. 如更换硬盘必须申请与出厂相同大小厂商的硬盘

C. 系统版本必须与出厂系统版本一致

D. 如更换主板，必须申请与出厂系统版本完全一致的主板

12. 在下载驱动时，下面说法中错误的是（　　）。

A. 通过主机编号下载　　B. 通过型号下载

C. 通过驱动管理软件下载　　D. 只能通过 ID 匹配查询

二、综合应用

1. 请在自己的计算机上尝试 BIOS 的设置。

2. 如何制作一个 U 盘启动盘？

3. 请自己尝试安装 Windows 10 操作系统。

4. 如何备份 Windows 10 的操作系统？

5. 请自己尝试安装驱动程序。

学习领域四

简单家庭网络设置

知识导图

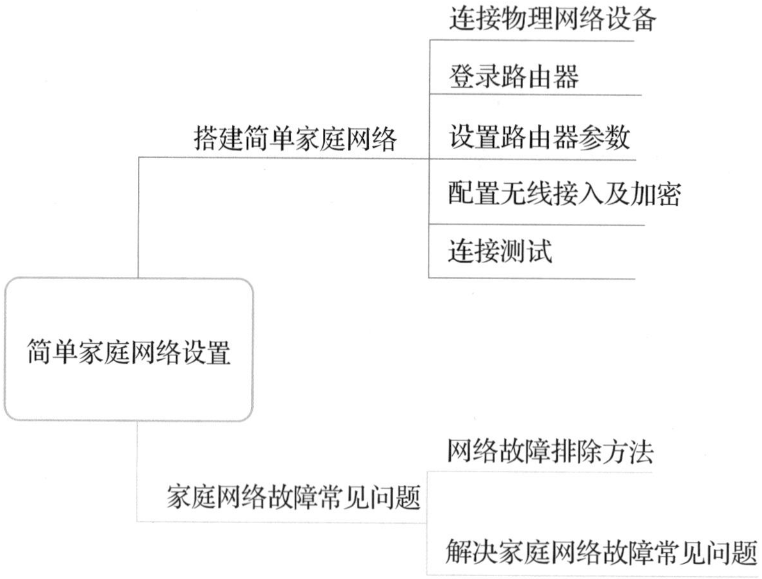

- 简单家庭网络设置
  - 搭建简单家庭网络
    - 连接物理网络设备
    - 登录路由器
    - 设置路由器参数
    - 配置无线接入及加密
    - 连接测试
  - 家庭网络故障常见问题
    - 网络故障排除方法
    - 解决家庭网络故障常见问题

工作任务 1　搭建简单家庭网络

任务描述

计算机只有接入 Internet 才能发挥作用，使用户更充分地享受网络中无穷无尽的资源。ADSL 宽带接入技术目前已经成为我国中小客户最流行、应用最广泛的一种联网方式，越来越多想要上网冲浪、享受高速带宽的网友们将 ADSL 作为家庭上网接入的首选。

对于 ADSL 上网，第一次使用时基本上都是由 Internet 服务提供商派人来上门安装。如果以后由于各种原因需要用户自己安装该怎么办呢？其实 ADSL 的安装并不复杂，下面我们来学习其安装过程。

本任务为将一个家庭中的一台计算机，通过一台宽带路由器、一台 ADSL Modem 设备，连接到 Internet 网络，搭建简单家庭网络，笔记本电脑和手机通过无线方式连接该家庭网络，实现 Internet 的共享。通过本任务的学习，学生能够掌握网络组各设备之间的连接方法，学会搭建简单家庭网络，如图 4–1 所示。

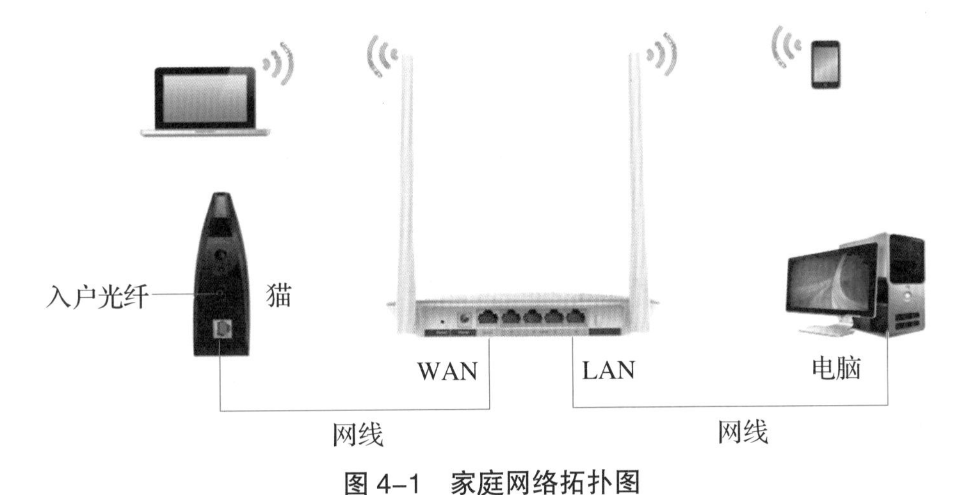

图 4–1　家庭网络拓扑图

任务清单

任务清单如表 4–1 所示。

表 4-1 搭建简单家庭网络

任务目标	素质目标: 具有良好的团队合作和责任意识; 具有认真仔细的工作态度与强烈的安全生产意识。 知识目标: 掌握家庭网络设备间的连接方法; 掌握路由器的登录和设置方法; 了解无线路由器的接入和加密方法。 能力目标: 能分组完成简单家庭网络的搭建
任务重难点	重点: 掌握搭建简单家庭网络的步骤; 了解双绞线的制作方法。 难点: 家庭网络布局与设计
任务内容	1. 连接物理设备; 2. 登录路由器; 3. 设置路由器参数; 4. 配置无线接入及加密; 5. 连接测试
工具软件	PC 机 1 台、宽带路由器 1 台、ADSL Modem 1 台、笔记本电脑 1 台、智能手机 1 台、双绞线 2 根、家庭网络搭建结果记录表
资源链接	微课、图例、PPT 课件、实训报告单

任务实施

(1)分工分组。

3 人 1 组进行演练，组内每人轮流完成一次场景演练。

工程师 1 人：负责完成家庭网络搭建的各项步骤。

记录员 1 人：负责对照记录表进行家庭网络搭建结果记录，并提交记录表。

摄像 1 人：负责对演练全程记录。

(2)按照技术规范进行面对面交互演练，10 min 内完成，提交结果记录表，根据视频及记录结果互评。

(3)每组提供如下设备:

①计算机 1 台，Windows 10 系统。

②路由器 1 台。

③ADSL Modem 1 台。

④笔记本电脑 1 台。

⑤智能手机 1 台。

⑥双绞线 2 根。

（4）填写表 4–2，记录家庭网络搭建步骤，完成实训报告。

表 4–2　家庭网络搭建结果记录表

部件	完成结果
连接物理设备	
登录路由器	
设置路由器参数	
配置无线接入及加密	
连接测试	

知识链接

4.1　连接物理网络设备

根据物理结构设计图，完成路由器与 ADSL Modem 设备、PC 机的连接，路由器的 WAN 口用双绞线接 ADSL Modem 的网线接口，LAN 口用双绞线接计算机网卡的 RJ–45 接口，如图 4–2 所示。

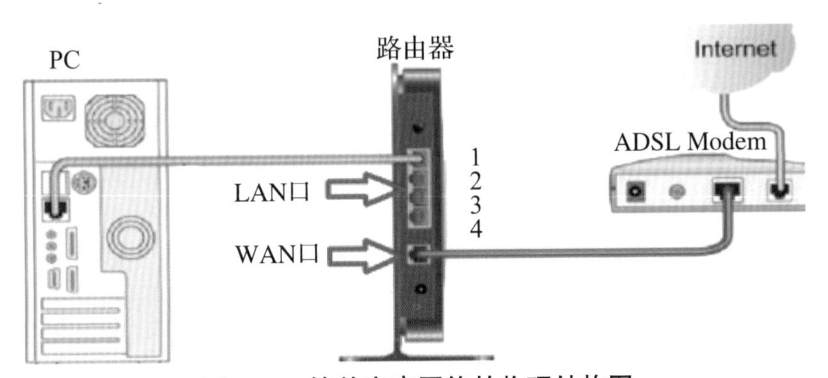

图 4–2　简单家庭网络的物理结构图

4.2　登录路由器

打开浏览器，输入路由器的管理地址，例如：192.168.1.1，正常情况下会打开一个路由器管理登录页面，在弹出登录框中输入路由器登录用户名与密码，如图 4–3 所示。

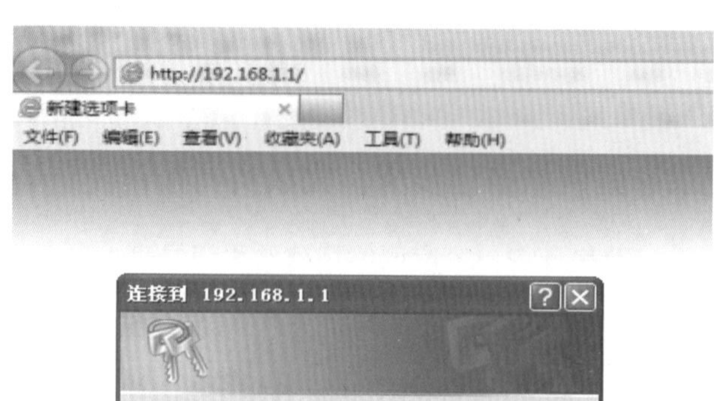

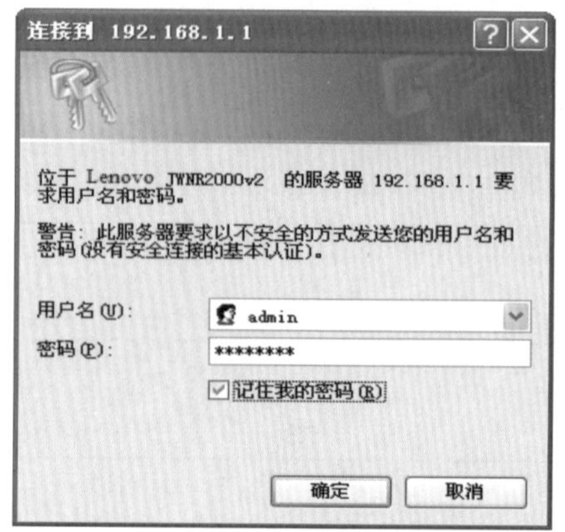

图 4-3 路由器登录界面

4.3 设置路由器参数

1. 设置 WAN 口参数

根据网络实际情况，选择 WAN 口正确的连接类型。如果 PC 上网前需要通过 ADSL Modem 拨号上网，则选择 PPPoE 方式，并输入 ISP 服务商提供的宽带接入账号及密码，单击连接，如图 4-4 所示。

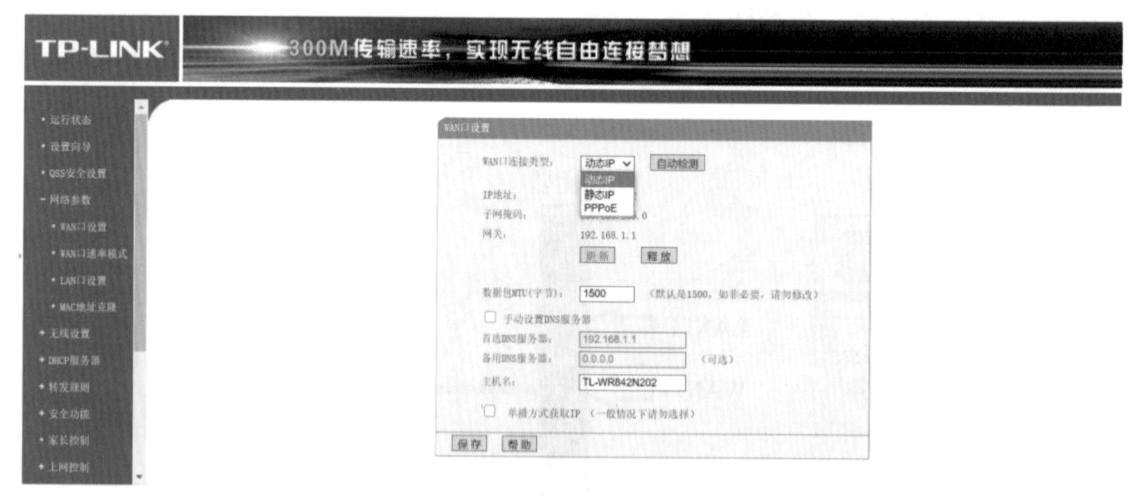

图 4-4 路由器 WAN 口参数设置

2. 设置 LAN 口参数

单击左侧的 LAN 口设置，在页面中根据需要调整 LAN 口的 IP 地址，此地址即为路由器的管理地址，修改后如 PC 端与路由器的管理地址不在同一网段内，将会导致当前管理 PC 与路由连接中断，需要手动将我们 PC 的 IP 地址再次调整到与路由管理地址同一网段内，才能重新登录进行管理。这里填入路由器的 IP 地址和子网掩码，如图 4-5 所示。

图 4-5　路由器 LAN 口参数设置

4.4　配置无线接入及加密

（1）单击左侧的“无线设置”→“基本设置”，打开无线设置窗口，如图 4-6 所示。

图 4-6　无线网络基本设置

SSID 是接入点名称，一般用于区分、标识不同热点的无线信号。信道则是定义无线通信的通信应采用的通道，默认值是自动，如果周边信道干扰过大，可以手动进行调整。无线模式则是定义无线接入标准速度，频段带宽则用于定义高速连接优先还是高穿透力优先，通常保留默认值即可。最后保证下方的开启无线功能与开启 SSID 广播均处于勾选状态，单击“保存”。

（2）单击图 4-6 左侧的“无线安全设置”，打开设置窗口，为无线接入设置一个加密方式及密码，因 WEP 与 WA1 加密模式较容易被破解，WPA2 需要专用的加密服务器，为了安全和便捷我们建议选择 WPA-PSK/WPA2-PSK 加密方式，并为其定义一个密码。密码设定后即可完成无线网络加密的设置，如图 4-7 所示。

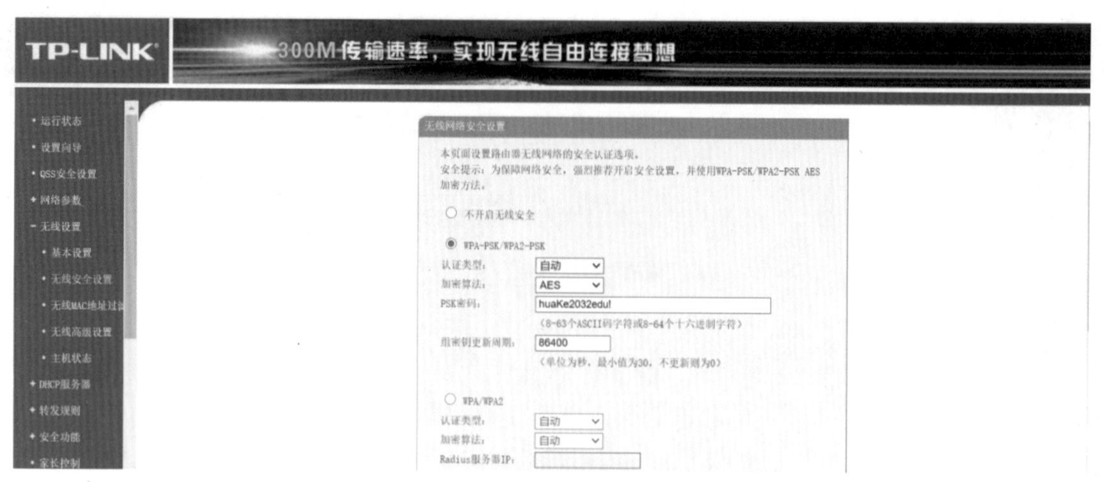

图 4–7　无线网络安全设置

（3）单击左侧 DHCP 服务，实现 DHCP 服务的自动分配 IP 地址的功能。打开设置窗口，如图 4–8 所示。

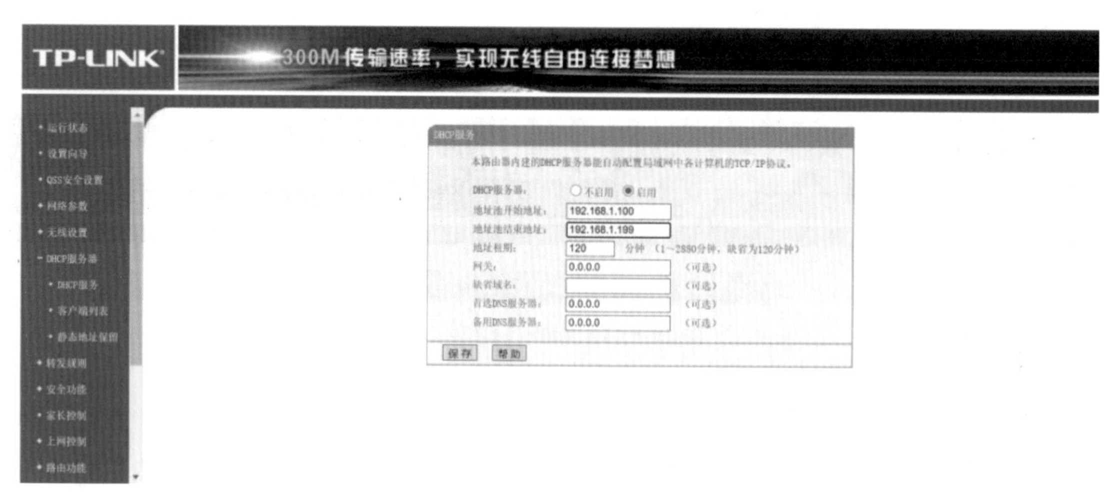

图 4–8　DCHP 服务器配置

在右侧选择启用 DHCP 服务器，并设置好开始及结束的 IP 地址池。需要注意的是，此处设置的地址需要与路由器 LAN 口的管理地址处于同一网段内，如果前面把 LAN 口设为 192.168.1.1，则此处开始及结束地址默认会变更为 192.168.1.100~192.168.1.199，其他设置均保留默认值即可。设置完成后，当有机器通过有线或者无线方式接入此路由器，且 IP 为自动获取状态，则路由器会从我们事先定义的地址池中分配一个空闲的 IP 地址给该客户端，以满足网络访问的需求。

4.5　连接测试

1. 计算机连接外网

（1）打开计算机的“网络连接”窗口，右键单击“本地连接”，选择“属性”命令，打开“本地连接 2 属性”对话框，双击“Internet 协议版本 4（TCP/IPv4）”，选择“自动获得 IP 地址”和“自动获得 DNS 服务器地址（B）”，如图 4–9 所示。

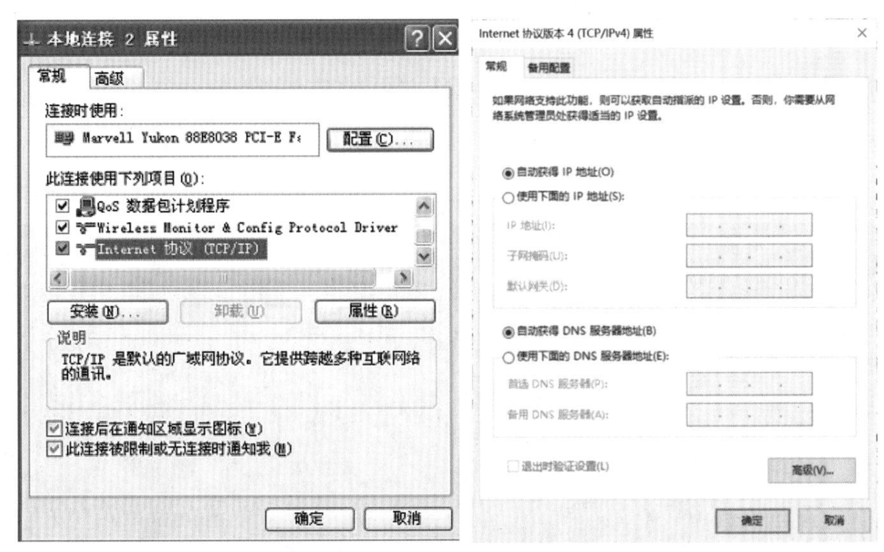

图 4–9　自动获取 IP 地址

（2）首先单击 Windows 10 系统左下角的开始菜单，然后单击进入“设置”，打开设置之后，再单击进入“网络和 Internet”设置，如图 4–10 所示。

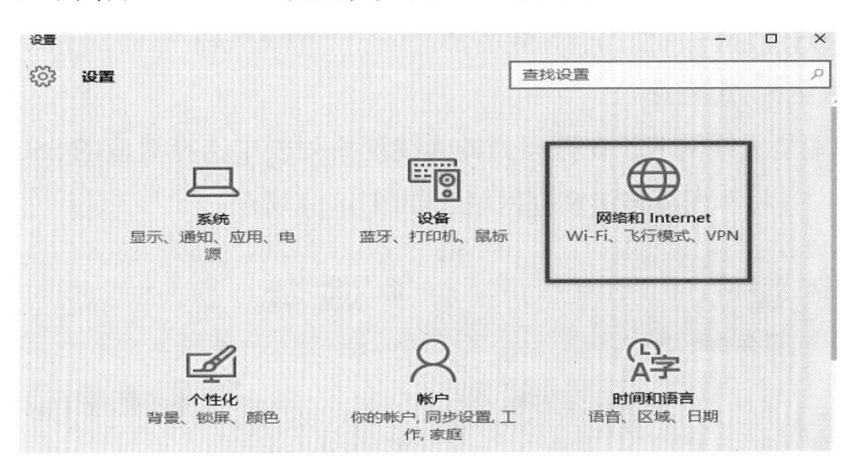

图 4–10　网络和 Internet 设置界面

（3）在网络设置中，先单击左侧的“WLAN”无线设置，然后在右侧下拉，单击“管理 Wi–Fi 设置”，如图 4–11 所示。

（4）接下来在“管理 Wi–Fi 设置”中，单击需要共享的 Wi–Fi 无线网络名称，之后下面会弹出“共享”“取消”选项，这里直接单击“共享”，进行 Wi–Fi 密码确认，如图 4–12 所示。

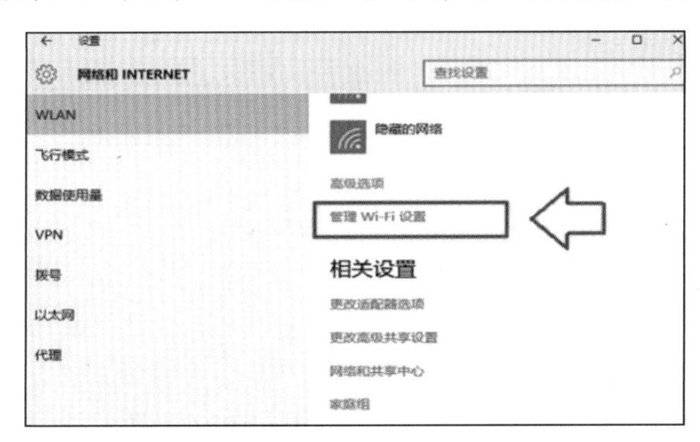

图 4–11　管理 Wi–Fi 设置界面

图 4–12　Wi–Fi 密码确认界面

（5）访问外网。

使用命令行界面用 ping 命令去测试与易网主页的连通状态，得到连通正常的提示，如图 4–13 所示。

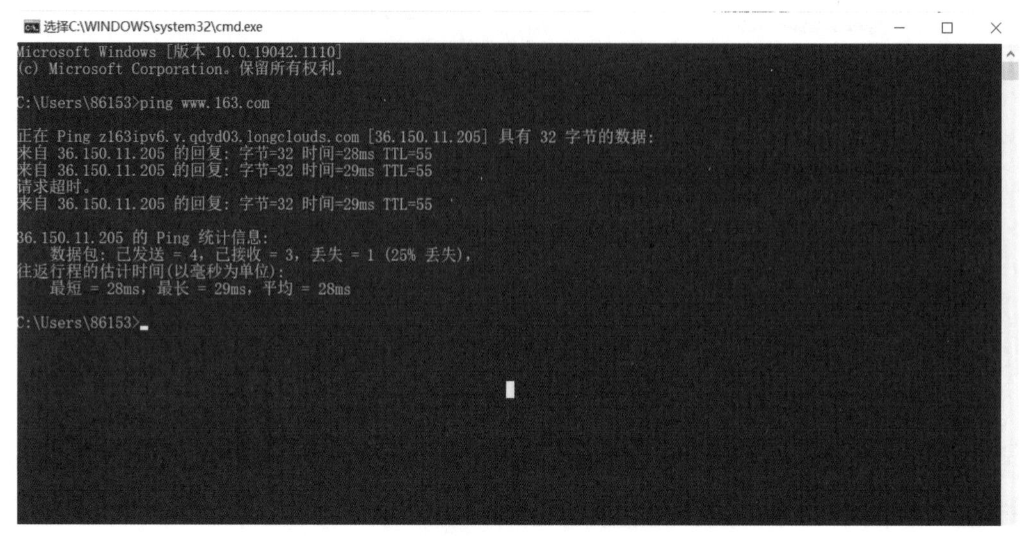

图 4–13　ping 易网主页连通正常提示

2. 笔记本电脑无线连接

笔记本客户端是无线网卡，在搜索到的无线网络列表中选择对应的 SSID 名称，输入无线密码后，单击“连接”即可连接家庭网络，如图 4–14 所示。

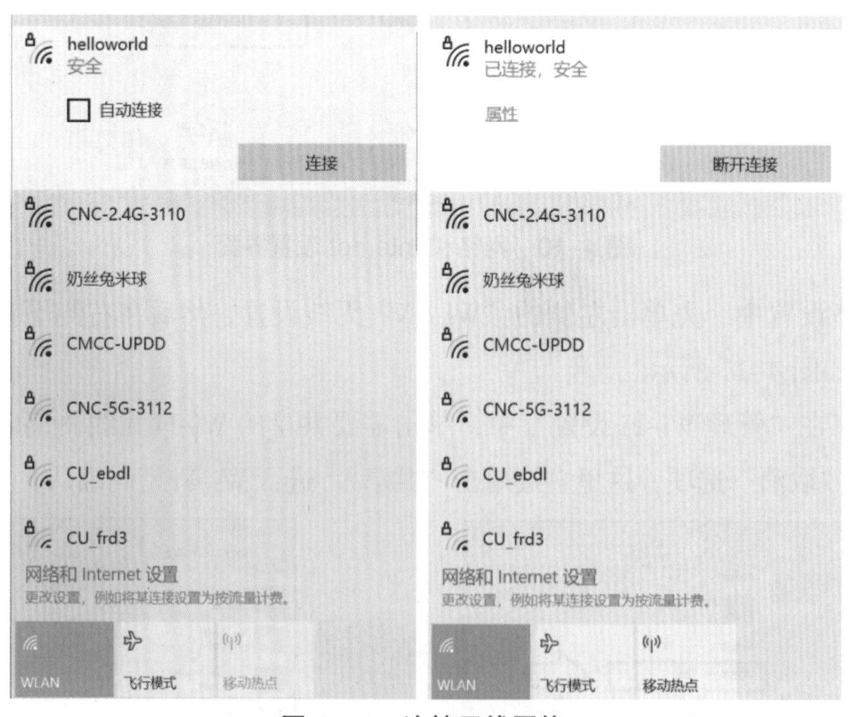

图 4–14　连接无线网络

3. 手机宽带移动接入

在手机应用中选择“设置”，选择“无线网络”或“WLAN”，在弹出的网络列表中选择需要的网络，并输入无线密码，即可连接家庭网络，如图 4–15 所示。

图 4-15　连接无线网络

直通职场　怎样解决路由器端口不够用的情况?

问题：路由器一般有 5 个端口，其中一个为 WAN 端口，与宽带线相连接，其他四个端口是用来连接客户端电脑的，也就是说一个路由器最多可支持 4 台电脑共享上网，那么要实现更多电脑共享这一根宽带线上网，该怎么办呢?

分析：

1. 路由器和交换机的定义

交换机（Network Switch）是一个扩大网络的设备，能为子网提供更多的连接端口，以便连接更多的电脑。交换机工作于 OSI 参考模型的第二层，即数据链路层。交换机内部的 CPU 会在每个端口成功连接时，通过 ARP 协议学习它的 MAC 地址，保存成一张 ARP 表。在今后的通信中，发往该 MAC 地址的数据包将仅送往其对应的端口，而不是所有的端口。

路由器（又称路径器）是一种计算机网络设备，提供了路由与转送两种重要机制，可以决定数据包从来源端到目的端所经过的路由路径（host 到 host 之间的传输路径），这个过程称为路由。将路由器输入端的数据包移送至适当的路由器输出端（在路由器内部进行），这称为转送。路由工作在 OSI 模型的第三层即网络层。路由器是互联网的主要结点设备，也通常是家庭网络连接 Internet 网络的必备设备。

2. 路由器和交换机的区别

交换机和路由器的使用中最大的区别是路由器内部可实现拨号上网，然后通过共享给多台电脑同时上网，而交换机内部不具有拨号功能，但交换机的作用是将网络信号分流，以实现更多电脑连接共享上网。

（1）工作层次不同。

交换机工作在第二层数据链路层，路由器工作在第三层网络层。网络层提供了更多的协议信息，方便路由器做出更加智能的转发选择。

（2）数据转发所依据的对象不同。

交换机是利用物理地址或者说 MAC 地址来确定转发数据的目的地址。而路由器则是利用不同网络的 IP 地址来确定数据转发的地址。MAC 一般被固化在网卡中，不可更改。而 IP 地址可以被系统或网络管理员进行设置和分配。

（3）转发广播数据包的域不同。

被交换机连接起来的网络属于同一广播域，广播数据包会在网络内所有网段上进行传播。连接在路由器上的网段则被分区为不同广播域，广播数据包只在各自广播域内传播而无法穿透路由器。路由器的这种子网隔离功能可以在一定程度上防止广播风暴。

解决方案:

交换机一般拥有至少 8 个以上端口，我们只需要用路由器中 1~4 个端口中的其中一根端口将网线与交换机任意端口连接，交换机其他端口就又可以连接很多电脑实现上网了，这么一来一根网线通过路由器结合交换机连接就可以远远实现大于 4 个人共享上网了，交换机在这里的作用相当于增加网线端口，可以理解为分流，一个变多个端口。

知识拓展　制作双绞线水晶接头

1. 双绞线制作材料

（1）用于制作 RJ-45 的网线钳一个，半米长左右的网线一根。

（2）水晶头若干。

（3）测线仪一套。

2. 制作双绞线步骤

（1）取一段网线，将双绞线两端的电缆套管除去 2~3 cm，露出内部的 8 根线缆，有一些双绞线内部有一条尼龙绳，如果觉得裸露出的部分太短，而不利于制作 RJ-45 接头，则可以紧握双绞线外皮，再捏住尼龙线往外皮的下方剥开，就可以得到较长的裸露线，如图 4-16 所示。

图 4-16　非屏蔽双绞线

（2）将内部的 8 根线分别展开，并按标准进行排序，EIA/TIA 568A 标准的线序依次为白绿、绿、白橙、蓝、白蓝、橙、白棕、棕，EIA/TIA 568B 标准的线序依次为白橙、橙、白绿、蓝、白蓝、绿、白棕、棕，其标号如表 4-3 所示，直通线和交叉线的连接方式和应用场合如表 4-4 所示。

表 4-3　EIA/TIA 568A/TIA 568B 标准

双绞线线序	1	2	3	4	5	6	7	8
568A	白绿	绿	白橙	蓝	白蓝	橙	白棕	棕
568B	白橙	橙	白绿	蓝	白蓝	绿	白棕	棕

表 4-4　双绞线和交叉线的连接方式和应用场合

线序方式	连接方式	应用场合
直通线	568A–568A 568B–568B	一般用来连接两个不同类型的设备或端口，如计算机 – 集线器、计算机 – 交换机
交叉线	568A–568B	一般用来连接两个性质相同的设备或端口，如计算机 – 计算机，路由器 – 路由器

（3）制作直通线：将两端均按照 568B 的标准排序完成后，将网线头修剪整齐，大概露出，保持水晶头铜片向上，将网线插入，确定双绞线的每根线按正确顺序放置，确保插入到底部并从侧面仔细查看每根线是否进入到水晶头的底部位置，如图 4–17 所示。

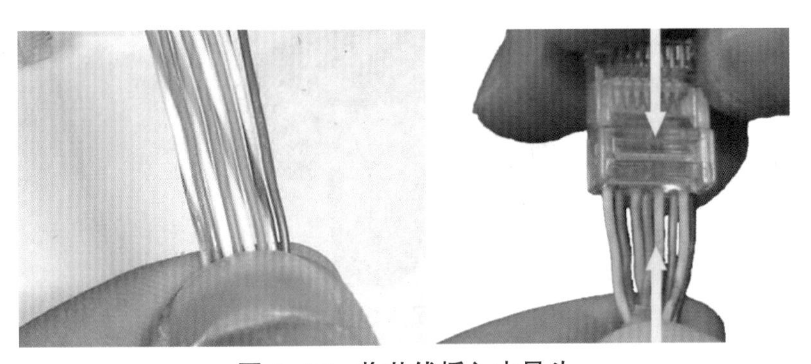

图 4–17　将芯线插入水晶头

用网线钳压接 RJ–45 接头，把水晶头里的八块小铜片压下去后，使每一块铜片的尖角都触到一根铜线，网线两端在确定所有导线到位、线序无误后，一手固定水晶头与刚送入的线缆位置，将水晶头放入压线钳的压线槽中，双手紧握压线钳的手柄，用力压紧，如图 4–18 所示。完成后，插头的 8 个针脚接触点就穿过导线的绝缘外层，分别和 8 根导线紧紧地压接在一起，如图 4–19 所示，网线两端均按照此制作即可。

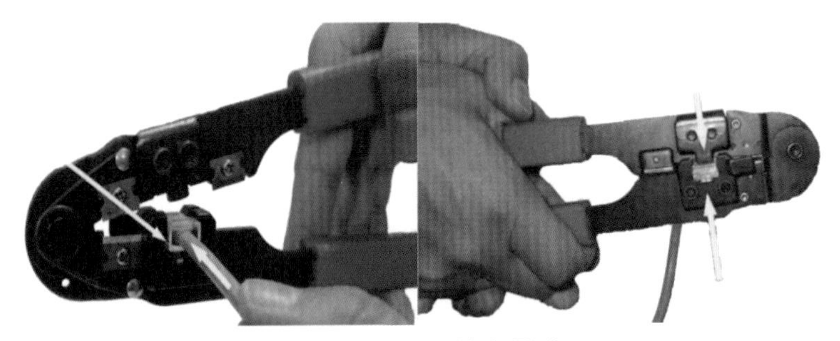

图 4–18　压制水晶头

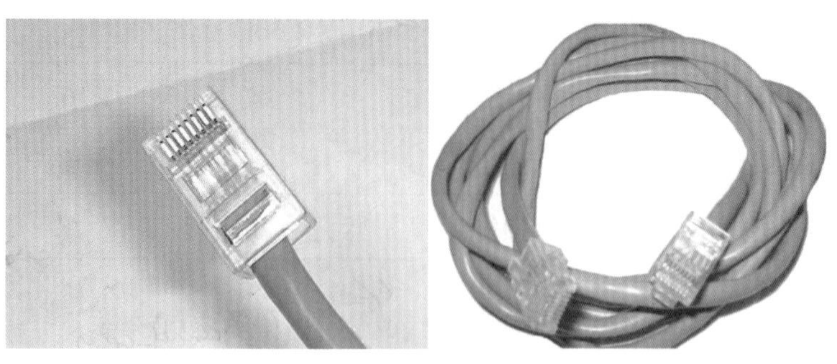

图 4–19　制作好的双绞线

（4）制作交叉线：将网线一头按 568B，一头按 568A 的标准制作即可，其他注意事项同上。

将制作好的直通线及交叉线插入到测线仪，开启测试开关进行连通性检查即可，对等线两端一一对应，交叉线两端指示灯亮的对应关系为 1–3、2–6，其他序号的连线也是一一对应，如图 4–20 所示。

图 4–20　网络电缆测线仪

3. 注意事项

因水晶头无法重复使用，在最终压制前，务必对下列要点检查清楚，以避免无谓的浪费：

（1）确认清楚线序是否符合要求，两端线缆是否修剪平整，去掉的外保护层长度是否适合。

（2）网线必须插到底，检查每根线缆是否都进入到底部，电缆线的外保护层必须在插头内的凹陷处被压实。

（3）压制的时候需要一定的力量，以保证水晶头内部的金属片与网线的金属部分接触良好，同时水晶头凹陷处能压紧网线的外保护层。

工作任务 2 家庭网络故障常见问题

任务描述

用户使用电脑获取各种信息资源和进行信息交流都离不开网络，一旦网络出现故障，用户通过网络进行的一切操作都会被中断，会对正常的工作与生活产生影响。

本工作任务是介绍网络故障排除方法和家庭网络故障常见问题，当出现网络故障时，我们应该怎么确定网络故障范围，从 PC 故障、路由器内网故障、路由器外网故障、Internet/ISP 故障四个方面解决网络故障；当出现常见网络故障时，我们应该怎么解决网络故障来保证网络用户可以正常上网。

任务清单

任务清单如表 4–5 所示。

表 4–5 家庭网络故障常见问题

任务目标	素质目标： 具有认真仔细的工作态度与强烈的安全生产意识； 检修过程中履行道德准则和行为规范。 知识目标： 掌握网络故障排除方法； 了解家庭网络故障常见问题。 能力目标： 能分组排除常见的网络故障
任务重难点	重点： 如何确定网络故障范围，快速找到网络故障点； 了解家庭网络故障常见问题的解决方案。 难点： 确定网络故障范围
任务内容	1. 网络故障排除方法； 2. 家庭网络故障常见问题
工具软件	PC 机 1 台，宽带路由器一台，ADSL Modem 设备一台，双绞线 2 根
资源链接	微课、图例、PPT 课件、实训报告单

任务实施

（1）分工分组：

3 人 1 组进行演练，组内每人轮流完成一次场景演练。

工程师 1 人：诊断网络故障范围，确定网络故障点，制定解决方案；

记录员 1 人：负责对照网络故障处理记录表进行记录；

摄像 1 人：负责对演练全程记录。

（2）按照技术规范进行面对面交互演练，10 min 内完成，提交结果记录表，根据视频及记录结果互评。

（3）每组提供一台 PC 机、一台宽带路由器、一台 ADSL Modem 设备、2 根双绞线，模拟 PC 故障、路由器内网故障、路由器外网故障、Internet/ISP 故障四种故障原因，给出每种故障原因的解决方案，并填写处理结果。

（4）填写表 4–6，完成实训报告。

表 4–6　网络故障处理记录表

故障原因	解决方案	处理结果
PC 故障		
路由器内网故障		
路由器外网故障		
Internet/ISP 故障		

知识链接

4.6　网络故障排除方法

1. 网络故障诊断树

网络故障诊断树是将网络故障原因，用倒立树状结构的形式表示出来，表示各事件之间的因果关系，帮助寻找网络故障范围，从而解决网络故障。

某局域网出现网络故障，网络设备连接如图 4–21 所示，现使用网络故障诊断树确定网络故障范围，确定故障点，排除网络故障。

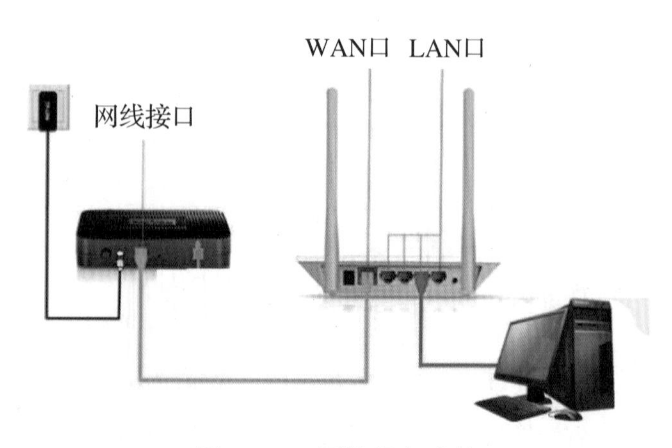

图 4–21　网络设备连接

2. 确定故障范围

如果 PC 机与路由器的网络连接故障，换另一台 PC 机连接路由器。如果连通，则是 PC 机存在故障；如果仍不能连通，则是路由器内网出现故障。PC 机直接连接 Internet 网络，如果连通，则是路由器外网出现故障；如果仍不能连通，则是 Internet/ISP 故障，由此确定网络故障范围，如图 4–22 所示。

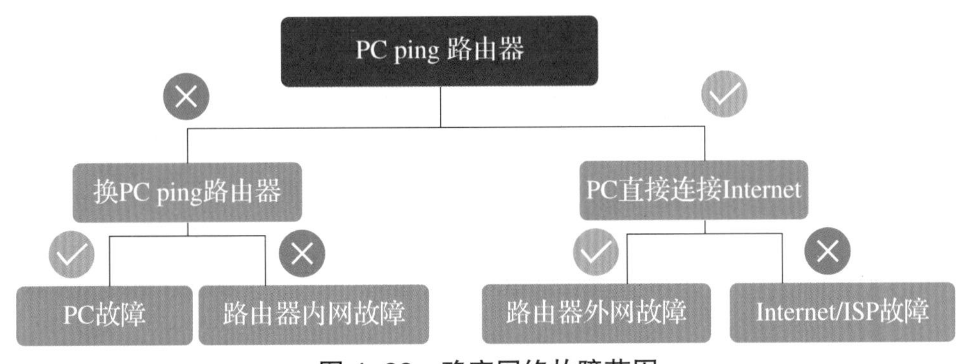

图 4–22　确定网络故障范围

（1）PC 故障。

如果故障范围在 PC 机，则卸载、重新安装网卡驱动，不但解决网卡驱动的问题，同时能使网络参数（IP、子网掩码、DNS）自动获取，从而排除故障；如果仍不能排除故障，则是操作系统故障或网卡硬件故障，转 PC 机硬件维修流程，由此确定网络故障点，PC 机故障诊断流程如图 4–23 所示。

（2）路由器内网故障。

如果故障范围在路由器内网，复位路由器，重新设置 ISP 信息、无线网络参数，重启路由器，则能排除故障；如果仍不能排除故障，则更换路由器，由此确定网络故障点，路由器内网故障诊断流程如图 4–24 所示。

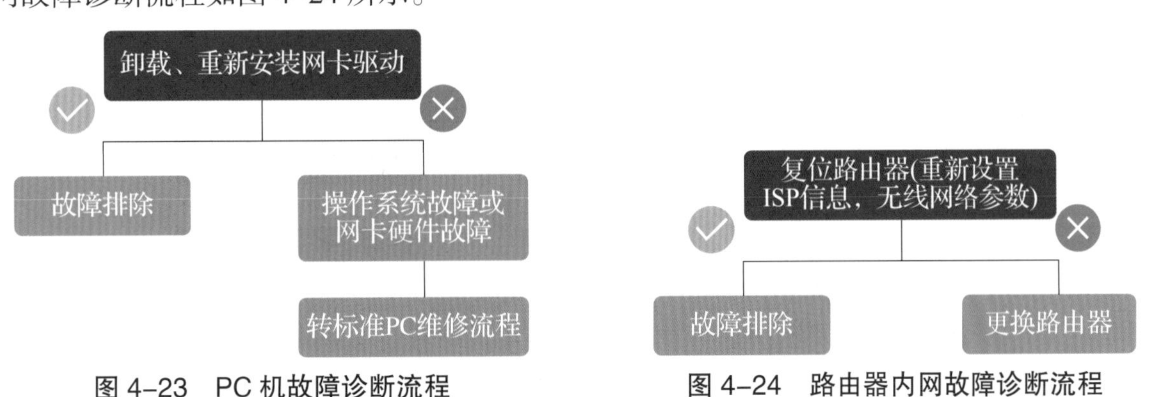

图 4–23　PC 机故障诊断流程　　图 4–24　路由器内网故障诊断流程

（3）路由器外网故障。

如果故障范围在路由器外网，重新设置路由器中外网接入信息，保存后重启路由器，则故障排除。如果仍不能排除故障，绑定可以正常连接网络的 PC 机的 MAC 地址，则故障排除。如果仍不能排除故障，复位路由器，并重新设置，则故障排除。如果仍不能排除故障，则更换路由器，由此确定网络故障点。路由器外网故障诊断流程如图 4–25 所示。

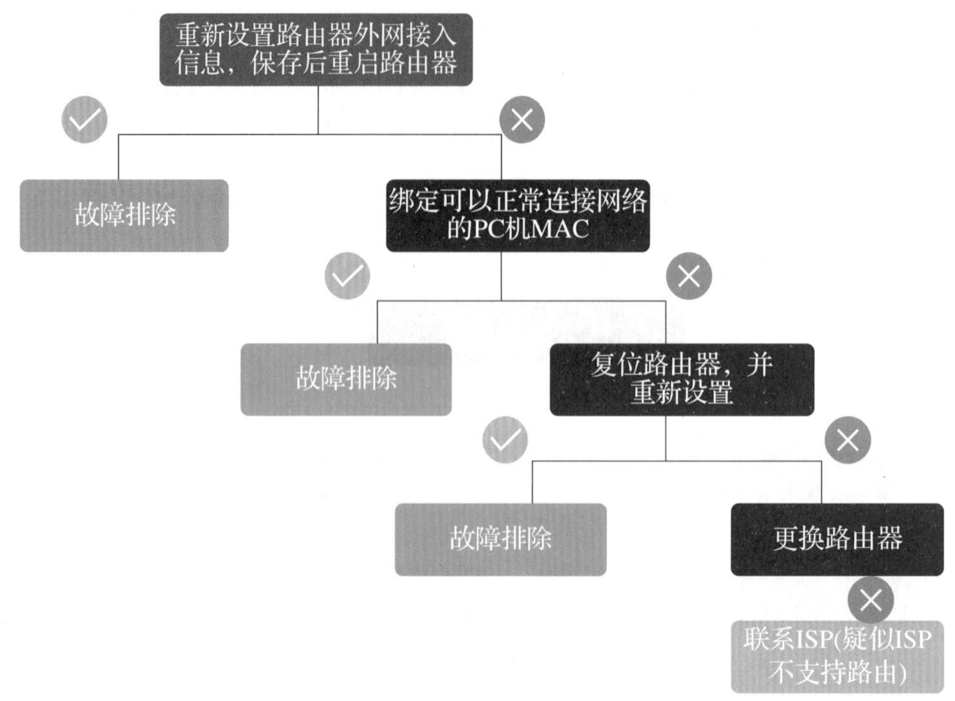

图 4-25　路由器外网故障诊断流程

（4）Internet/ISP 故障。

如果故障范围在外网，根据 ISP 接入方式判断。如果 ISP 接入方式是通过 ADSL Modem 拨号上网的 PPPoE 方式，则查看 PC 拨号报错的代码，非 691 报错，联系 ISP 供应商解决；691 报错，则用户重新核实用户名和密码。如果 ISP 接入方式是通过动态 IP 地址，则通过命令 Ipconfig/renew，释放 IP 地址后，重新再获取 IP 地址解决，否则联系 ISP 供应商解决。

如果 ISP 接入方式是通过静态 IP 地址，联系 ISP 供应商解决，由此确定网络故障点，Internet/ISP 故障诊断流程如图 4-26 所示。

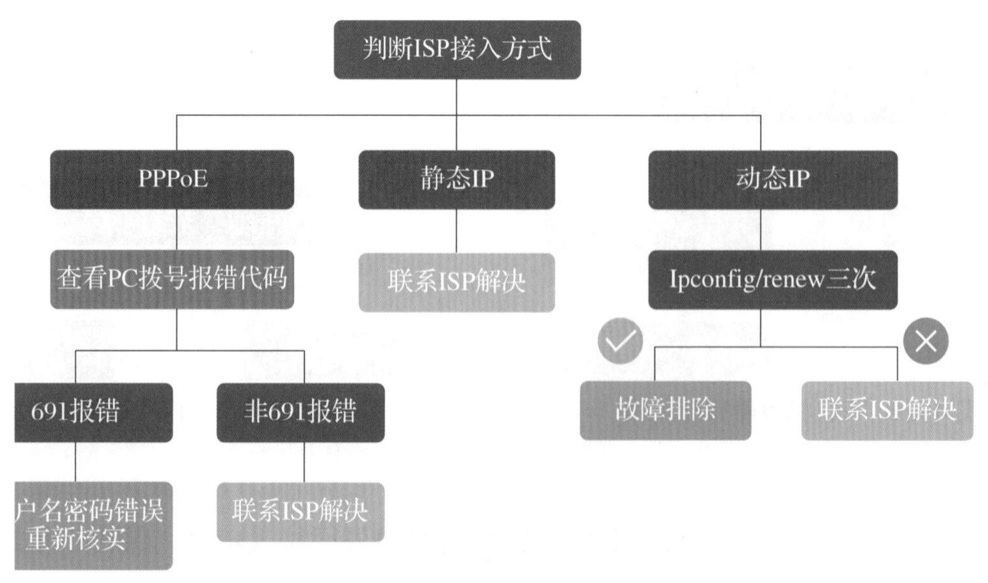

图 4-26　Internet/ISP 故障诊断流程

4.7　解决家庭网络故障常见问题

（1）无线路由器标称最高速度为 300 Mb/s（802.11n），为何笔记本显示的连接速度达不到要求？

解决方案：

①笔记本无线网卡不支持 802.11n，替换支持 802.11n 笔记本无线网卡。

② 300 Mb/s 是理论值，需要路由与 PC 无线网卡多个技术参数完全匹配才可实现。

③无线信号强度低，调整路由器位置，增强无线信号强度。

④路由器使用了混合模式或者其他模式，需要改成 802.11n 模式。

⑤路由器使用的加密方式为 WEP，需要改为 WPA2。

（2）网络总是掉线。

解决方案：

①询问网络是有线上网还是无线上网。

②查看线路连接是否正确，接口有无松动，ADSL Modem 散热是否良好；ADSL Modem 指示灯状态是否正确。

③查看网卡驱动，更新驱动或是重新安装驱动。

④关闭 ADSL Modem，进入控制面板的网络连接，右击本地连接，选择禁用，5 s 后右击本机连接，选择启用，然后打开 ADSL Modem 拨号即可。

⑤对电脑进行全盘查毒，ADSL Modem 虽然受到黑客和病毒的攻击可能性较小，但也不排除可能性，特别是网页病毒和蠕虫病毒。病毒如果破坏了 ADSL Modem 相关组件也会发生断流现象。

（3）QQ 可以登录，但无法访问网页。

解决方案：

①网络设置问题，需要仔细检查计算机的网络设置，手动指定 IP 地址、网关、DNS 服务器，重新连接网络。

② IE 浏览器本身的问题，如果 IE 被恶意修改破坏，也会导致无法浏览网页，可使用第三方辅助软件修复 IE 或重建 IE。

③ DNS 的问题，确认 DNS 是否已正确获取和有效，因为不同的 ISP 有不同的 DNS 地址，导致路由器或网卡无法与 ISP 的 DNS 服务连接，这种情况，可将路由器重启。

④网络防火墙的问题，如果网络防火墙设置不当，如安全等级过高，不小心把 IE 放进了阻止访问列表，会导致无法访问的情况，可尝试检查策略、降低防火墙安全等级。

⑤网络协议和网卡驱动的问题，如果网络协议（特别是 TCP/IP 协议）或网卡驱动损坏，会导致 IE 无法访问。可尝试重新安装网卡驱动或网络协议。

（4）网络连接时出现黄色叹号，提示“受限制或无连接”。

解决方案:

①检查本地 IP 地址是否已正确自动获取。

②如果 IP 为 Windows 自动分配的自动私有地址 169.254.x.x，则需要开启路由的 DHCP 服务。

③IP 为手动配置时，确保与路由在同网段并掩码相同，并且网关为路由管理地址。

④以上情况都排除后，ping 测试路由管理地址，如果正常但仍显示受限制，请参照路由外网故障。

（5）无线网络信号时有时无，部分设备根本搜索不到或者能搜索到但无法连接。

解决方案:

①借助安卓平台手机端软件“Wi-Fi 分析仪”测试信号强度，如有必要可推荐 AP 扩展或桥接方案。

②尝试修改路由端无线加密模式和信道。

③尝试调低路由端最大发送速率和无线工作模式，提高兼容性来适应各种网卡。

（6）现在的家庭网络中 ADSL 接入设备有多接口，甚至还带有无线功能，如何组网?

解决方案:

①可直接当它是路由器使用，LAN 口连电脑终端，无线设备正常使用时无须另加路由再连接。

②如果不带无线功能或一定要另加功能更强的专用路由，有两种可选方案。一是确认原设备上 DHCP 开启，并在正常情况下关闭新加路由的 DHCP 功能，再设置其 LAN 口 IP（管理 IP）在原设备同一网段，并将其 LAN 口与原设备 LAN 口相连；二是修改新加设备 LAN 口 IP（管理 IP）与原设备不在同一网段，DHCP 开启。将其 WAN 口与原设备 LAN 口相连。

③两种方法各有利弊。前者效率更高，多牺牲一个物理端口。后者更安全，但若同时还有文件共享要求，需要另外设置原设备的静态路由表。

直通职场　测试网络传输速度

问题：工作和生活中经常出现网络传输速度较慢的现象，那么我们该如何测试网络传输速度呢?

分析：传输速率是指设备的数据交换能力，也叫“带宽”，单位是 Mb/s（兆位 / 秒），主流的集线器带宽主要有 10 Mb/s、54 Mb/s/100 Mb/s 自适应型、100 Mb/s 和 150 Mb/s 四种。目前对于网速测试有多种方法，如利用 ping 测试网速或使用软件进行网速测试。这里我们使用 360 安全卫士测试网络传输速度。

解决方案:

（1）安装 360 安全卫士。下载地址是 http://weishi.360.cn/。安装完成并运行 360 安全卫士，依次单击“功能大全”“网络”“宽带测速器”，如图 4–27 所示。

图 4–27　运行界面

（2）测试带宽接入速度。单击带宽测速器，进入带宽测试，大概 15 s 后完成测速。连接到本地网络服务提供商的“带宽”及“连接速度”就能测试出来，如图 4–28 所示。

（3）测试长途网络速度。上述结果只是连接到本地网络服务提供商的网络速度及带宽，如果需要访问不在本地城市的 Internet 服务，请单击第二项“长途网络速度”，等待一会儿，测试结果就出来了。如图 4–29 所示。

（4）测试网页打开速度。 如果需要测试网页打开速度，单击第三项“网页打开速度”，这样就可以测试出主流网页的速度。如图 4–30 所示。

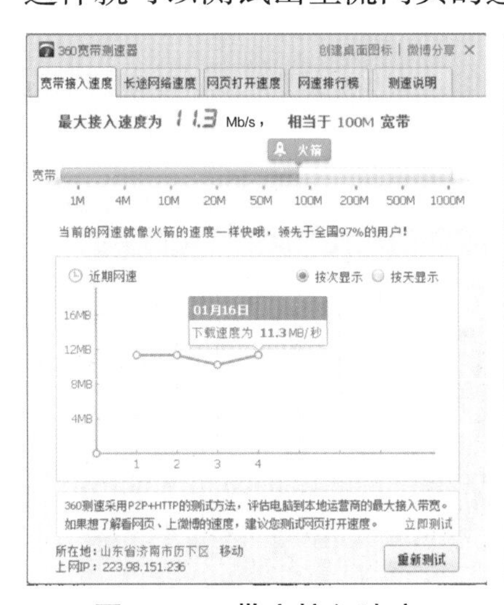

图 4–28　带宽接入速度

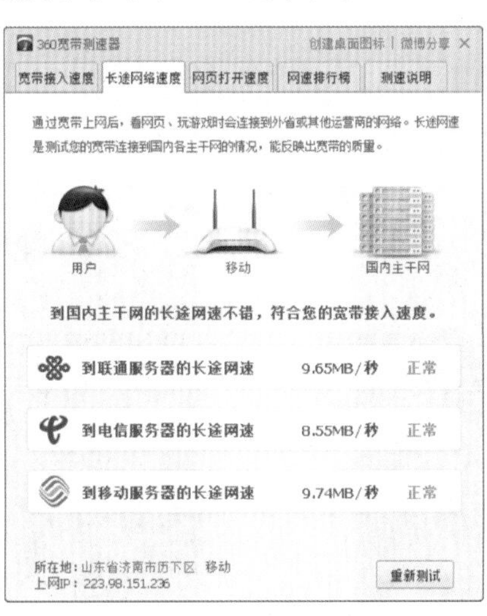

图 4–29　长途网络速度

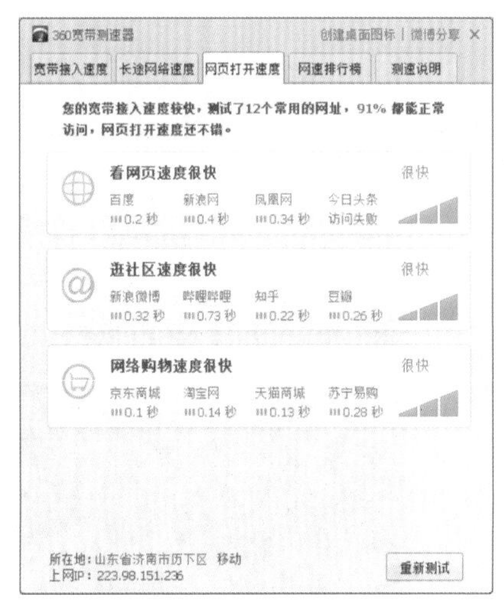

图 4–30　网页打开速度

知识拓展　网络命令ping的详细用法

网络命令 ping 用来测试数据包能否通过 IP 协议到达特定主机。ping 的运作原理是向目标主机传出一个 ICMP echo 要求数据包，并等待接收 echo 回应数据包。程序会按时间和成功响应的次数估算丢失数据包率和数据包往返时间。在进行网络故障诊断时，经常会用到使用 ping 命令进行网络连通性的操作。下面介绍一下网络命令 ping 的详细用法。

（1）按“WIN+R”组合键，调出运行界面，输入“cmd”，并单击“确定”，如图 4–31 所示。

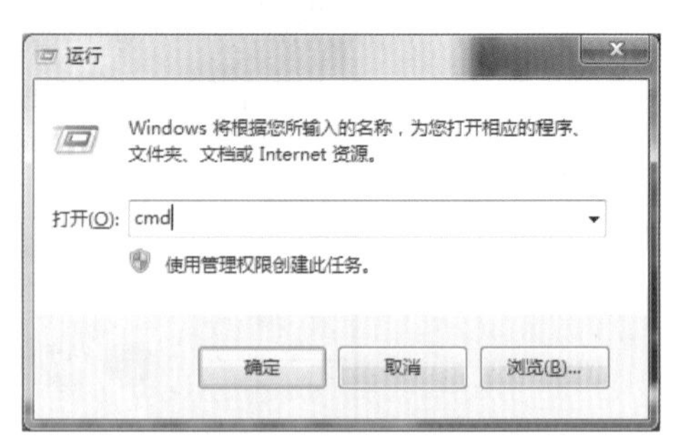

图 4–31 调出运行界面

（2）ping 域名，以联想中文官网为例，输入“ping www.lenovo.cn”并执行，如图 4–32 所示。

在以上测试的结果中，www.lenovo.cn 是 www.lcf5.lenovo.cn DNS 别名，IP 地址是 123.127.211.102。反应时间 14~22 ms 不等。

（3）ping IP 地址。以 ping 局域网网关 192.168.1.1 为例，输入“ping 192.168.1.1”并执行，如图 4–33 所示。

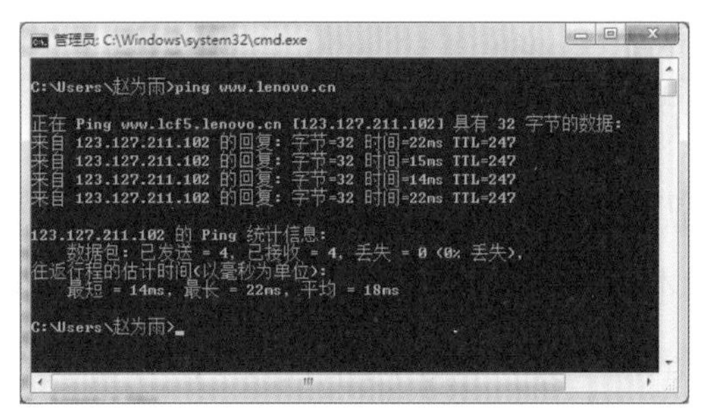

图 4–32 ping 域名界面

图 4–33 ping IP 地址界面

（4）ping IP –t，加上这个参数后，将会不停地 ping 对方主机，直到你按下“Ctrl+ C”中止，这样可以看出在测试过程中有无异常，如图 4–34 所示。

（5）ping IP –a，可以解析计算机 NetBIOS 名。说明 192.168.1.102 的计算机 NetBIOS 名为 zhaowy–PC，如图 4–35 所示。

图 4–34 加 –t 参数运行界面

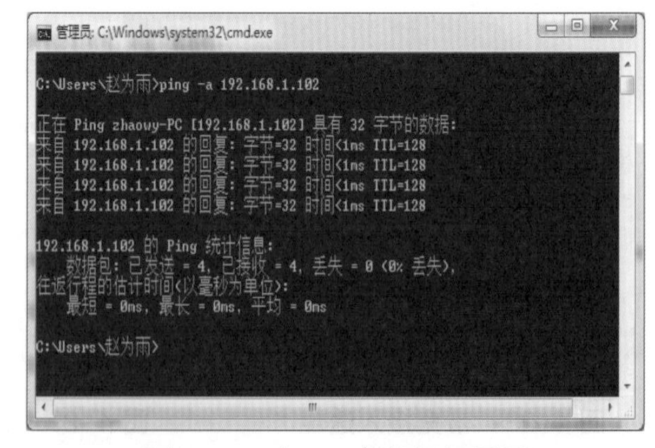

图 4–35 加 –a 参数运行界面

（6）.ping IP –n，向目标地址发送指定数量的数据包。对衡量网络速度很有帮助，比如想测试发送 10 个数据包返回的平均时间为多少，最快时间为多少，最慢时间为多少，就可以通过这种方法获知，如图 4–36 所示。

（7）ping / ？。用命令 / ？，可得到 ping 命名的所有信息，如图 4–37 所示。

图 4–36　加 –n 参数运行界面

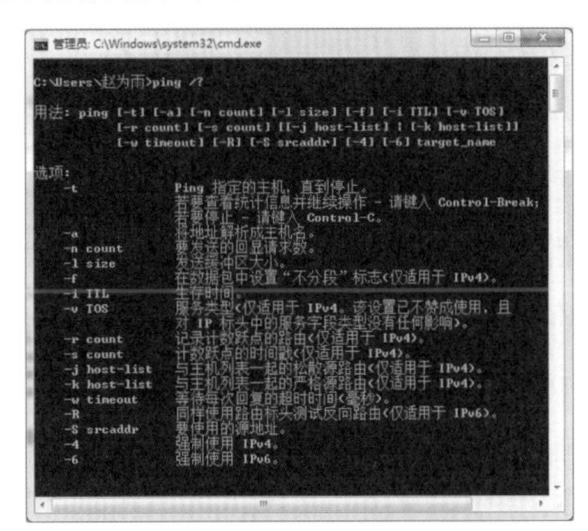

图 4–37　ping 的帮助信息

（8）ping 的其他返回信息：

①“Request Timed Out”：这个信息表示对方主机可以到达到 Time Out，这种情况通常为对方拒绝接收你发给它的数据包造成数据包丢失。大多数的原因可能是对方装有防火墙或已下线。

②“Destination Net Unreachable”：这个信息表示对方主机不存在或者没有跟对方建立连接。这里要说明一下“Destination Host Unreachable”和“Time Out”的区别，如果所经过的路由器的路由表中具有到达目标的路由，而目标因为其他原因不可到达，这时候会出现“Time Out”，如果路由表中连到达目标的路由都没有，那就会出现“Destination Host Unreachable”。

③“Bad IP Address”：这个信息表示你可能没有连接到 DNS 服务器，所以无法解析这个 IP 地址，也可能是 IP 地址不存在。

④“Source Quench Received”：信息比较特殊，它出现的概率很小。它表示对方或中途的服务器繁忙无法回应。

达标检测

一、选择题

1. 计算机网络的基本功能是（　　）。

A. 集中管理与支持　　B. 硬件、软件共享

C. 通信方便　　D. 数据共享

2. 目前常用的网络传输介质有（　　）。

A. 双绞线　　B. 光纤　　C. 同轴电缆　　D. 电线

3. 双绞线线序正确的连接有（　　）。

A. 一端为 568A，另一端为 568B　　B. 两端颜色一一对应即可

C. 两端都是 568B　　D. 以上说法都不对

4. 为了实现家庭共享 Internet，至少需要以下哪个设备？（　　）

A. 集线器　　B. 路由器　　C. 交换机　　D. 中继器

5. 一台电脑接上网线后，发现 IP 地址为 169.254.xxx.xxx，则可能是（　　）。

A. 已正确获得可用 IP 地址　　B. 未正确获得可用 IP 地址

C. 路由器 DHCP 已正常工作　　D. 路由器 DHCP 可能未开启

6. 在家庭网络中，ISP 接入方式主要有（　　）。

A. PPPoE 拨号　　B. 静态 IP　　C. 动态 IP　　D. 光纤

7. 判断网络的连通性，通常使用哪个命令？（　　）

A. ipconfig　　B. ping　　C. net　　D. Nslookup

8. 当关闭了无线路由的 SSID 广播功能，将会（　　）。

A. 导致无法连接此无线网络　　B. 仍然可以连接该网络

C. 无法输入网络连接密码　　D. 无法通过无线登录路由器

9. 无线路由器标称最高速度为 300 Mb/s（802.11n），但是连接上去的笔记本电脑连接速度只能达到 50 Mb/s，可能的原因有（　　）。

A. 笔记本无线网卡不支持 82.11n

B. 300 Mb/s 是理论值，需要路由与 PC 无线网卡多个技术参数完全匹配才可实现

C. 路由器使用的加密方式为 WEP，需要改为 WPA

D. 无线信号强度低

10. 客户家里有多台电脑，每单台电脑上网正常，多台电脑同时上网就会非常卡，有时甚至打不开网页。正常的解决思路是（　　）。

A. 直接更换路由器测试

B. 测试网速带宽是否足够

C. 逐步添加上网设备，找到导致网络慢的机器，找到故障根源

D. 查杀病毒

二、综合应用

1. 小李家中有一台台式计算机、一台笔记本计算机和三个智能手机。小李家所在的小区覆盖着电信和移动两种网络信号，他希望家里的计算机和智能机都能 24 h 接入 Internet，能够同时使用 Internet 的各种资源，请给出解决办法。

2. 某客户家庭宽带从 A 小区搬迁至 B 小区（由不同的 OLT 覆盖）后，宽带连接拨号时提示 691 错误代码，但是上门使用测试账号能正常拨号上网，确认客户账号、密码输入正确，通过互联网感知服务平台查询认证信息，显示查询账号不在线。请问：出现这种网络故障的原因是什么？怎么解决此网络故障？

3. 平时小安家中的两台计算机通过宽带路由器共同使用一条电信 ADSL 线路上网。一天，突然发现其中有一台计算机不能上网，而另一台可以，试分析一下可能的故障原因。如果两台计算机都不能上网了，可能的故障原因有哪些？

学习领域五

诊断与排除计算机故障

知识导图

- 诊断与排除计算机故障
  - 了解计算机故障基础知识
    - 计算机故障的分类
    - 计算机软件故障的概念及其产生的主要原因
    - 计算机硬件故障的概念及其产生的主要原因
  - 诊断计算机故障的基本原则
    - “从简单的事情做起”原则(从简原则)
    - “先想后做”原则(规划原则)
    - “先软后硬，由外到内”原则(谨慎原则)
    - “抓核心问题”原则(核心原则)
  - 分析诊断计算机故障的流程
    - 分析诊断计算机软件故障的基本思路与处理方法
    - 分析诊断硬件故障的基本思路与处理方法
  - 排除计算机故障的常用方法
    - 观察法的运用
    - 隔离法的运用
    - 最小系统法的运用
    - 逐步添加去除法的运用
    - 替换法的运用
    - 比较法的运用
    - 特殊维修方法的运用
  - 分析计算机常见故障案例
    - 台式计算机常见故障诊断分析案例
    - 笔记本电脑常见故障诊断分析案例

工作任务 1 了解计算机故障基础知识

任务描述

通过前面几个章节内容的学习，我们了解了计算机的硬件系统结构、操作系统的安装与调试，理解了计算机工作的基本原理，掌握了计算机维修拆装的规范与技巧。作为从事计算机维修的工程师新手来说，自然会产生以下困惑：老工程师似乎什么故障都能解决，技术大师们又是如何快速找到解决问题的思路和处理方法的呢？面对千奇百怪的故障现象，我们又该怎么办呢？

大家都已明白，计算机由硬件和软件两部分组成，因此，计算机的故障也就可分为硬件故障和软件故障两大类。计算机硬件就好比人的躯体，而计算机软件就好比人的灵魂，要想让计算机发挥完美的作用，除了要有结实过硬的“躯体”外，还必须要有完美高尚的“灵魂”，老话说得好：“没有灵魂的计算机就是一堆废铁”。

本学习领域将带领大家从计算机的硬件故障和软件故障两个方面学习计算机的故障诊断与排除。它是本书的重点、难点，通过本课程的学习，大家可以对电脑的维修有一定认识。

任务清单

任务清单如表 5-1 所示。

表 5-1 计算机故障基础知识

任务目标	素质目标： 具有良好的心理素质和责任意识； 养成较好的问题逻辑分析习惯。 知识目标： 掌握软件故障和硬件故障的基本概念； 掌握区分软件故障与硬件故障的方法。 能力目标： 能够独立区分某一故障现象是软件故障还是硬件故障
任务重难点	重点： 掌握软件故障和硬件故障的基本概念； 掌握区分软件故障与硬件故障的方法。 难点： 掌握看似软件故障实为硬件故障的分析思路（如反复重启现象）

续表

任务内容 *	至少列举 5 个计算机故障现象，由学生举手抢答如何区分是软件故障还是硬件故障
工具软件	万用表、螺丝刀
资源链接	微课、图例、PPT 课件、网络搜索关键字、视频动画等

任务实施

（1）分工分组。

2 人 1 组进行演练，组内每人轮流完成一次场景演练，并做好诊断分析过程记录。

A 工程师：描述一种故障现象。

B 工程师：根据此故障现象回答故障原因，并说出属于哪一类故障。

（2）按照技术规范进行面对面交互演练，10 min 内完成，提交结果记录表，根据记录结果互评。

（3）填写表 5–2，记录故障诊断分析结果，完成实训报告。

表 5–2　计算机故障诊断分析记录表

故障现象	分析过程	结果
不加电		
开机黑屏		
网络无法连接		
开机后风扇狂转		
无法识别硬盘操作系统		

知识链接

5.1　计算机故障的分类

计算机在使用的过程中难免会产生各种各样的故障现象，其现象千变万化、错综复杂。从维修分析的角度来看，通常会将计算机故障分为软件故障和硬件故障两大类。

5.2　计算机软件故障的概念及其产生的主要原因

软件故障是指由于计算机系统兼容性配置不当、感染病毒或操作人员使用操作不当等原因引起无法正常运行的故障现象。

软件故障原因主要有以下几种：

（1）两个或两个以上应用软件同时运行或应用软件与操作系统之间不兼容而引起的系统崩溃、蓝屏、死机、重启等现象。

（2）删除某个应用软件时将系统文件或驱动程序丢失而引起的系统崩溃、功能失效，甚至无法启动系统等现象。

（3）在下载应用软件时随机下载安装了某些病毒程序而引起的系统中毒，系统文件遭到破坏造成无法正常运行的现象。

（4）计算机同时安装了多个杀毒软件，造成杀毒软件之间互相冲突而导致系统运行卡顿、死机等现象。

（5）系统文件丢失或版本不匹配、内存冲突或耗尽、系统更新或升级时磁盘引导设置错误等。

（6）BIOS 程序版本过低或设置错误引起等。

5.3 计算机硬件故障的概念及其产生的主要原因

硬件故障是指计算机硬件系统中内部硬件与外部硬件因使用不当而引起的接触不良、电路或器件损坏、硬件本身电性能下降等原因引起的故障现象。

硬件故障原因主要有以下几种：

（1）部件间的插口连接不匹配、插槽损坏、接触不良。

（2）跳线设置错误引起的硬件之间发生冲突。

（3）由于硬件厂商的不同造成硬件与硬件之间互不兼容，引起计算机死机、蓝屏、无法启动等疑难故障现象。

（4）计算机使用一段时间后，设备部件的电性能下降，电路元器件虚焊、损坏引起功能失效，甚至无法正常启动工作的故障现象，如 CPU 散热不良、CPU 超频不启动等。

（5）主板聚积大量灰尘而导致主板短路，CMOS 电池电量低或没电、主板芯片损坏等。

（6）电脑部件本身质量不佳引起的或装配结构不良引起的性能故障。

面对千变万化、错综复杂的计算机故障现象和故障原因，我们只需要按照一定的维修原则，采用恰当的维修方法与维修技巧就一定能把故障排除。

直通职场 如何解决无法通过无线信号连接外部网络的问题？

职场情境：顾客送修一台笔记本电脑，不知道什么原因网络突然无法连接了，无线 Wi-Fi 处显示“地球”符号。

情境分析：首先，出现网络无法连接上网的原因有很多，既可能是硬件故障，也可能是软件故障引起的。可能原因如下：

（1）查看此电脑是否具有网络设置开关，若有且处于关闭状态，开启即可。

（2）查看网卡驱动安装是否正常（在设备管理器中的网络适配器可看到）。若有问号或感叹号，则为异常，需重新安装网络驱动。

（3）查看 BIOS 设置中的网卡开关是否处于“关闭”状态。若是，“开启”即可。

（4）以上三种情况都正常的情况下，则需拆机检查网卡安装是否到位。若异常，则重新安装；若无异常，则可能是网卡本身损坏引起的，不过，在更换网卡之前，建议先重装操作系统看看是否可恢复正常。

（5）若是操作系统故障引起的无法上网，则需重装操作系统。

解决方案：软件故障的处理思路是打开无线网络开关，重新安装网卡驱动，重装操作系统；硬件故障的处理思路是排除网卡接触不良、更换网卡、更换主板。

知识拓展 如何通过系统提示音或屏幕提示的错误信息来判断故障部位？

计算机常见故障可分为硬件和软件故障，某些时候可以通过主机喇叭声响数来判断故障部位，或者根据屏幕提示的错误信息来判断故障部位。

1. 根据主机喇叭声响数来判断

（1）AMI 的 BIOS（1 响——内存刷新故障，2 响——内存校验错，3 响——64 K 基本内存故障，4 响——系统时钟或内存错，5 响——CPU 故障，6 响——键盘故障，7 响——硬中断故障，8 响——显存错误，9 响——主板 RAM、ROM 校验错或显卡错，10 响——CMOS 错）。

（2）AWARD 的 BIOS（1 响——系统正常，2 响——CMOS 设置错或主板 RAM 出错，3 响——显卡故障，4 响——键盘错，10 响——主板 RAM、ROM 错误，不停响——内存、显卡或电源故障），然后进入 CMOS 查找错误设置并进行修改，仍不行就只能开机箱检查硬件。

2. 根据屏幕提示的错误信息判断

（1）CMOS Battery State LOW（CMOS 电池不足）。

（2）Keyboard Interface Error（键盘接口错误）。

（3）Hard Disk Drive Failure（硬盘故障）。

（4）Hard Disk Not Present（硬盘参数错误）。

（5）Missing Operating System（硬盘主引导区被破坏）。

（6）Non System Disk Or Disk Error（启动系统文件错误）。

（7）Replace Disk And Press A Key To Reboot（CMOS 硬盘参数设置错误）。

（8）Invalid Media Type Reading Drive C（硬盘参数不匹配）。

（9）Invalid Drive Specification（硬盘 BOOT 引导系统被破坏）。

（10）HDD Controller Failure BIOS（硬盘控制错误）。

（11）Drive Error（BIOS 未收到硬盘响应信号）。

（12）Cache Memory Bad，Do Not Enable Cache（主板 Cache 故障）。

工作任务 2　诊断计算机故障的基本原则

任务描述

计算机系统可分为硬件系统和软件系统，只有硬件系统与软件系统有机配合运行，才能实现各种各样的操作功能，这一运行过程是相当复杂的，而且计算机在使用一段时间后难免会出现这样那样的故障，故障现象纷繁复杂，出现的原因也很多。面对如此复杂的故障现象，我们通常可采用以下原则和方法加以解决：一是维修诊断四项基本原则；二是采用合适的维修方法和技巧。根据原则判断故障原因；使用合适维修方法判断并确定故障源；结合维修技巧与操作规范，找到排除故障的最终方案。

任务清单

任务清单如表 5-3 所示。

表 5-3　诊断计算机故障的基本原则

任务目标	素质目标： 具有良好的心理素质和责任意识； 养成较好的问题逻辑分析习惯。 知识目标： 理解诊断计算机故障四项基本原则的意义； 掌握诊断计算机故障四项基本原则的运用场景。 能力目标： 能够独立运用基本原则诊断计算机故障
任务重难点	重点： 养成诊断分析思路习惯； 固化从简原则思维和掌握核心原则的运用。 难点： 固化从简原则思维和掌握核心原则的运用
任务内容 *	每项基本原则至少列举出一个计算机故障现象案例，进行模拟演练
工具软件	无
资源链接	微课、图例、PPT 课件、网络搜索关键字、视频动画等

知识链接

5.4 “从简单的事情做起”原则（从简原则）

什么是简单的事情？用耳朵能听到、肉眼能发现异常现象的事情，就叫简单的事情。从简单的事情做起，就是指通过简单而又容易操作实施的事情做起。在实际维修过程中，最简单而又容易操作的事就是“观察”。

所谓“观察”，一般包括“望、闻、问、切”四个步骤。

望，一般可分为两个方面，一是看外观，包括是否变形、变色、裂纹等，主板线路是否有虚焊、脱焊现象；二是根据故障的表现状态来分析产生故障的原因。

闻，也可分为两个方面，一是听报警声和异响声，根据声音来判断故障部位；二是闻一闻主机是否有烧焦等异味。

问，是要了解故障发生前做了哪些操作，使用环境是否发生了变化。

切，主要是通过简单的操作如触摸元器件表面有无烫手的感觉（一般元器件表面温度为40℃ ~ 50℃，注意在触摸前要释放掉身上的静电），或者通过某些检测工具进行测试诊断。

故障检修前，首先要做的事情就是观察，包括以下几个方面的内容：

（1）对计算机所表现的特征、显示内容的观察。要了解计算机正常工作时应有的特征、正常状态，以便出现问题时比较与正常情况下的差异。

（2）对计算机内部环境情况的观察（注意一般要在关闭外接电源的情况下进行）。灰尘是否太多、各部件的连接是否正确、器件颜色是否异常或有无变形的现象、指示灯的状态是否和平时一样等。

（3）对计算机的软硬件配置观察。了解安装了哪些硬件，系统资源的使用情况；使用的是哪种操作系统，安装了哪些应用软件；硬件的驱动程序版本等。

（4）对计算机周围环境的观察。所在位置是否存在电磁波或磁场的干扰、电源供电是否正常、各部件的连接是否正确、环境温度是否过高、湿度是否太大等。

5.5 “先想后做”原则（规划原则）

首先，根据观察到的故障状态，分析出产生故障的可能原因。先想好从何处入手、要用什么检测工具和维修工具进行维修。

其次，对所观察到的故障状态，根据以往的经验先尝试处理。若问题没得到解决，就尽可能地先查阅相关资料等，然后根据查阅到的资料，结合自身已有的知识、经验来进行判断。对于自己不太了解或根本不了解的，一定要向有经验的老师或技术支持工程师咨询，寻求帮助。

5.6　"先软后硬、由外到内"原则（谨慎原则）

从整个维修判断的过程看，我们总是要先判断是否为软件故障，然后再确定是否为硬件故障。对不同的故障现象，分析的方法也不一样。据不完全统计，对大多数用户来说，计算机日常使用中80%以上的故障现象是由于软件原因导致的"软故障"。因此，要排除软件问题后，才着手检查硬件问题。在实施硬件维修时，要遵循"从简原则"先排除外部器件故障，再检查机器内部故障；先排除次要部件故障，再排除核心部件故障。（切记：在硬件故障排查时务必在切断电源的情况下实施操作）

5.7　"抓核心问题"原则（核心原则）

在维修的过程中除了要了解故障发生前的操作或使用环境外，还要尽可能复现故障现象，了解真实的故障原因。一台故障机可能会发生不止一个故障现象，而是有两个或两个以上的故障现象（如系统运行非常慢，还会间歇性蓝屏、硬盘有摩擦声音，有时无法进入系统等），而这些故障现象具有一定的相关联性。这时，应该先判断、解决主要的故障现象。当修复主要的故障现象后，再解决次要故障现象，当主要故障排除后，可能次要故障就随之消失了。

任务实施

（1）分工分组：

2人1组进行演练，组内每人轮流完成一次场景演练，并做好诊断分析过程记录。

A工程师：描述一种或几种混合型故障现象。

B工程师：根据此故障现象说出故障诊断分析思路。（遵照四项基本原则）

（2）按照服务规范要求进行面对面交互演练，10 min内完成，提交并根据记录结果进行互评。

（3）填写表5–4，记录故障诊断分析结果，完成实训报告。

表5–4　诊断分析计算机故障基本原则记录表

故障现象	分析过程	结果
用户报修电脑不加电故障，工程师应从哪些方面进行诊断分析？		
用户报修电脑随机蓝屏，工程师应如何诊断？		
用户报修机器发现如下故障现象：系统运行非常慢、间歇性蓝屏、下载文件时容易死机、硬盘会发出摩擦声、电脑有时开机无法进入系统界面，工程师如何找出问题的核心点？		
用户报修机器发现如下故障现象：打游戏时随机性花屏、有时开机无显示、屏幕显示色彩异常、独立显卡随机性不转、屏幕有时无法设置最佳分辨率，工程师如何找出问题的核心点？		

续表

故障现象	分析过程	结果
用户报修机器反映如下故障现象：开机 30 s 后才进入界面，进入系统界面后随意打开一两个程序 CPU 占用率就接近 90%，系统运行时经常性死机，CPU 风扇转动声音大，硬盘指示灯经常性闪动，机器配置为 AMD E1-2100CPU、4G 内存、500G 笔记本机械硬盘、Windows 10 系统，根据这一情况，工程师应如何找出问题的核心点？		

直通职场 电脑同时出现多种故障现象，工程师应如何找准问题的关键点？

职场情境：顾客送修一台笔记本电脑，故障现象为：系统运行非常慢、间歇性蓝屏、下载文件时容易死机、硬盘会发出摩擦声、电脑有时开机无法进入系统界面，工程师应如何找出问题的核心点？

情境分析：首先，根据顾客所描述的故障现象进行逐个分析，分别存在哪些可能原因，然后再做出综合判断。参考分析如下：

（1）系统运行慢，可能的原因有所打开的文件占用内存容量大、CPU 占用率高，机器本身内存容量偏小，系统盘部分损坏，操作系统没有定期优化而引起的运行卡顿等。

（2）间歇性蓝屏，可能的原因有内存条接触不良、硬盘部分数据损坏、屏幕本身故障、屏线接触不良或损坏、系统中毒等。

（3）下载文件时容易死机，可能的原因有内存运行容量不足、硬盘部分坏道读写速度慢等。

（4）硬盘会发出摩擦声，最大的可能是机械硬盘坏道引起的磁头与磁盘摩擦而发出的声音。

（5）电脑有时开机无法进入系统界面，最大的可能是开机时无法正常进入硬盘系统而引起的。

解决方案：根据以上故障现象可能存在的原因进行综合分析，抓住核心问题，很快就能得出是机械硬盘损坏引起的，更换硬盘并重装操作系统，故障可得到解决。

知识拓展 电脑故障的检查和处理基本流程

在电脑出现故障时，通常会按以下几点进行检查和处理：

（1）首先检查主机的外部环境情况（电源的连接、外部温度、电磁干扰等）。

（2）然后检查主机的内部环境（灰尘、连接、器件颜色变化、部件形状、指示灯状态等）。

（3）观察电脑的软硬件配置（操作系统版本，CPU、内存、显卡、硬盘等配置是否满足需求）。

（4）资源的使用情况（故障发生前安装了何种硬件或软件，做了哪些操作等）。

（5）硬件设备的驱动程序版本是否存在兼容性问题等。

工作任务 3　分析诊断计算机故障的流程

任务描述

前面，我们讲到计算机系统可分为硬件系统和软件系统，只有硬件系统与软件系统完美配合才能充分发挥计算机的功能作用。因此，我们在实际维修的过程，也可以从这两个方面进行诊断分析。

计算机软件故障，通常是由系统软件与应用软件或应用软件之间不兼容、使用者非法操作或误操作、系统软件中毒等原因引起的；计算机硬件故障，通常是由硬件与硬件之间不兼容、安装不当、接线错误或不良、元器件（部件）质量问题、电磁干扰、电源工作不良等原因引起的。

当计算机出现故障时，往往不会只有一种故障现象，通常会伴随着多种现象出现，某些情况下有的软件故障也可以转化为硬件故障，具体的故障原因纷繁复杂，因此，我们在诊断分析计算机故障时，就应遵照一定的规则流程，以免出现误判而影响工作效率。

任务清单

任务清单如表 5-5 所示。

表 5-5　分析诊断计算机故障的流程

任务目标	素质目标： 具有良好的心理素质和责任意识； 养成较好的问题逻辑分析习惯。 知识目标： 掌握分析诊断计算机软、硬件故障的基本原因； 掌握分析诊断计算机软、硬件故障的基本流程。 能力目标： 能够独立清晰地运用分析诊断计算机故障的流程
任务重难点	重点： 养成诊断分析思路习惯； 计算机软硬件故障分析诊断流程的运用。 难点： 计算机软硬件故障分析诊断流程的运用
任务内容 *	理解并掌握计算机软硬件故障分析诊断流程
工具软件	无
资源链接	微课、图例、PPT 课件、网络搜索关键字、视频动画等

知识链接

5.8 分析诊断计算机软件故障的基本思路与处理方法

如前所述，计算机软件故障主要是指由应用软件和系统软件的不兼容或软件系统被破坏等原因引起的系统不能正常启动和工作的现象。如 BIOS 中的某些设置被修改后造成的找不到硬盘系统、驱动程序无法正常安装等各种各样的故障现象。计算机软件故障，一般可通过恢复系统正确设置、软件杀毒、驱动程序的卸载与安装、操作系统的恢复与重装等方式来解决。

计算机软件故障维修流程如图 5-1 所示。

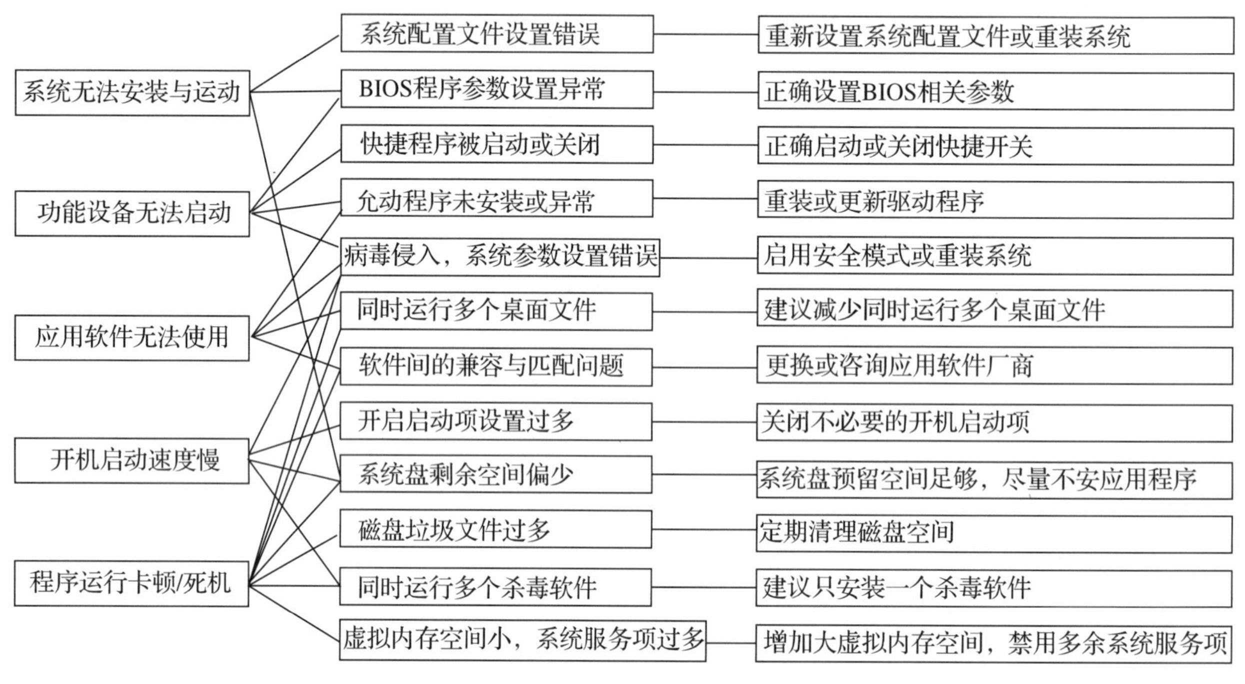

图 5-1 计算机软件故障维修流程

5.9 分析诊断硬件故障的基本思路与处理方法

如前所述，计算机硬件故障通常是由硬件与硬件之间不兼容、安装不当、接线错误或不良、元器件（部件）质量问题、电磁干扰、电源工作不良等原因引起的。

计算机硬件故障主要可分为以下几大类：电源故障、显示器故障、内存故障、硬盘故障、主板故障、CPU 故障、显卡故障、其他故障。

从最基本的电源插头开始，深入电脑硬件系统的每一个部分，以便了解检修硬件故障的顺序。硬件故障维修流程如图 5-2 所示。

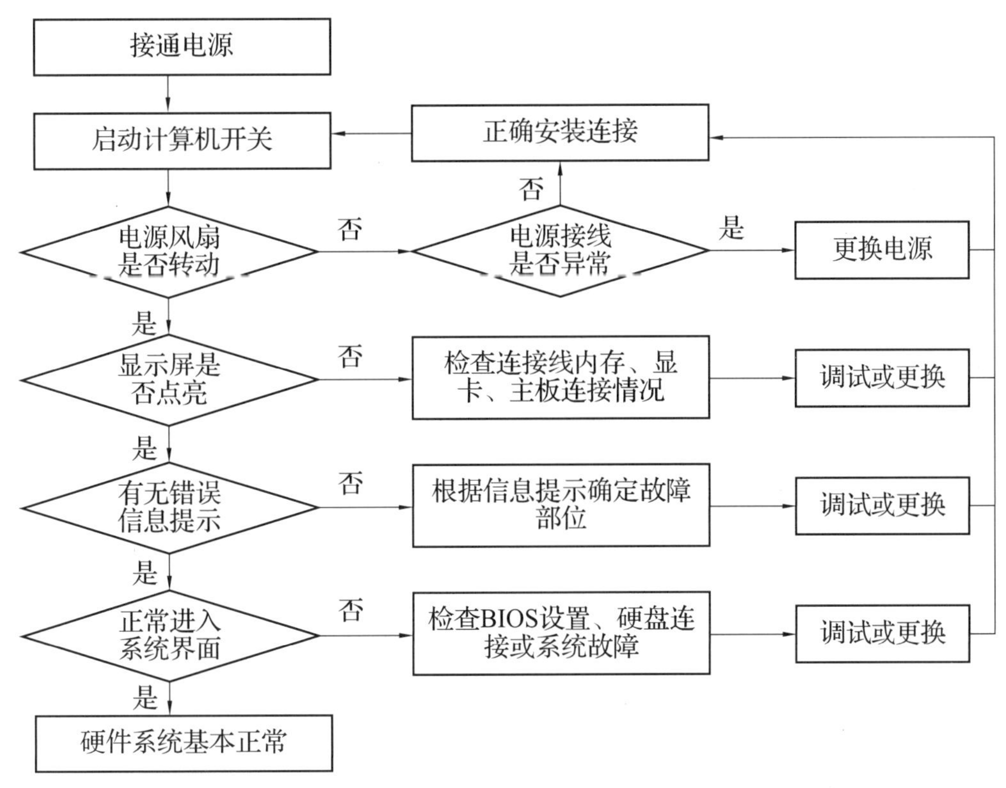

图 5-2　硬件故障维修流程

在了解电脑硬件工作原理之后可以按照电脑启动时检测硬件的顺序来进一步了解硬件故障产生的范围，以及可能引起的后果，图 5-3 所示为电脑启动阶段硬件故障维修流程。

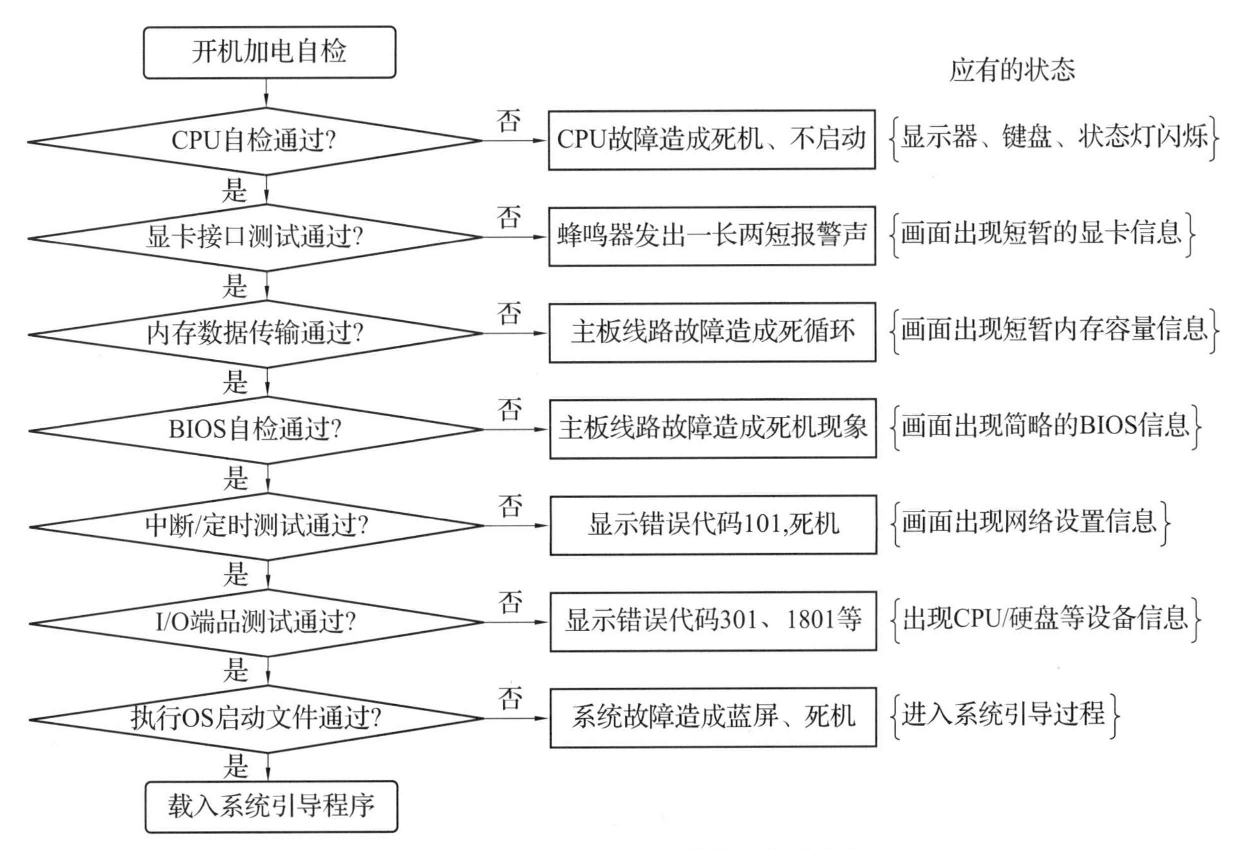

图 5-3　电脑启动阶段硬件故障维修流程

任务实施

（1）分工分组。

3 人 1 组进行演练，组内每人轮流完成一次场景演练。

工程师 1 人：实施计算机系统开机启动优化设置。

记录员 1 人：负责对照记录表进行调试操作记录，并提交结果。

摄像 1 人：负责对演练全程记录。

（2）每组提供计算机一台，按照技术规范进行面对面交互演练，10 min 内完成，提交结果记录表，根据视频及记录结果互评。

（3）填写表 5–6，记录操作过程，完成实训报告。

表 5–6　计算机系统开机启动优化设置操作记录表

常用可调试项	操作过程	结果（熟练程度）
优化开机启动项		
设置虚拟内存		
整理磁盘空间		
清理垃圾 / 临时文件		
禁止系统自动更新		

直通职场　如何排除笔记本电脑外接音箱或耳机有声音，内置无声音？

职场情境： 顾客送修一台笔记本电脑，故障现象为：外接音箱或耳机有声音，内置喇叭无声音，工程师应如何梳理故障诊断思路？

情境分析： 出现此故障现象，可能存在的原因有很多，我们还是要按照故障诊断的基本原则和诊断故障的流程来进行分析。参考分析如下：

（1）遵循“从简单的事情做起”原则，首先检查外接耳机接口是否异常（受潮或异物堵住短路引起），若是，一般清理后可解决；若不是，则进入下一步。

（2）遵循“先软后硬”原则，检查声卡驱动安装是否正确，可尝试重新安装。

（3）拆机维修时也应遵循“从简单的事情做起”原则，先排除连接线装配不良的问题，然后检查音频接口、喇叭自身是否损坏。

（4）在排除主板外围相关部件无异常损坏的情况下，最后才决定更换主板以排除故障。

解决方案： 本例中，最后检查发现是由于外接耳机接口内部有引脚短路引起的，在无法进行二级焊接维修的情况下更换主板后，故障可得到解决。

知识拓展　电脑故障诊断分析参考模板

（1）笔记本按下主机电源开关后，主机不加电，笔记本电脑不加电故障分析参考模板如图 5–4 所示。

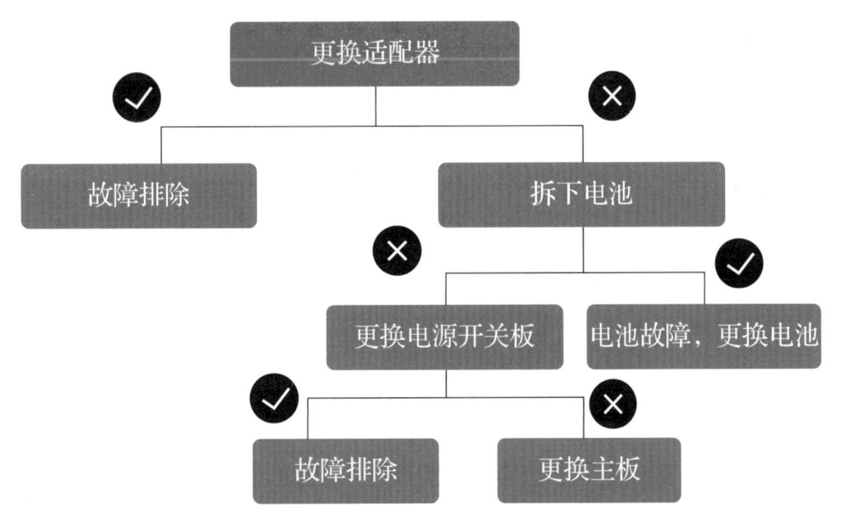

图 5–4　笔记本电脑不加电故障分析参考模板

（2）笔记本电脑显示屏暗，笔记本电脑显示屏暗故障分析参考模板如图 5–5 所示。

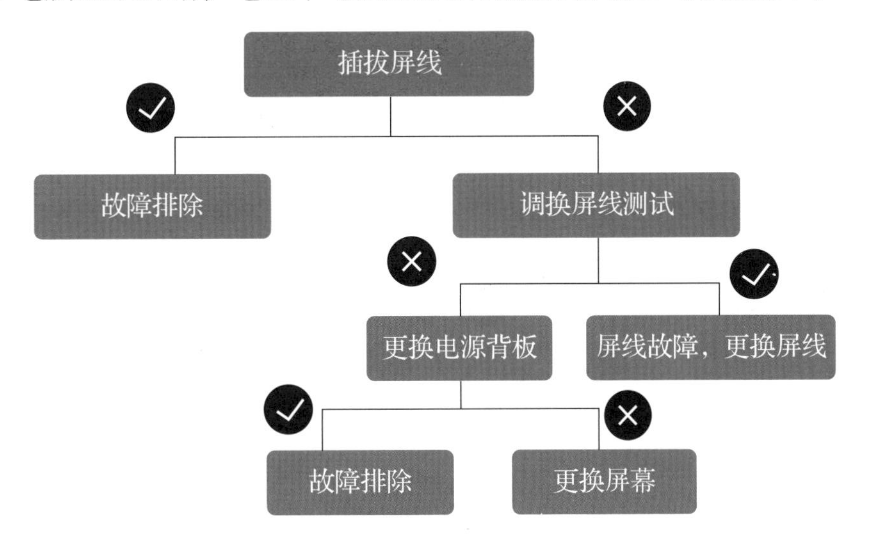

注：所调换测试的屏线必须确保是完好的！

图 5–5　笔记本电脑显示屏暗故障分析参考模板

（3）笔记本电脑屏幕显示花屏，笔记本电脑屏幕显示花屏故障分析参考模板如图 5–6 所示。

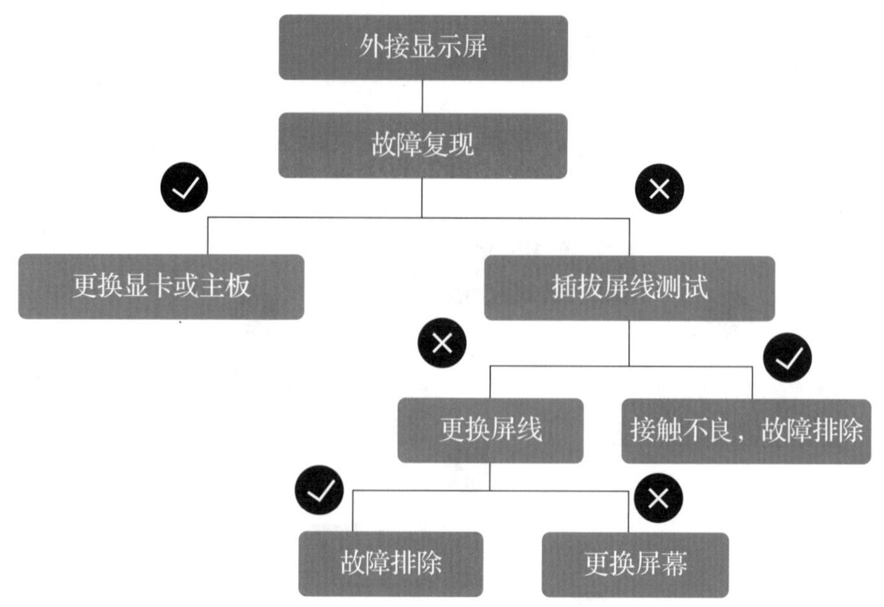

图 5-6　笔记本电脑屏幕显示花屏故障分析参考模板

（4）笔记本电脑开机后或重启时，电源指示灯亮但无显示，也无报警声，笔记本电脑开机后电源指示灯亮但无显示故障分析参考模板如图 5-7 所示。

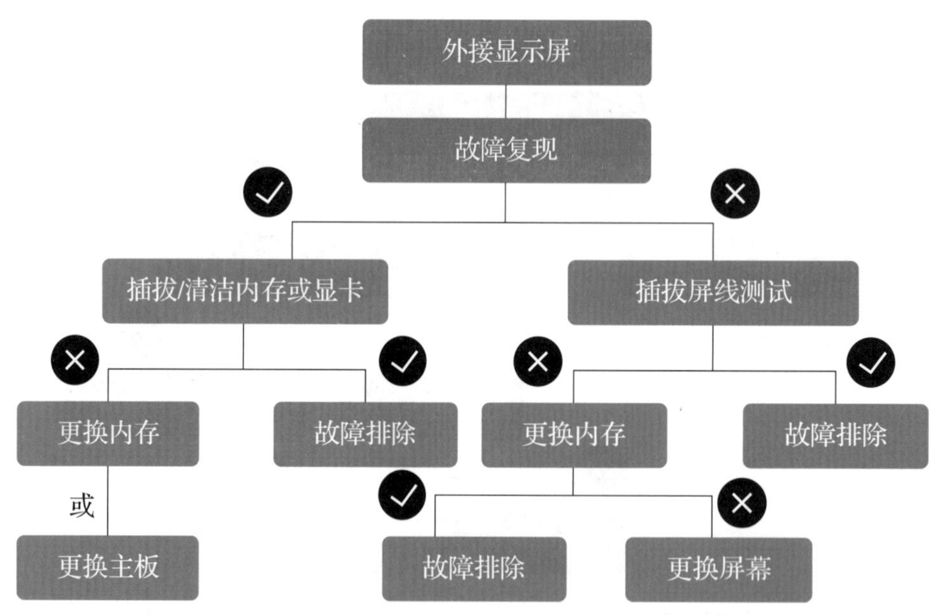

图 5-7　笔记本电脑开机后电源指示灯亮但无显示故障分析参考模板

工作任务 4　排除计算机故障的常用方法

任务描述

通过前面几个章节的学习，我们了解到计算机出现故障时的表现形式是千奇百怪的，故障原因也是扑朔迷离的，既有软件故障原因，也有硬件故障原因，更复杂的还有软件故障和硬件故障的混合呈现，想要快速准确找出具体原因几乎是不太可能的。那么，在实际工作中遇到计算机出现故障就束手无策了吗？答案是否定的，计算机产生故障的原因虽然很多，但是只要依据一定的思考分析原则，再加上恰当的维修处理方法，最终总能把疑难问题解决掉。因此，本节将给大家相对详细地介绍排除计算机故障的常用维修方法。

任务清单

任务清单如表 5–7 所示。

表 5–7　排除计算机故障的常用方法

任务目标	素质目标： 具有良好的心理素质和责任意识； 养成较好的问题逻辑分析习惯。 知识目标： 掌握排除计算机故障的常用方法； 掌握排除计算机故障常用方法的具体运用。 能力目标： 能够独立灵活运用排除计算机故障常用方法解决实际问题
任务重难点	重点： 养成良好操作习惯； 掌握在运用排除计算机故障常用方法时的注意事项。 难点： 灵活运用排除计算机故障常用方法解决实际问题
任务内容 *	掌握排除计算机故障常用方法的具体运用
工具软件	万用表、螺丝刀、镊子、剪线钳等
资源链接	微课、图例、PPT 课件、网络搜索关键字、视频动画等

知识链接

5.10 观察法的运用

所谓观察法，是指用眼看、用耳听、用鼻闻、用口问，加上简单的操作检测就能判断出故障原因的维修方法。那么，在实际使用过程中应观察什么？如何观察呢？

（1）与用户充分沟通，通过用户的描述来了解电脑出现故障前后的具体表现，从而判断是真故障还是假故障（操作性故障）。若是假故障，指导用户注意操作即可。

（2）观察用户电脑使用环境，环境温度、湿度、灰尘、市电稳定情况，若不符合说明书所要求范围，则建议用户改善周围环境后再使用。

（3）了解用户电脑的软硬件使用状态，包括软件种类、版本、驱动安装和硬件配置兼容性问题，找到问题的根源就好解决了。

（4）用户所描述的故障现象尽可能地让用户本人来操作，观察所述现象是否能复现，观察用户的操作方式方法是否得当。

（5）检测时注意观察系统板卡插头、插座是否歪斜，电阻、电容引脚是否短路，表面是否烧焦、凸起，芯片表面是否开裂，主板上铜箔是否烧断，查看有无异物掉进主板元器件之间（造成短路），也可查看板上有无烧焦变色之处，印刷电路板上的走线（铜箔）是否断裂等。

5.11 隔离法的运用

所谓隔离法，是指将可能会引起电脑故障的部件进行分离，从而判断故障现象是否消失的一种维修方法。它几乎存在每一次的维修过程中，是最基本的一种维修思路。那么，在实际使用过程中应隔离什么？如何隔离呢？

（1）硬件的隔离，从简单、容易操作的事情做起，隔离与电脑使用无关的外部物品，隔离电脑外部设备间的距离，逐个拔除或屏蔽可能会引起故障的部件，确定故障源。

（2）软件的隔离，停止或卸载可能会引起故障的应用软件或驱动程序，甚至可测试在安全模式下故障现象是否消失，判断是系统软件故障还是应用软件故障。

（3）隔离操作时，切记每隔离一个部件时都在断电的情况下进行，以免造成新的故障现象出现。

5.12 最小系统法的运用

所谓最小系统，是指用户反映计算机发生故障后，能使计算机故障现象复现或不复现的最基本硬件环境和软件环境。最小系统一定包含或排除与要判定的功能相关的硬件和软件，这就需要对电脑的基本工作原理有较为清晰的认识与理解。通常情况下，计算机最小系统可分为两种形式。

1. 硬件最小系统法

硬件最小系统由电源、主板、CPU、内存、显卡、显示器及辅助线路组成。整个系统可以通过主板 BIOS 报警声和开机 BIOS 自检信息来判断这几个核心配件部分是否可正常工作。

计算机硬件最小化系统，通常可分以下几种情况：

启动型最小化系统所需主要部件包括主板、电源、CPU（散热风扇）。

屏幕点亮型最小化系统所需主要部件包括主板、电源、CPU、内存、显卡、显示器。

进入系统界面型最小化系统所需主要部件包括主板、电源、CPU、内存、显卡、显示器、硬盘、键盘。

2. 软件最小系统法

在基本的硬件设备电源、主板、CPU、内存、显卡、显示器、键盘和硬盘基础上，启动操作系统并进入安全模式下判断系统是否可以完成正常的启动与运行。

计算机软件最小化系统，通常可分以下几种情况：

能正常进入 BIOS 设置界面并可设置相关参数。

能正常进入 PE 操作系统界面并能正常操作。

能正常进入操作系统安全模式。

能正常进入操作系统使用界面，但某些功能模块失效。

最小系统法，主要是先判断在最基本的软、硬件环境中，系统是否可以正常工作。如果不能正常工作，即可判定最基本的软、硬件有故障，从而起到故障隔离的作用。

使用最小系统法的目的是隔离故障，它是隔离法的一种特殊形式。

5.13 逐步添加去除法的运用

所谓逐步添加法，是指以最小系统为基础，一次向系统添加一个部件硬件或软件部件，直至故障现象出现的维修方法。

所谓逐步去除法，是指以故障系统为基础，一次向系统去除一个部件硬件或软件部件，直至故障现象不出现的维修方法。

特别强调：每次添加或去除硬件部件时务必做到断电后才操作，而且每次添加或去除时不是同时添加或去除多个部件。

5.14 替换法的运用

所谓替换法，是指用好的部件去代替可能有故障的部件，以故障现象是否消失来判断的一种维修方法。特别强调：在进行替换之前，必须确认用来替换的部件是完好的。好的部件可以是同型号的，也可以是不同型号的。替换法是维修工程师最常用的方法，替换法是在使用其他维修方法基本确定到故障部件后所采用的一种维修方法。替换法在使用时，尽量遵循以下几个原则：

（1）根据“观察”现象，确定需要替换的部件或设备；

（2）根据“繁简程度”进行替换（遵循“从简单的事情做起”原则）；

（3）根据“故障率”来决定部件替换顺序，根据以往维修经验先从故障率高的部件开始检查维修。首先查看与怀疑有故障的部件相连接的连接线接触是否良好、安装是否到位等，然后替换怀疑有故障的部件，其次是替换供电部件，最后才是与之相关的其他部件。

替换部件是否有效，最终取决于部件替换前后故障现象是否发生了改变，或者所要排除的故障现象是否已经消失。另外需要注意的是，所替换下来的部件最好安装在本身运行正常的电脑上，观察是否出现故障，若能出现故障，则说明所替换的部件确实是故障件。

5.15 比较法的运用

所谓比较法，是指观察维修部件替换前后的现象是否发生改变的一种维修方法。比较法既可针对同一机器维修前后进行比较，也可将所修机器与其他正常机器进行比较。因此，我们要认识到，任何一个维修动作的目的是“改变”，没有改变的维修动作是无任何意义的。比较法在使用时，要注意以下几点：

（1）通常情况下，只对机器的外观、配置、现象三个方面进行比较。

（2）不同品牌机器一般不具有可比性，但在系统配置相当的情况下使用性能上具有可比性。

（3）同一品牌不同时期的软硬件产品一般不具有可比性。

（4）同一机器不同的使用环境针对某一使用性能具有可比性。

比较法的使用是维修效果的最佳验证方式。比较法除了用于维修服务过程，也可以应用于产品销售服务过程中，通过比较，可以让客户容易了解推荐产品的优越性。

5.16 特殊维修方法的运用

所谓特殊维修方法，是指在实际维修服务的过程中除了以上六种常用维修方法外，还可通过某些特殊而又快捷的维修操作来解决故障问题的维修方法。不同的工程师有不同的经验技巧，在此仅介绍以下几种特殊维修方法：

（1）释放电荷法，是指在机器完全断电的情况下，按住主电源开关 3 s 或按开关键 3 次，以达到释放机器残余电荷的目的。这一方法通常能解决看似很复杂的故障现象。

（2）清除法，是在释放残余电荷后无法排除故障时清除 CMOS 缓存信息或清除机器内部灰尘，就能解决问题的维修方法。此方法往往简单而有效。

（3）升降温法，是通过提高或降低电脑使用环境的温度来查看故障现象是否变化的维修方法，有时也可单独升高或降低某部分电路工作电压来观察元器件温度是否异常。

（4）敲打法，一般用于怀疑电脑中某部件有接触不良而产生故障时的特殊维修方法，通过振动、适当的扭曲，甚至用橡胶锤敲打部件或设备的特定部件来使故障复现或不复现，从而判断故障部件的维修方法。

任务实施

（1）分组讨论（可根据班级人数情况来分）。

每个小组由组长组织按照本节学习内容进行有序讨论分析，组内每位成员必须共同参与，并由副组长负责做好讨论记录。

（2）按照服务规范话述要求对表内所列故障现象进行分析讨论，最后由讲师根据记录结果进行综合评比，并按约定的奖励机制进行奖励。

（3）填写表5-8，记录讨论过程，完成实训报告。

表5-8　计算机故障通用维修方法的运用记录表

维修案例	方法运用	分析讨论过程（只描述关键点）	结果（最终方案）
笔记本电脑玩游戏随机黑屏			
笔记本电脑间歇性蓝屏 蓝屏故障偶尔发生，不易重现 用户安装非正版操作系统 机器安装了多个安全软件（瑞星，360安全卫士，金山保镖）			
笔记本电脑经常不加电 主机外接有UPS电源 电脑插板接有空调 主机内部插有非标配的独立显卡 主机后面USB口连接了一个打印机、扫描仪、手写板			
台式电脑噪声大			
一台笔记本电脑刚装好纯净版操作系统，使用驱动自动安装工具，装好驱动以后系统就变得很慢，而且随时死机			
间歇性蓝屏 工程师通过最小系统法基本锁定故障件为内存、CPU、主板			

续表

维修案例	方法运用	分析讨论过程（只描述关键点）	结果（最终方案）
AMD 平台的台式机经常随机性加电无显，工程师通过最小化判断内存故障，更换内存故障排除，但换下来的内存返回厂商却被判定为无故障，这是为何？			
刚买的笔记本电脑温度很高 工程师测试后发现温度正常，用户不认可			
笔记本间歇性蓝屏，更换主板后故障排除，但用户反映 CPU 风扇噪声大，使用起来不太放心。经检测该风扇噪声属于正常范围，并非故障			

直通职场 如何排除笔记本电脑黑屏故障？

职场情境：顾客送修一台笔记本电脑，故障现象为显示黑屏。工程师应采何种维修方法来处理呢？

情境分析：出现此故障现象，可能存在的原因有很多，首先按照故障诊断的基本原则和流程进行分析，然后选择最合适的维修方法进行处理。处理思路和维修方法参考如下：

（1）采用观察法，观察机器外观是否有磕碰痕迹，观察屏幕是否有裂纹，屏幕上是否只显示一个鼠标箭头。外观有磕碰痕迹有可能是屏幕损坏或显示接口松动引起的。屏幕有裂纹，则必须要换屏幕了。若屏幕上只显示一个鼠标箭头，可以按下“Ctrl+Shift+Esc”组合键调出“任务管理器”，如图 5–8 所示。单击展开左上角菜单项文件选择“运行新任务”，如图 5–9 所示。在弹出的方框中输入 explorer.exe，单击“确定”即可，如图 5–10 所示。或者采用软件系统最小化进行测试，电脑重启进入安全模式，搜索“程序和功能”进入后按时间排序找到最近安装的程序并卸载尝试。

（2）采用替换法，首先外接一个显示器观察显示是否正常。若正常，则说明主板、内存、显卡、硬盘是正常的，可能是屏线或屏幕损坏引起的，可优先更换屏幕；若不正常，则说明主板、内存、显卡可能存在故障，可优先重装或更换内存条处理。

解决方案：认真观察现场具体现象时发现，屏幕上只显示一个鼠标箭头，按图 5–8、图 5–9、图 5–10 所示操作后得到解决。

图 5–8 按下“Ctrl+Shift+Esc”组合键调出“任务管理器”

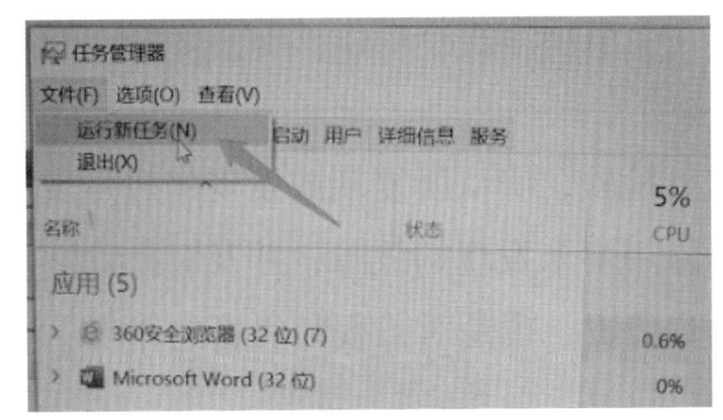

图 5-9　单击展开左上角菜单项文件选择“运行新任务”

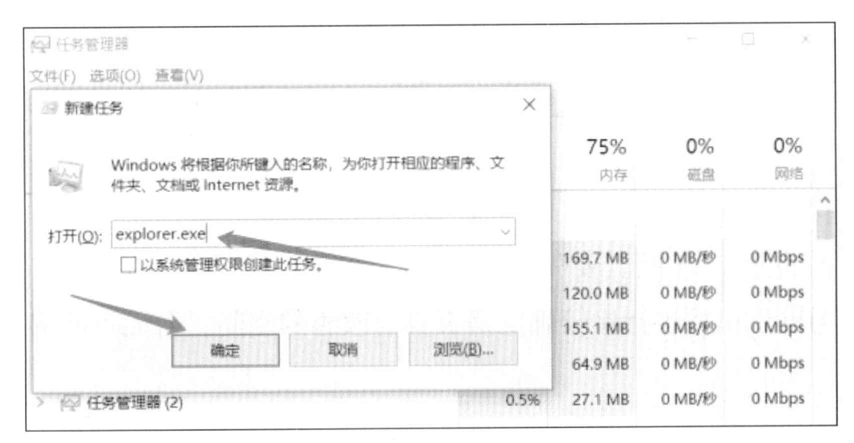

图 5-10　输入 explorer.exe

知识拓展　电脑维修的四个基本步骤及其注意事项

维修的四个基本步骤：

1. 了解情况

在维修服务开始前，与用户进行充分沟通，尽可能地了解故障发生前后的情况，如故障何时发生、发生的频次、故障发生前做过哪些操作，所使用的软硬件环境如何等，进行初步的判断。使现场维修效率及判断的准确性得到提高。了解用户所述的故障现象与技术标准是否有冲突或误解。在向用户了解情况的过程中，有时也能有效地挖掘客户潜在的需求，促成产品的销售，提升服务品质。

2. 复现故障

在与用户充分沟通的情况下，需确认用户所报修故障现象是否真实存在，是否还有其他故障存在。避免判断失误，提高故障诊断准确性和一次服务到位率。进行故障复现时切记安全问题，避免故障范围的扩大。复现操作尽量由用户本人来操作，过程中可以观察用户的操作习惯是否得当以及故障现象是如何出现的。

3. 判断维修

对所见的故障现象进行判断、定位，找出产生故障的原因，并进行修复。在进行判断维修的过程中，应遵循“诊断计算机故障的基本原则”“诊断计算机故障的流程”“排除计算机故障的常用方法”及“维修注意事项”进行操作。

4. 检验验机

故障机器维修后必须进行检验，确认所复现或发现的故障现象是否已得到解决，且不存在其他可见故障，尽可能消除用户未发现的故障，并及时排除它。检验验机是维修过程中的一个重要环节，它既是对用户负责，也是对工程师负责的体现。

维修注意事项：

1. 随机性复杂故障

针对随机性复杂故障时，要先了解故障发生的频次、时间、环境、操作等，然后根据维修经验或求助于技术支持找到稳定故障的规律和方法；其次根据先软后硬的原则进行谨慎换件维修。

2. 感受类或特定“问题”

针对感受类或特定“问题”，要先根据厂商既有标准判断用户的需求是否属于正常使用范畴，而后判断与同款机型进行比较确定是否具有改善的空间，若无可改善的空间，则应谨慎维修。

3. 软件调试安装应注意的问题

在使用纯净版操作系统、官网驱动安装时，皆应对数据谨慎操作（电脑有价、数据无价）；在应用软件出现故障时可尝试安装其他版本。

4. 清洁维修时

在做清洁维修时，应注意选择合适的清洁工具，进行全方位的清洁处理。过程中一律禁止带电操作，对于受潮（或进液）的机器应采取“先清洁后自然风干”的处理原则。

工作任务 5　分析计算机常见故障案例

任务描述

在现在科技发达的时代，计算机在我们的日常生活、工作中已经不可或缺，它带给我们方便，提高了我们工作的效率。但是，只要是个东西就会出现故障，计算机也不例外。接下来就给大家介绍下计算机常见的故障案例。

微课：分析计算机常见故障案例

任务清单

任务清单如表 5-9 所示。

表 5-9　分析计算机常见故障案例

任务目标	素质目标： 具有良好的心理素质和责任意识； 养成较好的问题逻辑分析习惯。 知识目标： 掌握计算机常见故障的产生原因； 掌握计算机常见故障的基本处理方式方法。 能力目标： 能够独立灵活排除计算机故障，解决实际问题
任务重难点	重点： 掌握计算机常见故障的基本处理方式方法。 难点： 独立灵活排除计算机故障，解决实际问题
任务内容 *	掌握计算机常见故障的产生原因及其处理的方式方法
工具软件	万用表、螺丝刀、镊子、剪线钳等
资源链接	微课、图例、PPT 课件、网络搜索关键字、视频动画等

知识链接

5.17 台式计算机常见故障诊断分析案例（部分案例仅供参考）

部件	故障原因	常见故障现象	处理方案	注意事项
主板	电子元器件虚焊或损坏、线路腐蚀断线、与外接部件不兼容不匹配	不启动、不显示、死机、重启、蓝屏等各式各样的故障现象都可能与主板有关	维修主板 更换主板	切记确定主板以外的部件无故障后才做更换主板决定
	主板 Cache 损坏	无法安装应用软件或运行时易死机	在 COMS 设置中将“External Cache”项设置为“Disable”即可	
	键盘接口异常	开机自检时提示“Keyboard Interface Error”后死机	维修键盘接口 更换主板	
	与驱动程序不兼容	无法正常进入系统界面	更新驱动程序	
内存	内存条接触不良 内存条安装不到位	主板不启动，无显示，发出报警声（“嘀嘀”叫个不停）	擦拭金手指 正确安装内存条	清洁内存插槽 安装时必须在断电的情况下进行 严格按照技术拆装规范安装内存条（垂直均匀用力）
	无法识别（断针） 与主板不匹配 内存损坏	主板不启动，开机无显示，无报警声	更换内存条	
显卡	显卡接触不良	主板不启动，无显示，显卡发出报警声（一长两短鸣叫）	清洁显卡插槽 正确安装显卡	若显卡装在其他机器上显示正常，则说明是与主板不兼容引起的
	显卡损坏或与主板不兼容	开机后“嘀”一声自检通过，不显示图像，关机重启等现象	更换显卡	
	显示器与主板不兼容	开机显示横纹或不显示	更换显示器	

续表

部件	故障原因	常见故障现象	处理方案	注意事项
CPU	主板无供电 插座缺针或松动 风扇异常 频率设置不对	主板不启动，开机无显示，无报警声	维修更换主板 调整插针 加固风扇安装 清除 CMOS	清除 CMOS 除采用跳线方式外，还可将 CMOS 电池取下待机显示，进入 CMOS 设置后关机，再装上电池即可
扩展插槽	扩展模块损坏 扩展插槽异常	主板不启动，开机无显示，无报警声	更换扩展模块 更换主板	
开关键	按键按下无法复位	开机反复重启，或无法启动	更换按键	
电源	电源输出不稳定	开机几分钟后自动关机	更换电源	
		每次开机过程都会自动重启一次后才进入操作系统		此现象也可能是主板故障引起的
	电源自动保护异常	每次开机需把电源插头拔下再重插后才能启动	改善市电环境 更换电源	确保市电正常后才更换电源
	系统对电源控制异常	出现关机界面后自动重启	安装系统补丁 重装系统	
BIOS	受毒破坏，极易造成硬盘数据丢失	主板不启动，开机无显示，无报警声	重写 BIOS 程序更换主板	
CMOS	CMOS 电池电量低或损坏 CMOS 数据丢失或无法保存	开机启动提示电量低 开机风扇转动但不启动 开机启动后易死机	更换 CMOS 电池	
温控失常	主板温控安装异常或温控感应器损坏	风扇狂转，蓝屏不显示	正确安装温控线 更换温控感应器	

5.18 笔记本电脑常见故障诊断分析案例（部分案例仅供参考）

故障现象	故障原因（不局限此）	处理方案	注意事项
不开机，黑屏	线路异常	检查线路	
不开机，有显示	1. 屏幕提示：CMOS checksum error— Defaults Loaded 2. 卡 logo 无法进入系统界面	1. 更换 CMOS 电池或调整 BIOS 设置 2. 重装操作系统	

续表

故障现象	故障原因（不局限此）	处理方案	注意事项
开机，无显示	1. 内存安装异常或损坏 2. 显示屏线或显示屏故障 3. 主板或 CPU 故障	1. 重装或更换内存 2. 重装或更换屏线、屏 3. 维修或更换主板	更换主板前可先尝试清除CMOS 设置可否解决
开机或运行死机	1.CPU 散热异常导致重启死机 2. 显卡或显卡驱动异常 3. 病毒、木马入侵 4. 主板阻容元件变值引起 5.CPU 异常	1. 清理、加固散热风扇或更换散热器及风扇 2. 更新显卡驱动或更换显卡 3. 设置防火墙，杀毒 4. 维修或更换主板 5. 更换 CPU	
重启、自动关机	1. 电源输出供电不稳导致 2. 病毒、木马入侵 3. 散热不良或过温保护设置异常 4. 硬盘坏道损坏引起 5. 主板阻容元件老化变值引起	1. 检查市电，电源本身 2. 设置防火墙，杀毒 3. 改善散热环境，调整过温保护 4. 更换硬盘 5. 维修或更换主板	加装 UPS 电源 清理灰尘
显示蓝屏	1.CPU 超频过高 2. 内存异常（容量小，接触不良，不兼容，质量差） 3. 部件间不兼容，发生冲突 4. 部件质量差 5. 软件故障（病毒、设置等）	1. 降低频率 2. 重装或更换内存 3. 更新部件驱动程序 4. 更换质量保证部件 5. 磁盘清理、编辑注册表、系统还原	
无法进入系统界面	1.BIOS 引导设置错误 2. 系统安装引导错误	1. 正确设置 BIOS 系统引导模式 2. 对应设置系统引导	
开机花屏	1. 冷开机花屏（环境温度过低） 2. 间歇性花屏（屏本身或显卡）	1. 建议在常温下使用 2. 更换屏幕或显卡	在 BIOS 下花屏则非软件故障

任务实施

（1）分工分组（可根据班级人数情况来分）。

每个小组由组长组织按照本节学习内容进行有序讨论分析，组内每位成员共同参与，并由副组长负责做好讨论记录。

（2）每组挑选出三个典型故障案例，按照本学习领域中的工作任务 3 的“知识拓展”“电脑故障诊断分析参考模板”的形式在大海报纸上画出来，最后由讲师从每个小组中挑选出较为合理的图例进行评比、总结和奖励。

直通职场　电脑系统运行的优化调试和处理

职场情境：组织学员进行校内或校外社区服务，为校内老师或社区居民的各类电脑问题进行服务，将所学知识应用到实际工作中去，让故障诊断解决能力得以充分提升。

情境分析：在实施校内或校外社区服务的过程，通常会遇到以下几类问题：电脑运行速度慢、电脑容易发烫等。因此，在服务时通常可采用以下措施：

（1）系统优化调试（在“开始”运行中输入命令 msconfig 回车进入“任务管理器”，禁用与开机无关的应用启动程序（其中除 Microsoft---、Intel--、nividia--、AMD--、杀毒软件不能取消外，其他的程序都可以禁用），如图 5-11 所示。

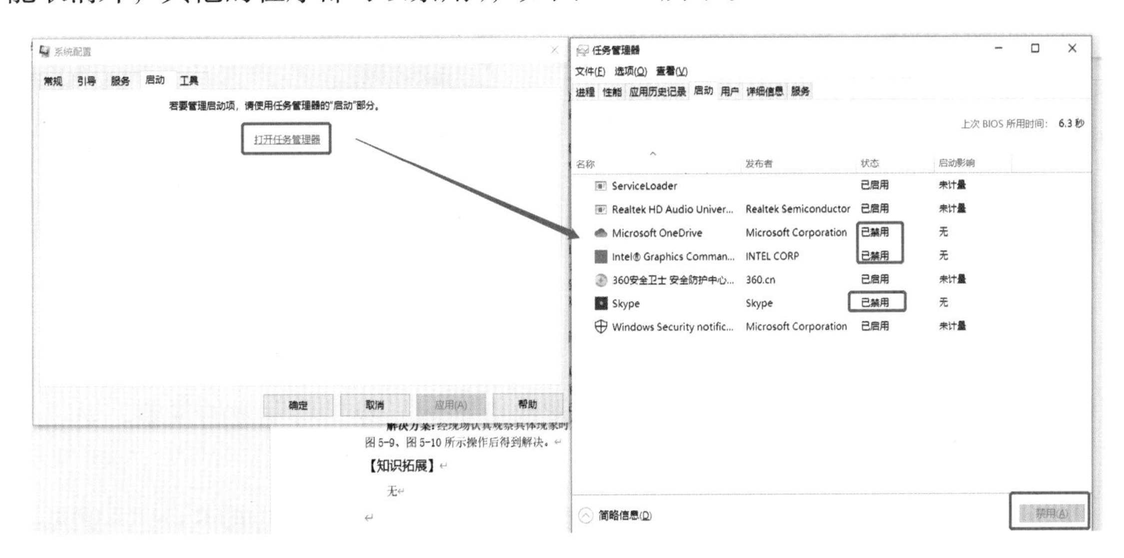

图 5-11　禁用与开机无关的应用启动程序

（2）定期进行磁盘清理（打开计算机，然后单击要清理的硬盘，右击菜单栏，单击“属性”，然后在弹出的框中，单击“磁盘清理”，最后就会弹出磁盘清理的选项框，进行勾选需要选择的项，单击“确定”，就会开始进行磁盘清理），操作指引参考图 5-12 所示磁盘清理。

图 5-12　磁盘清理

（3）只安装一个杀毒软件（杀毒软件只装一个即可，建议选用占用内存较少的杀毒软件）。

（4）C 盘只装系统软件，桌面少文件（电脑的启动都是从默认的系统盘 C 盘进行加载，C 盘内容过多就容易导致开机运行速度慢，尤其是很多用户的电脑桌面都是应用软件图标或者快捷方式，这样系统每次开机就要加载一遍，需要占用很多时间和空间。另外，建议尽量把应用软件安装在非 C 盘上，内存主要是在 C 盘运行，软件过多，内存空间变小，开机当然就慢了）。

（5）清理机器内部积灰，特别是 CPU 风扇和出风口位置，如图 5–13、图 5–14 所示。

图 5–13　清理机器内部积灰

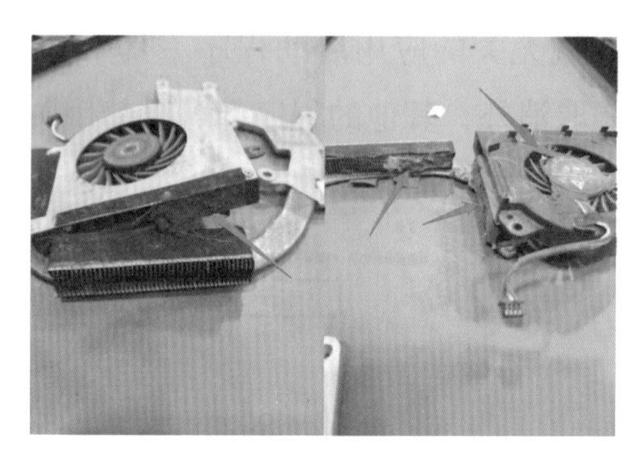

图 5–14　清理 CPU 风扇和出风口积灰

解决方案：对系统进行优化调试，定期清理磁盘，只保留一个杀毒软件，C 盘尽可能只安装系统软件，定期做整机立体保养，能很好解决电脑运行慢、易发烫的现象。

知识拓展　电脑部件非损图片说明（非损：非正常损坏）（见图5–15~图5–23）

图 5–15　接口类非损 1

图 5–16　接口类非损 2

图 5–17　接口类非损 3

图 5–18　主板 PCB 板烧毁

图 5–19　主板浸液氧化

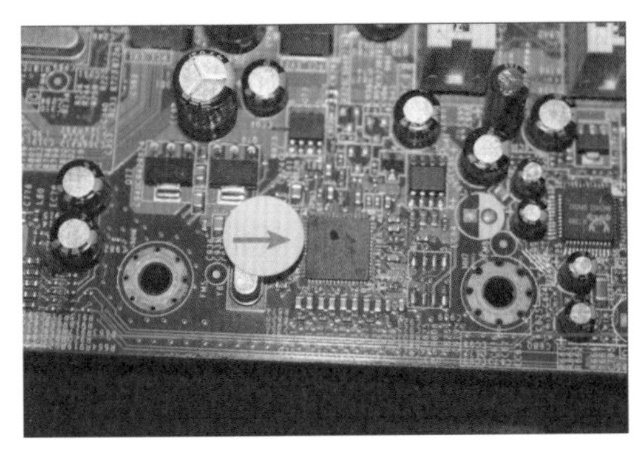

图 5-20 主板芯片烧毁（网卡芯片）

图 5-21 主板芯片烧毁（串并口芯片）

图 5-22 主板物理损伤 1

图 5-23 主板物理损伤 2

达标检测

一、选择题（5 题单选，5 题多选）

（多选）1. 计算机故障通常可分为哪两大类？（ ）

A. 软件故障 B. 主机故障 C. 外设故障 D. 硬件故障

（单选）2. 计算机无法上网，一定属于软件故障吗？（ ）

A. 是 B. 否

（多选）3. 计算机维修的四项基本原则是指（ ）

A. 先想后做（规划原则） B. 先软后硬，先外后内（谨慎原则）

C. 抓核心问题（核心原则） D. 从简单的事情做起（从简原则）

（单选）4. 用户反映她的显示器偏蓝。工程师首先检查了显示器与主机连接的电缆插头，结果发现，有一个针脚弯了，造成与另一个针脚发生短路，在此案例中工程师用的是什么方法？（ ）

A. 对比法 B. 隔离法 C. 观察法 D. 最小硬件系统法

（单选）5. 维修步骤的顺序是（ ）。

A. 复现故障，了解情况，判断维修，检验验机

B. 了解情况，复现故障，判断维修，检验验机

C. 了解情况，复现故障，检验验机，判断维修

D. 了解情况，判断维修，复现故障，检验验机

（多选）6. 对于复现故障来说，需要注意的是（　　）。

A. 操作习惯是否符合正常标准要求　　B. 是否还有其他问题或是其他问题引起

C. 注意人身及数据安全　　D. 避免故障范围扩大

（单选）7. 以下说法中完全正确的是（　　）。

A. 检验机器不是对自己负责而是对用户负责的体现

B. 清洁并不是维修过程中重要的一个环节

C. 维修步骤是维修的一般过程，必须遵守

D. 维修注意事项是根据自己的个人维修经验得来的

（单选）8. 电脑运行一段时间后变慢，应检查（　　）。

A. 是否后台打开过多应用程序占用大量内存

B. 是否中了病毒

C. 是否安装了过多的应用程序导致硬盘空间不足

D. 以上都是

（多选）9. 如何判断台式一体机在无显示的情况下是否有自检开机动作？（　　）

A. 听硬盘旋转的声音　　B. 看硬盘工作指示灯

C. 看键盘控制指示灯　　D. 听进入系统的声音

（多选）10. 机器在使用过程中自动关机，可能的原因有哪些？（　　）

A. 电源模块自身故障　　B. 主机系统负载短路故障

C. 温度过高异常断电　　D. 温度过低异常断电

二、综合应用

1. 请列举计算机软件故障产生的主要原因有哪些，并具体列举至少 5 个常见故障现象。

2. 请列举计算机硬件故障产生的主要原因有哪些，并具体列举至少 5 个常见故障现象。

3. 请阐述电脑在启动阶段硬件故障诊断分析流程。

4. 请阐述电脑维修过程中应遵循的四个基本步骤及其注意事项。

5. 请分析下笔记本电脑出现重启、自动关机故障时，通常会有哪些故障原因，应分别采取什么样的处理方案来解决。

学习领域六

PC机性能测试与系统优化

知识导图

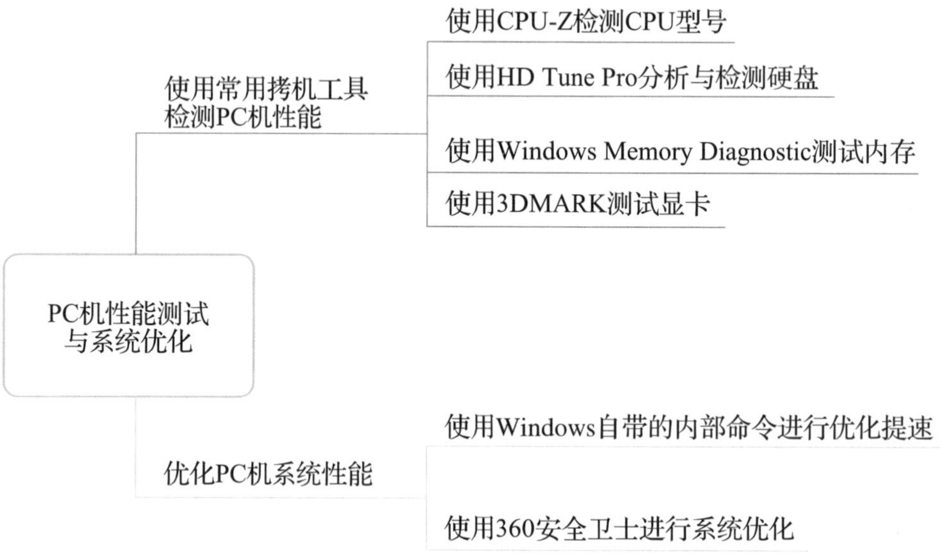

PC机性能测试与系统优化

- 使用常用拷机工具检测PC机性能
  - 使用CPU-Z检测CPU型号
  - 使用HD Tune Pro分析与检测硬盘
  - 使用Windows Memory Diagnostic测试内存
  - 使用3DMARK测试显卡
- 优化PC机系统性能
  - 使用Windows自带的内部命令进行优化提速
  - 使用360安全卫士进行系统优化

工作任务 1　使用常用拷机工具检测 PC 机性能

任务描述

一台计算机功能强弱或性能好坏，不是由某一项指标决定的，而是由它的系统结构、指令系统、硬件组成、软件配置等多方面因素综合决定的。拷机是指整机组装之后，需要对计算机进行测试，了解计算机的实际性能，一般先使用特定的软件，使机器在高负荷下工作一段时间，以此来检查机器的稳定性。让电脑不关机运行 1~2 天，不运行任何软件，是最基础的拷机，主要看电脑的基本硬件的兼容性能，如果没有问题 ，再运行大型程序进行拷机，比如大型游戏，可以看出来内存和显卡等硬件的工作情况。

我们可以通过一些专业测试软件对系统中的 CPU、硬盘、内存、显卡等进行测试。比如用 CPU-Z 测试 CPU，用 HD Tune Pro 测试硬盘，用 Windows Memory Diagnostic 测试内存，用 3DMARK 测试显卡等。

任务清单

任务清单如表 6-1 所示。

表 6-1　使用常用工具检测 PC 机性能

任务目标	素质目标： 具有良好的团队合作和责任意识； 养成规范化操作的职业习惯。 知识目标： 掌握使用常用拷机软件进行 PC 机性能检测的方法； 理解 PC 机性能测试参数的含义。 能力目标： 能分组合作完成 PC 机性能测试
任务重难点	重点： 掌握 CPU-Z、HD Tune、3DMARK、Windows Memory Diagnostic 测试方法； 了解 AIDA64 全面检测 PC 机的方法。 难点： 故障现象解析

续表

任务内容	1. 使用 CPU-Z 检测 CPU； 2. 使用 HD Tune Pro 分析与检测硬盘； 3. 使用 Windows Memory Diagnostic 测试内存； 4. 使用 3DMARK 测试显卡； 5. 使用 FurMark 与 GPU-Z 判断显卡故障； 6. 使用 AIDA64 全面检测 PC 机性能
工具软件	PC 机 1 台； 本节课用到的测试软件； 计算机性能测试结果记录表
资源链接	微课、图例、PPT 课件、实训报告单

任务实施

（1）分工分组。

3 人 1 组进行演练，组内每人轮流完成一次场景演练。

工程师 1 人：使用不同软件进行拷机。

记录员 1 人：负责对照记录表进行性能测试结果记录，并提交结果。

摄像 1 人：负责对演练全程记录。

（2）按照技术规范进行面对面交互演练，10 min 内完成，提交结果记录表，根据视频及记录结果互评。

（3）每组提供计算机一台，并准备好如下软件：

① CPU-Z 1.96.0.x64。

② HD Tune Pro（硬盘检测工具）5.0。

③ 3D 显卡测试大师（3DMARK 11）2017 v1.0.5。

④ FurMark_1.10.1。

⑤ GPU-Z.0.7.8。

⑥ AIDA64 extreme。

（4）填写表 6-2，记录性能测试结果，完成实训报告。

表 6-2　计算机性能测试结果记录表

部件	性能测试结果
CPU	
硬盘	
内存	
显卡	
其他	

知识链接

6.1 使用CPU-Z检测CPU型号

软件名称：CPU-Z 1.96.0.x64。

软件大小：2.4 MB。

软件语言：简体中文。

软件授权：免费版。

应用平台：Windows ALL。

CPU-Z 是一款检测 CPU 信息的免费软件，它支持全系列的 Intel 以及 AMD 品牌的 CPU 检测，可以提供全面的 CPU 相关信息报告。它可以鉴定处理器的类别及名称、探测 CPU 的核心频率以及倍频指数、探测处理器的核心电压、探测处理器所支持的指令集、探测处理器一二级缓存信息，包括缓存位置、大小、速度等，探测主板部分信息，包括 BIOS 种类、芯片组类型、内存容量、AGP 接口信息等，1.55 以上版本可以支持查看显卡的详细信息。

安装运行后界面如图 6-1 所示，可以看到处理器、缓存、主板、内存、SPD、显卡等相关信息。从图 6-1 中我们可以看出，该 CPU 的型号为 Intel Core i7 7200U，主频为 698.29 MHz，倍频为 7，可依此求出外频为 100 MHz。也可通过该软件检测出 CPU 的指令集以及缓存大小等。

图 6-1 CPU-Z 运行界面

6.2 使用HD Tune Pro分析与检测硬盘

软件名称：HD Tune Pro（硬盘检测工具）5.0。

软件大小：394 KB。

软件语言：简体中文。

软件授权：免费。

应用平台：Windows ALL。

HD Tune Pro 是一款专业的磁盘检测及分析工具，可以检测硬盘传输速率、硬盘健康状态、读写速度、坏道扫描等，如果使用 HD Tune Pro 检测硬盘状态为健康、读写速度无异常下降现象、扫描无坏道，即可初步判断硬盘无硬件故障。

下载并运行该软件后，在软件的主界面中首先看到“基准”功能，直接单击右侧的“开始”按钮执行检测，软件将检测硬盘的传输速率、存取时间、CPU 占用率，让用户直观判断硬盘的性能。如果系统中安装了多个硬盘，可以通过主界面上方的下拉菜单进行切换，包括移动硬盘在内的各种硬盘都能够被 HD Tune 支持，通过 HD Tune 的检测，了解硬盘的实际性能与标称值是否吻合，了解各种移动硬盘在实际使用中能够达到的最高速度。

单击“健康”选项卡，在此选项卡上可以直接查看硬盘的健康状态；其中最有意义的是“C7 Ultra DMA CRC 错误计数”，如果此项出现黄色警告，通常代表硬盘的 SATA 线可能存在问题，可以拔插 SATA 线后再测试，如仍无效则考虑换 SATA 线测试，如图 6-2 所示。

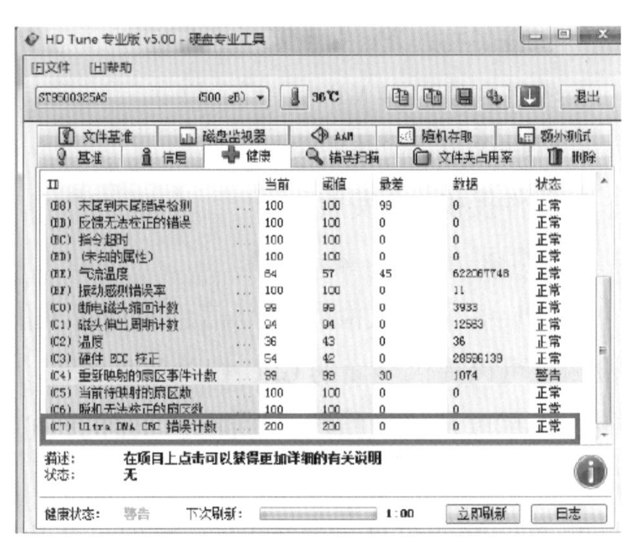

图 6-2　HD Tune 健康检测

单击“基准”选项卡，可以对硬盘的读取状态进行测试（注意测试前关闭所有后台程序，同时测试过程中不要对硬盘作读写操作），如果发现硬盘的读取速度变化波动较大，则可怀疑硬盘存在问题，如图 6-3 所示，左图的硬盘状态是正常的，右图的硬盘状态是异常的。

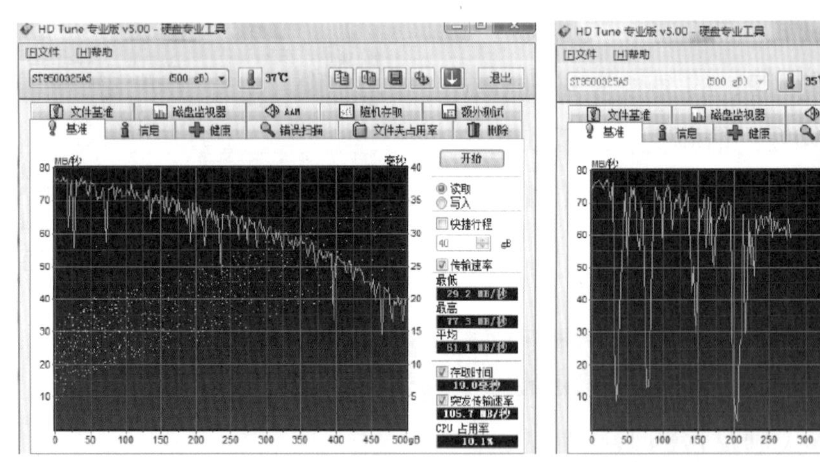

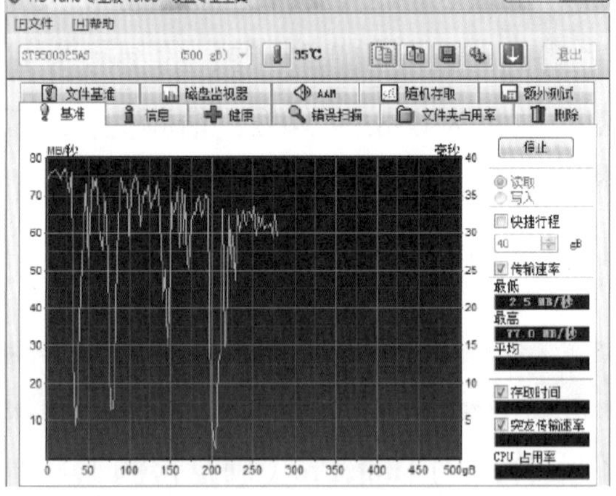

图 6-3　HD Tune 读取状态测试

单击“错误扫描”选项卡，可以对硬盘的磁盘坏道进行扫描，首先勾选“快速扫描”进行一次扫描，如果检测不出坏道可取消勾选后再完整扫描一次，如果扫描发现坏道，这些坏道也不一定是物理坏道，有可能是逻辑坏道，因此建议备份硬盘数据后，对硬盘做一次全盘格式化，如果格式化完成后再检测依然有坏道则可判断为物理坏道。如图 6-4 所示，图中红色的方块即为坏块，可以看出，这块硬盘坏块太多，已经不能再使用了，此时应该及时备份数据，更换硬盘。

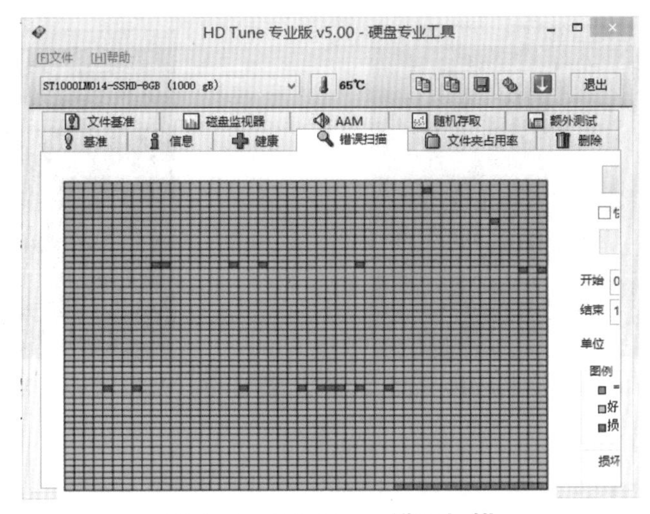

图 6–4　HD Tune 错误扫描

6.3　使用Windows Memory Diagnostic测试内存

维修服务中，可以使用 Windows Memory Diagnostic 软件，对内存进行检测。

（1）按下 Windows 徽标键，在出现的搜索框中输入“内存”，系统会自动出现与内存有关的操作。勾选“Windows 内存诊断”。

（2）出现“Windows 内存诊断”对话框，可以根据需要选择。比如，选择了“立即重新启动并检查问题”，电脑会立即重启，并自动运行内存诊断程序，如图 6–5 所示。

图 6–5　Windows 内存诊断

（3）图 6–6 所示为自动运行的内存诊断程序正在检查内存问题，如果发现内存问题，会显示红色报错信息。

（4）除了在 Windows 桌面状态启动用内存诊断工具，也可以在开机后 Windows 启动时按下“F2”键，会出现如下界面，这时按下“Tab”键切换到“Windows 内存诊断”，然后执行即可，如图 6–7 所示。

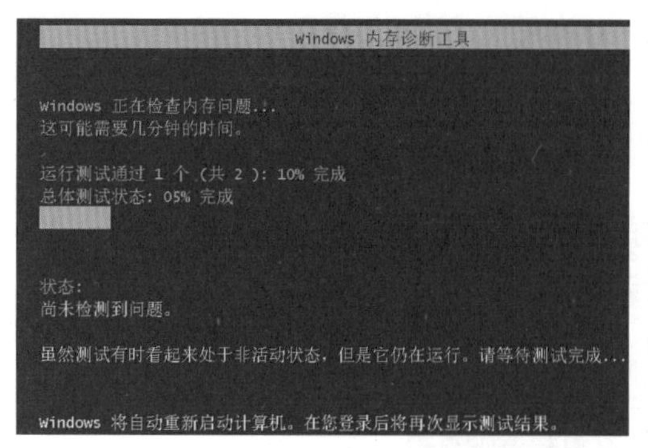

图 6–6　自动运行的内存诊断程序界面

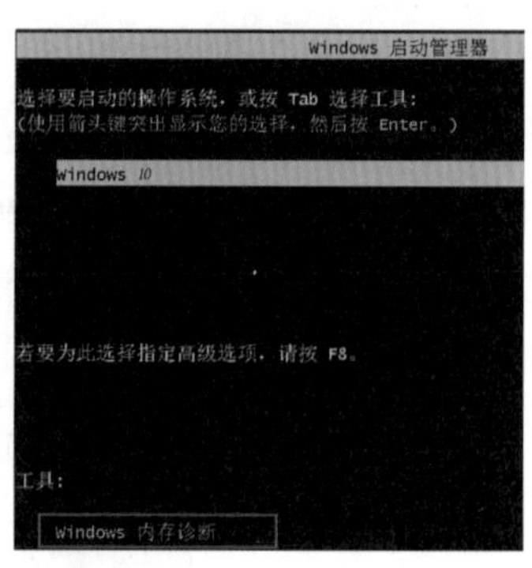

图 6–7　开机时进入 Windows 内存诊断界面

6.4　使用3DMARK测试显卡

软件名称: 3D 显卡测试大师（3DMARK 11）2017 v1.0.5。

软件大小: 270 MB。

软件语言：中文。

授权方式：破解版。

应用平台: Windows ALL 。

3DMARK 是 Futuremark 公司出品的专门测试显卡性能的软件，属于显卡性能评测领域的权威性软件，它要求显卡必须支持 DirectX 11 技术，因此，对于只支持到 DX9 或 DX10 的旧显卡不适用，3DMARK 11 版本分为基础版（Basic Edition）、高级版（Advanced Edition）、专业版（Professional Edition）三种。软件的 Basic 版本可免费使用，但免费版本无法实现循环测试，需要手动使用 P 模式测试；对于玩游戏过程中花屏、死机等情况，可使用此软件来判断是否为显卡硬件问题，图 6–8（左）所示为 3DMARK 11 运行界面。

打开软件后，选择 P 模式，再选择“运行 3DMARK 11”，P 模式完全能发挥计算机性能，E 模式和 X 模式需要注册码解锁升级后使用，如图 6–8（右）所示。

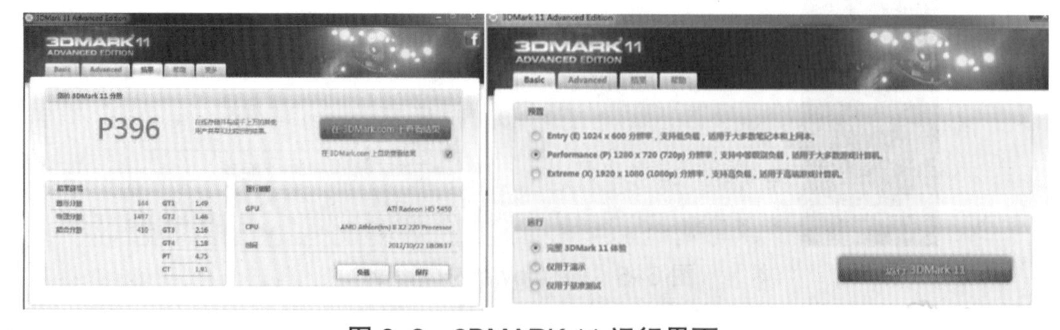

图 6–8　3DMARK 11 运行界面

直通职场　显卡过热会导致出现花屏、黑屏现象吗？

故障现象：客户反映，电脑在使用一段时间以后，出现了花屏甚至死机，有时重新启动后，出现了黑屏的现象。

故障解析：

（1）首先打开机箱并启动计算机，在系统运行时用手触摸显卡芯片的背面及显存，感觉温度过高。

（2）使用 FurMark 软件对显卡进行加压拷机测试。

首先进入 FurMark 界面，将分辨率调整到显示屏的推荐分辨率，设置完成后，单击 Burn-in test，在弹出的警告框上单击“GO”，开始拷机，如图 6-9（左）所示。

单击“Settings”勾选“Dynamic background（动态背景）”“Burn-in（拷机测试）”“Xtreme Burn-in（极限拷机）”，同时勾上“GPU temperature alarm（GPU 温度报警）”，报警温度默认为 100℃，可不修改，也可保险起见改为 90℃，勾选完成后单击“OK”，如图 6-9（右）所示。

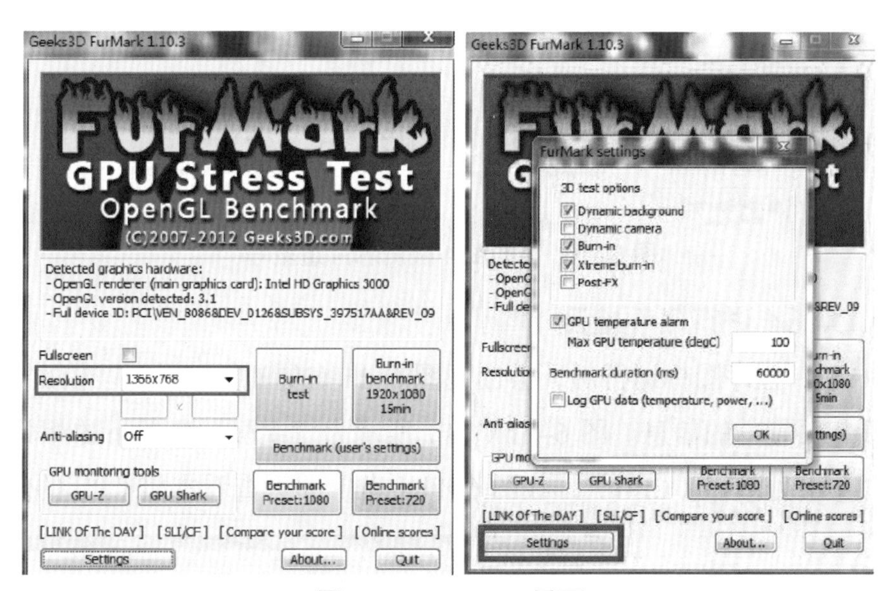

图 6-9　FurMark 界面

（3）拷机过程中，可以另行打开一个 GPU-Z 软件来查看显卡温度情况；显卡温度超过 95℃就有可能出现花屏、黑屏、自动关机、死机等异常问题了，同时显卡温度过高还会引起机器内其他部件温度同步上升。一般情况，显卡温度超过 85℃就有可能引起整机运行异常；反之，如果显卡能扛住 2 h 的极限拷机，且温度没有超过 85℃，就可以初步判定显卡正常。显卡在玩游戏时通常 GPU 的占用率也只到 60%~70%，但 FurMark 软件可以让 GPU 持续保持在 99%~100% 的占用率上，也就是让显卡持续处于满负荷状态，因此，如果运行 FurMark 连续拷机 2 h 以上都不出现问题，且温度也在正常范围内，即可初步判定为显卡无硬件故障。

解决方案：

1. 清理显卡散热风扇，给客户耐心细致的解释话语；

2. 给客户建议：更换显卡。

知识拓展 使用AIDA64全面检测PC机性能

1. 使用 AIDA64 检测芯片组型号

双击“AIDA64”程序图标运行后，会出现如图 6–10 所示界面。依次单击“主板”→“主板”，在右侧就会显示出此主板的详细信息，如图 6–10（左）所示。单击“主板”或“芯片组”，在设备描述处选择相应的芯片设备。在下方就会显示出此设备的详细信息，如图 6–10（右）所示。

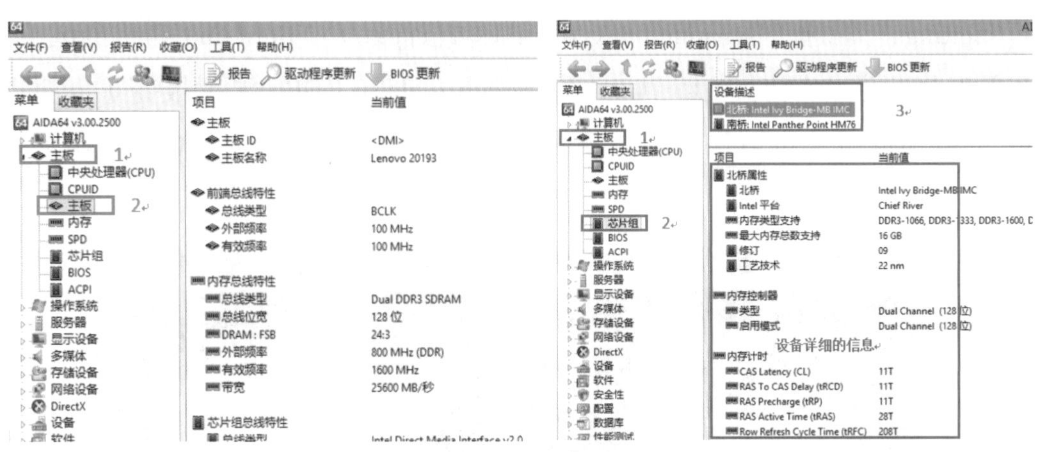

图 6–10 AIDA64 检测芯片组型号

2. 使用 AIDA64 进行硬件检测

双击“AIDA64”程序图标运行后，会出现图 6–11（左）所示界面。依次单击左侧菜单，就可以选择查看相关硬件的信息。图 6–11（左）所示为“主板”菜单下的相关硬件；选中一个选项，比如“中央处理器（CPU）”，在图 6–11（右）即可查看本机 CPU 的信息。

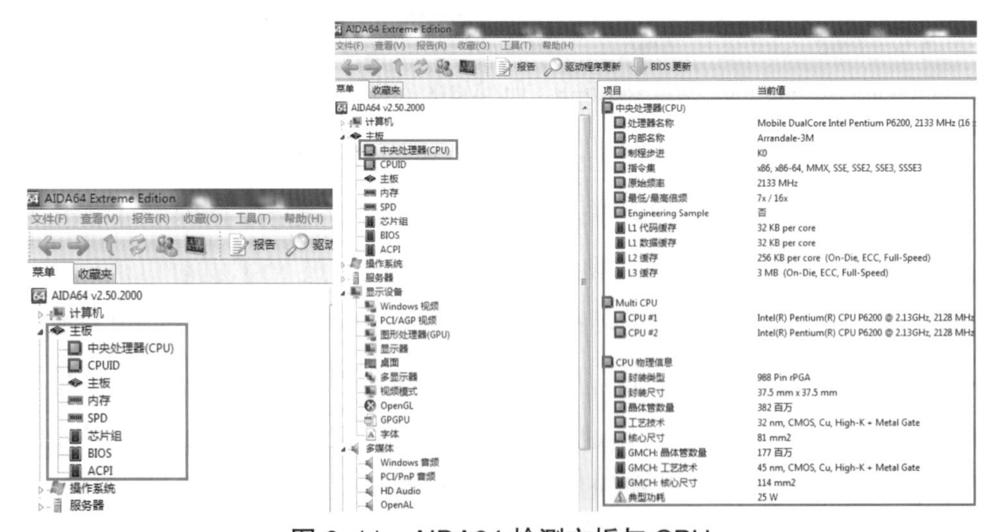

图 6–11 AIDA64 检测主板与 CPU

还可以查看“显示设备”菜单下的相关硬件，如图 6–12（左）所示，比如“图形处理器（GPU）”，在右侧即可查看本机 GPU 的信息：也可以查看“Windows 存储”，如图 6–12（右）所示，在右侧选中一个即可查看 PC 机存储设备的信息。

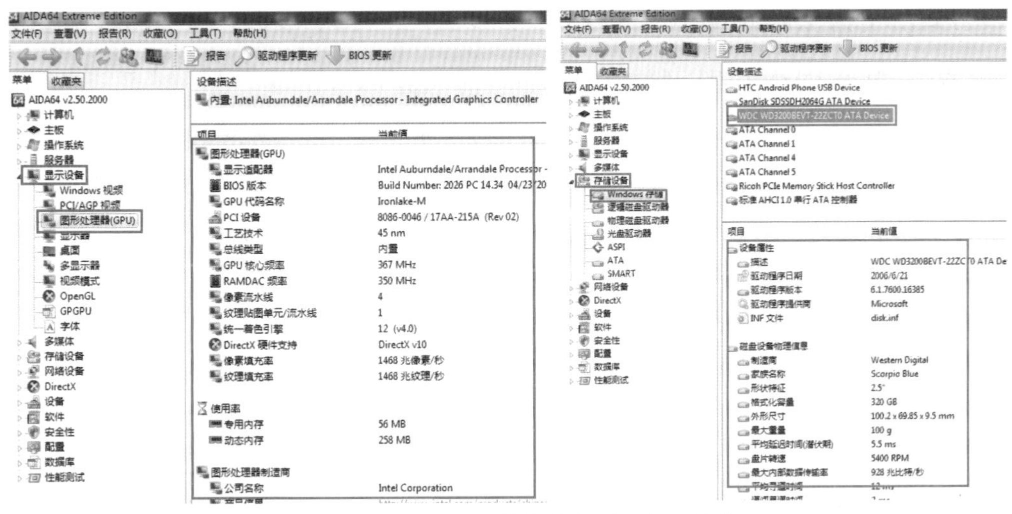

图 6–12　AIDA64 检测显示和存储设备

如需硬件检测报告，单击“报告”图标，会出现“报告向导”，按照提示创建本机信息报告。创建的被测 PC 机信息报告如图 6–13 所示。

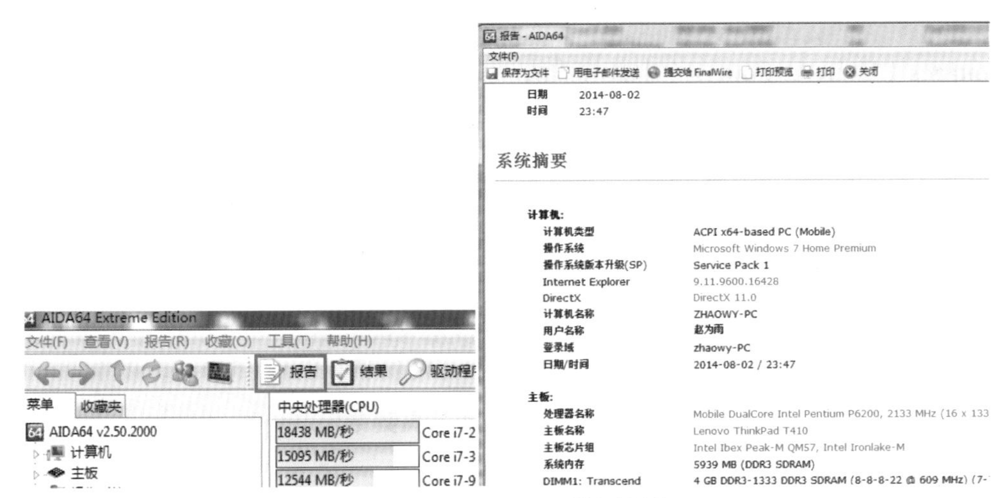

图 6–13　AIDA64 检测报告

还可以获取传感器温度。单击菜单“计算机”，然后单击“传感器”，在右侧即可查看从本机传感器获取的相关信息，如关键部件的温度、风扇转速等，如图 6–14 所示。

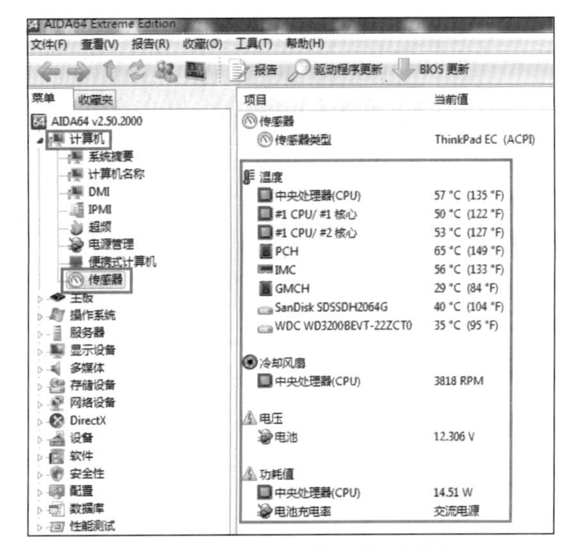

图 6–14　AIDA64 检测传感器温度

3. 使用 AIDA64 进行硬件稳定性测试（含温度）

AIDA64 是一款比较全面的硬件检测、分析、拷机工具，它的稳定性测试功能可以同时测试 CPU，FPU（浮点运算单元、CPU 中的运算处理模块）、CPU 缓存、GPU、内存、硬盘，常用于超频后的系统稳定性测试。如果使用 AIDA64 的系统稳定性测试 2 h 以上都不出现问题，且 CPU、GPU 温度也在正常范围内，即可初步判断 CPU、GPU 无硬件故障。

双击“AIDA64”程序图标运行后，会出现如图 6–15 所示界面。单击左侧菜单中的“性能测试”选项，选中要进行测试的项目，然后单击“ ”图标即可开始测试，如图 6–15 所示。

单击“工具”菜单，可以对个别项目进行测试，比如单击“系统稳定性测试”，如图 6–16 所示，然后单击“Start”按钮即开始整机稳定性测试，测试过程中会显示关键设备信息，如 Temperatures（温度）、Cooling Fans（风扇）、Voltages（电压）、Powers（电源）等，如图 6–17 所示。

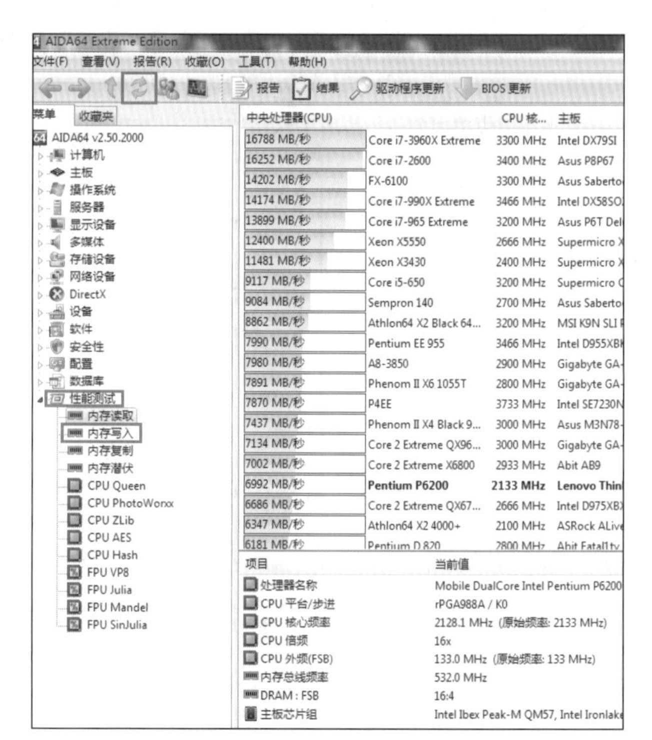

图 6–15 AIDA64 硬件稳定性测试

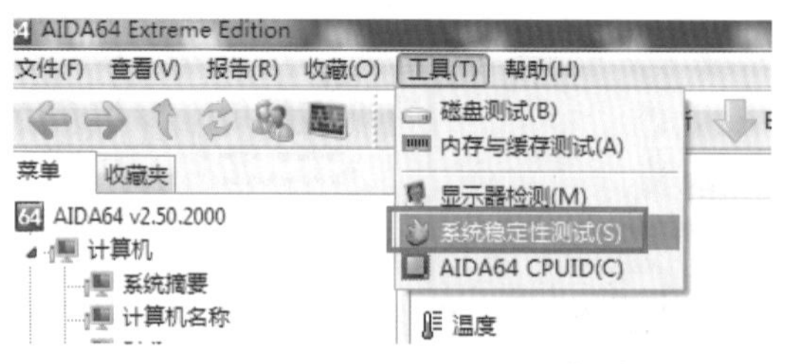

图 6–16 AIDA64 工具菜单

图 6–17 AIDA64 系统稳定性测试

4. 使用 AIDA64 进行硬盘参数检测

双击“AIDA64”程序图标运行后，会出现如图 6–18 所示界面。依次单击“存储设备”→“ATA”即可查看到硬盘的详细参数。

图 6–18 AIDA64 进行硬盘参数检测

5. 使用 AIDA64 软件检测内存

双击“AIDA64”程序图标运行后，会出现如图 6–19（左）所示界面。依次单击“主板”→“SPD”即可查看到内存的详细参数，如果电脑安装有多条内存，可以在右侧上面的“设备描述”中选择后查看。查看安装在“DIMM2”插槽的内存信息，如图 6–19（右）所示。

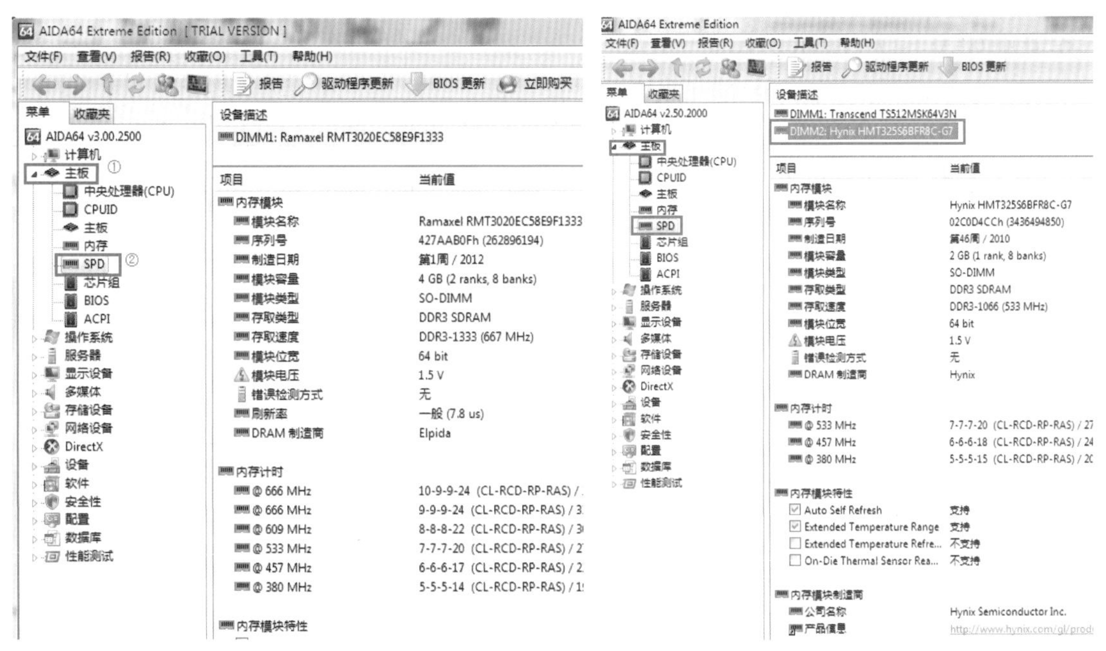

图 6–19 AIDA64 检测内存

工作任务 2 优化 PC 机系统性能

任务描述

PC 系统使用的过程中，经常需要安装一些软件，时间长了，系统的运行速度会变慢，因此计算机系统的性能优化便显得尤为重要。本任务主要讲述当计算机系统运行不佳时，我们应该从哪些方面着手分析，如何根据故障现象使用合适的软件进行开机启动优化、缓存清理、常用软件管理，减少安装常用软件不必要的自启动等，对系统进行优化提速，以达到 PC 机系统性能的最佳状态。

微课：优化 PC 机系统性能

任务清单

任务清单如表 6–13 所示。

表 6–3 优化 PC 机系统性能

任务目标	素质目标： 具备积极的心态以及与客户耐心细致的沟通能力； 具备检修过程中规范化操作、诚实守信的责任意识。 知识目标： 掌握使用系统内置命令优化提速 PC 机的方法； 了解 360 安全卫士优化系统的常用方法。 能力目标： 能分组合作完成 PC 机系统性能优化
任务重难点	重点： 掌握 msconfig、regedit、控制面板灯常用系统内置命令优化方法； 了解 360 安全卫士、Windows 优化大师使用方法。 难点： 送修 PC 机过程中，如何与客户进行良好沟通
任务内容	1. 使用 Windows 自带内部命令进行优化提速； 2. 使用 360 安全卫士进行系统优化； 3. 使用 Windows 优化大师进行系统优化
工具软件	PC 机 1 台； 本节课用到的优化软件； 计算机性能优化结果记录表
资源链接	微课、图例、PPT 课件、实训报告单

任务实施

（1）分工分组。

3 人 1 组进行演练，组内每人轮流完成一次场景演练。

工程师 1 人：使用不同软件进行优化；

记录员 1 人：负责对照记录表进行性能优化结果记录，并提交结果；

摄像 1 人：负责对演练全程记录。

（2）按照技术规范进行面对面交互演练，10 min 内完成，提交结果记录表，根据视频及记录结果互评。

（3）每组提供计算机 1 台，并准备好如下软件：

①使用手工方式进行系统优化并做好记录。

②使用 360 安全卫士进行系统优化并做好记录。

③使用优化大师进行系统优化并做好记录。

（4）填写表 6-4，完成实训报告。

表 6-4　计算机性能优化结果记录表

项目	优化结果
系统内置命令优化	
360 安全卫士	
Windows 优化大师	

知识链接

6.5　使用Windows自带的内部命令进行优化提速

1. 加快系统启动速度

在系统桌面，按快捷键“Win+R”，在弹出的对话框中输入“msconfig”命令，弹出“系统配置”对话框，选择“引导”标签，如图 6-20 所示。

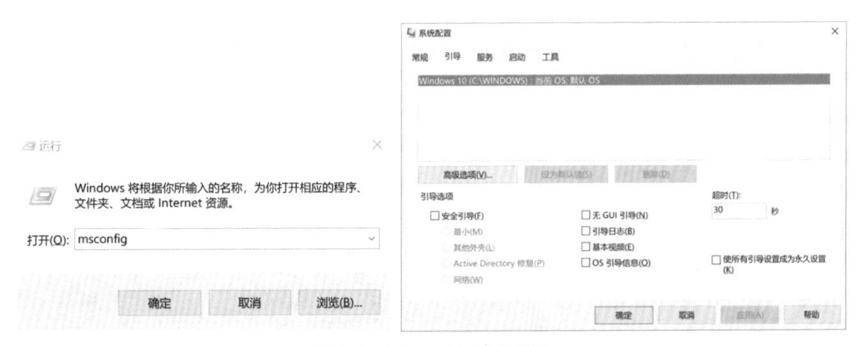

图 6-20　系统配置

单击“引导高级选项”按钮，可以看到将要修改的设置项，如图 6–21 所示。勾选“处理器个数”和“最大内存”复选框，计算机可选项中 CPU 的个数会自动生成最大值，内存也会自动生成可用内存的最大值。

图 6–21 引导高级选项

2. 加快系统关机速度

在系统桌面，按快捷键“Win+R”在弹出的对话框中输入“regedit”命令，可打开“注册表编辑器”窗口，如图 6–22 所示。找到 HKEY_LOCAL_MACHINE/SYSTEM/CurrentControlSet/Control 选项，可以发现其中有“WaitToKillServiceTimeOut”，可以看到系统默认数值是 5000（代表 5 s），右击该选项，在弹出的快捷菜单中选择“修改”选项，弹出对话框可以修改关机速度，如图 6–23 所示。

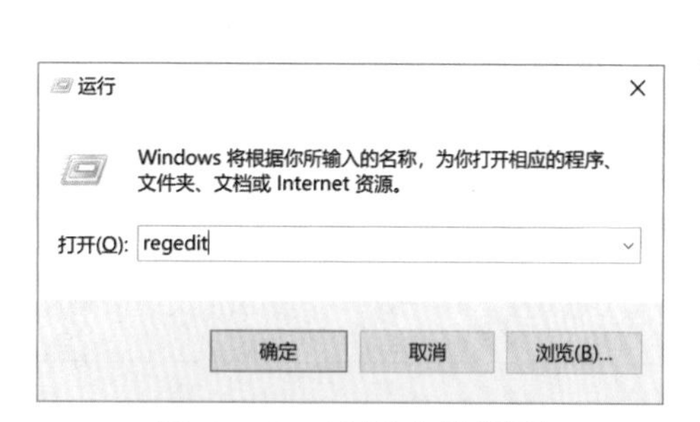

图 6–22 注册表编辑器

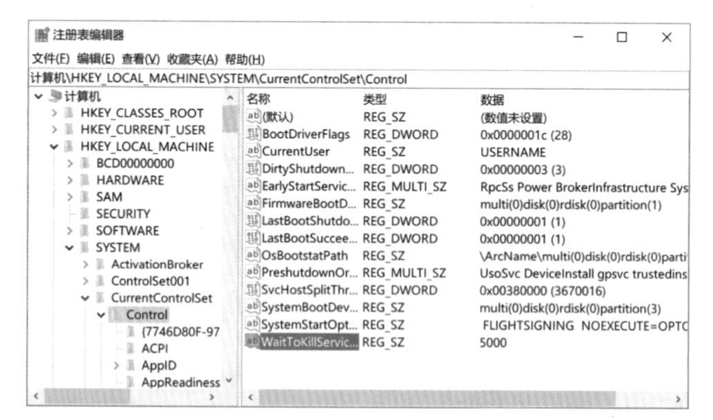

图 6–23 修改关机速度

3. 关闭系统搜索索引服务

首先，打开“控制面板”，查看方式选择“小图标”，打开“索引选项”。进入“索引选项”以后，单击“修改”，直接将“更改所选位置”窗口中的勾选全部去掉，然后单击“确定”即可关闭索引功能，如图 6–24 所示。

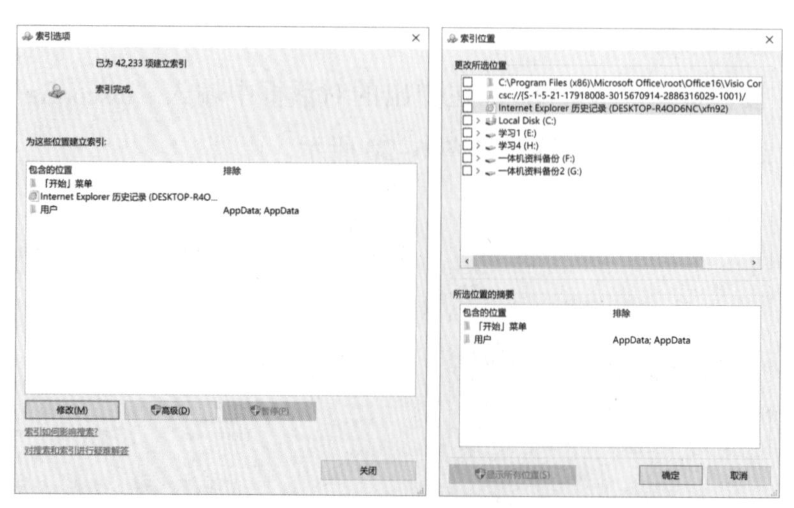

图 6–24 关闭索引功能

此方法只适用于有良好文件管理习惯的用户，因为其非常清楚每一个需要的文件存放在何处，需要使用时可以很快找到，关掉该服务对于节省系统资源是大有帮助的。

4. 优化系统启动项

PC 机使用过程中，用户不断安装各种应用程序，而其中的一些程序会默认加入系统启动项中，但这对于用户来说造成了开机缓慢。清理系统启动项可以借助一些系统优化工具来实现，也可以使用系统自动的程序优化提速，按快捷键“Win+R”，在弹出的对话框中输入“msconfig”命令，弹出“系统配置”对话框，选择“启动”选项，单击“任务管理器”，如图 6–25 所示，找到不需要的启动项，单击右键选择“禁用”，重新启动就起作用了，从而加快系统的启动速度。

图 6–25　优化系统启动项

6.6　使用360安全卫士进行系统优化

360 安全卫士是一款由奇虎公司推出的安全杀毒软件。其界面如图 6–26 所示。360 安全卫士拥有木马查杀、清理插件、主页修复、修复漏洞、勒索病毒防御、电脑体检、电脑救援、保护隐私、广告拦截、清理垃圾、清理痕迹等多种功能。360 安全卫士自身非常轻巧，还具备开机加速、垃圾清理等多种系统优化功能，可大大加快计算机运行速度，内含的 360 软件管家还可帮助用户轻松下载、升级和强力卸载各种应用软件，360 网盾可以帮助用户拦截广告，提供上网保护等。

图 6–26　360 安全卫士界面

下面介绍一下 360 安全卫士的几项常用功能：

（1）电脑体检功能，如图 6–27 所示。360 安全卫士在默认显示的首页上提供了电脑体检服务，用户只需单击首页界面上的“立即体检”按钮即可立即启动系统体检。电脑体检任务执行完毕自动显示体检报告，该功能针对系统故障、垃圾检测等进行检查，发现问题及时进行修复。

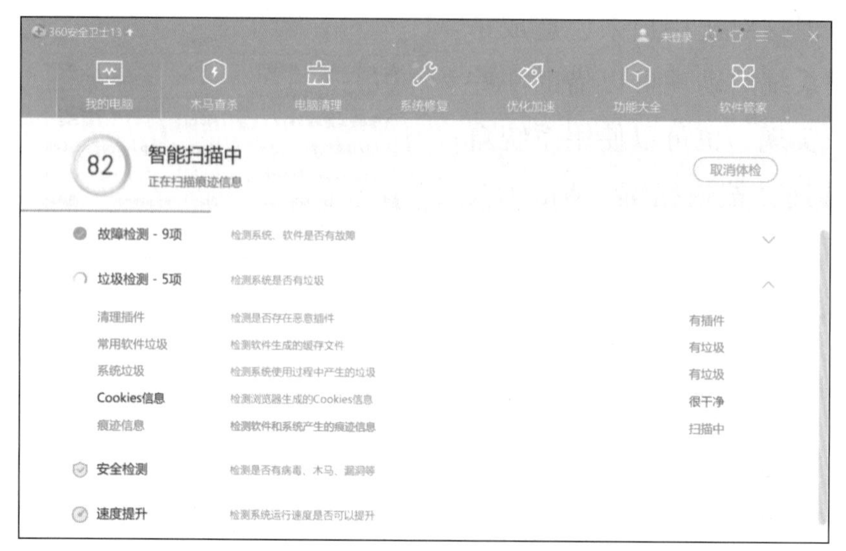

图 6–27　360 安全卫士电脑体检界面

（2）电脑清理功能，如图 6–28 所示。360 安全卫士内置“电脑清理”模块用于执行电脑垃圾清理服务，该模块内提供的服务包括清理垃圾、清理插件、清理痕迹、清理注册表等，此外还提供了一键清理服务，用户只需一键单击即可轻松执行上述所有清理任务。

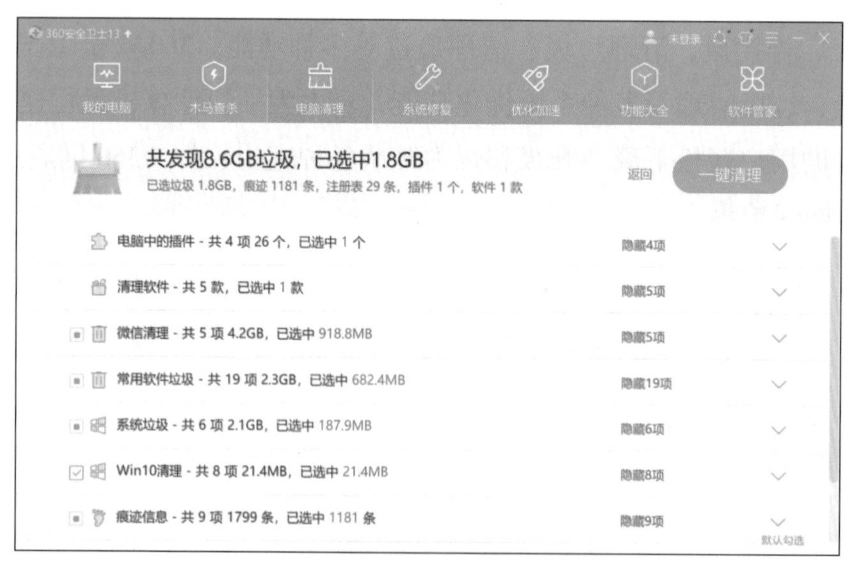

图 6–28　360 安全卫士电脑清理界面

（3）优化加速功能，如图 6–29 所示。360 安全卫士内置“优化加速”模块，提供一键优化、开机时间管理、启动项管理等服务，其中，“立即优化”服务可智能扫描用户的系统内存在的可优化项目，用户只需单击一下即可轻松执行优化操作。

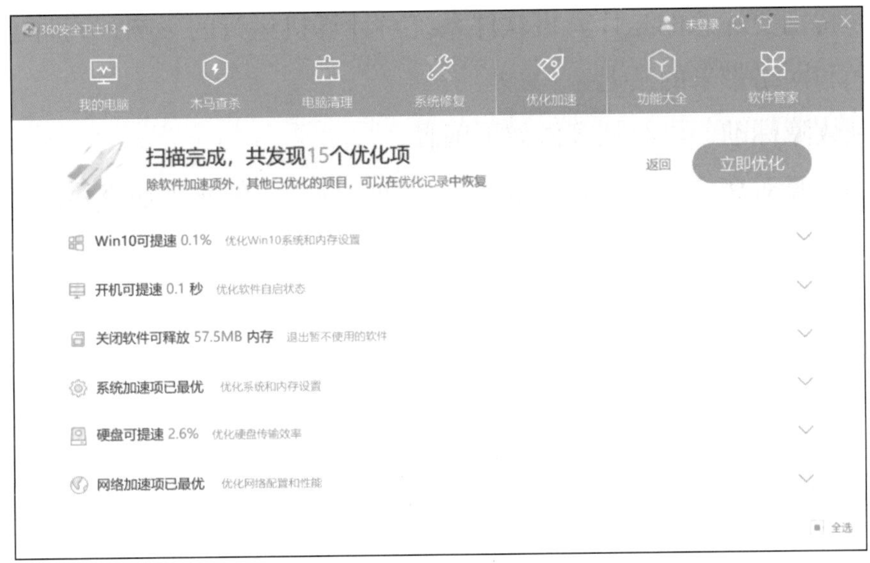

图 6-29　360 安全卫士优化加速界面

（4）软件管家。如图 6-30 所示。360 软件管家是 360 安全卫士中提供的一个集软件下载、更新、卸载、优化于一体的工具。借助 360 安全中心对软件渠道的严格安全监控机制，通过该工具，用户可以方便、快速地安装自己需要的软件、管理自己电脑上的软件。

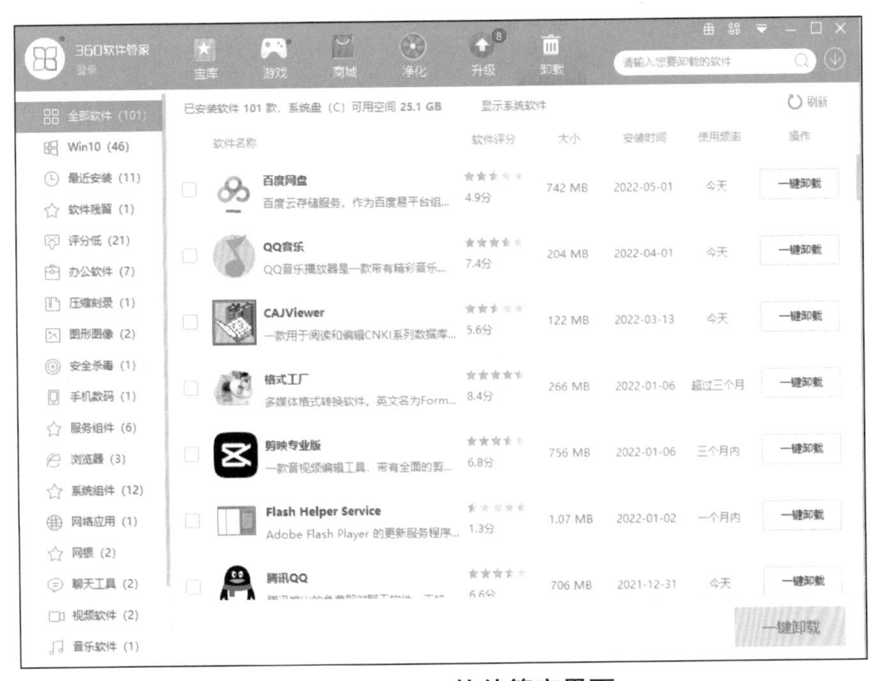

图 6-30　360 软件管家界面

直通职场　PC机为什么使用一段时间会变慢？

故障现象：客户反映，电脑在使用一段时间以后，运行速度明显变慢。

故障解析：

使用时间变慢是一个典型的感受类现象，是否慢、有多慢一般不能作为计算机故障的依据。当遇到这类问题时，首先，需要针对一些基本的硬件运行进行检查，优先判断计算机硬件的健康状态，特别要注意的是计算机软件系统对计算机运行的影响，同时也要注意区分系统正常反应时间和网络带来的延迟。

如未能达到故障标准，可给顾客做如下解释：

您好，我们已经对您的计算机硬件进行了详细的检查，发现您所演示或描述的现象并不是计算机硬件导致的。计算机属于精密的电子设备，其设备的损耗也不像机械设备的磨损一样体现出来的。所以不会因为硬件的老化而导致您的计算机越用越慢。

导致计算机这种情况的原因往往是外围系统或计算机本身的软件系统。我们的计算机和普通电器的最大区别就是其开放的软件界面环境，这在使我们拥有了最大的使用灵活度的同时也为其自己的稳定性带来了影响。

我们已经对系统进行了优化提速，同时也要注意，使用计算机也是需要良好的习惯和一定技巧的，如果不希望计算机系统很快变慢的话，建议在使用的时候多多注意，如有什么问题可以和我们联系询问，这样在不断提高操作水平的同时，计算机也会越用越顺手。

解决方案：

1. 优化系统，或者做好备份，重装系统，给客户耐心细致的解释话语；
2. 给客户建议：推荐增加内存，整机升级等进一步提高系统性能。

知识拓展 使用Windows优化大师进行系统优化

Windows 优化大师是一款功能强大的系统辅助软件，如图 6–31 所示。它提供了全面有效且简便安全的系统检测、系统优化、系统清理、系统维护四大功能模块及数个附加的工具软件。使用 Windows 优化大师，能够有效地帮助用户了解自己的计算机软硬件信息、简化操作系统设置步骤、提升计算机运行效率、清理系统运行时产生的垃圾、修复系统故障及安全漏洞、维护系统的正常运转。

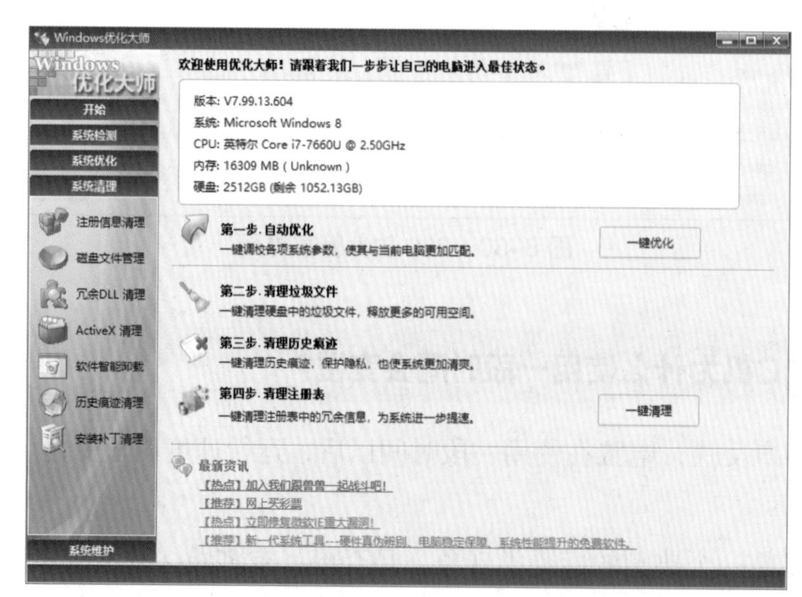

图 6–31 Windows 优化大师的系统优化运行界面

下面介绍 Windows 优化大师的几项常用功能：

1. 优化 PC 机

（1）打开 Windows 优化大师，进入软件界面。

（2）单击“一键优化”按钮，优化大师会一键调校各项系统参数，使其与当前电脑更加匹配。

（3）完成一键优化操作后，单击“一键清理”按钮，优化大师会一键清理硬盘中的垃圾文件，释放更多的可用空间，一键清理历史痕迹、注册表中的冗余信息，为系统进一步提速。图 6-32 所示为自动扫描系统内的垃圾界面。

图 6-32 自动扫描系统内的垃圾界面

（4）扫描完毕，系统会提示“Windows 优化大师将要删除全部扫描到的文件或文件夹，确定吗？”如图 6-33 所示。单击“确定”按钮，按照提示删除需要清理的文件。

（5）此时系统会提示“全部删除前建议您进行注册表备份，要现在备份注册表请单击‘是’，如果您已经进行过手动备份请单击‘否’”，可根据需要进行选择，如图 6-34 所示。

图 6-33 一键清理报告界面

图 6-34 提示界面

2. 清理系统注册表

（1）在“系统清理”下一级功能菜单中单击“注册信息清理”按钮，然后在右窗格中选中要清理的注册表项目。建议选中 Windows 优化大师的推荐选项，并单击“扫描”按钮，如图 6-35 所示。

图 6–35 注册信息清理

（2）Windows 优化大师开始扫描指定类型的注册表信息，完成扫描后，选中确认属于垃圾信息的选项，并单击“确定”按钮，如图 6–36 所示。

（3）在弹出的提示用户备份注册表的对话框中，单击“是”按钮开始备份当前注册表，如图 6–37 所示。一旦注册表出现错误，可以通过单击“恢复”按钮将注册表恢复到删除前的状态。

（4）弹出确认删除注册表信息的对话框，单击“确定”按钮，并重新启动系统。

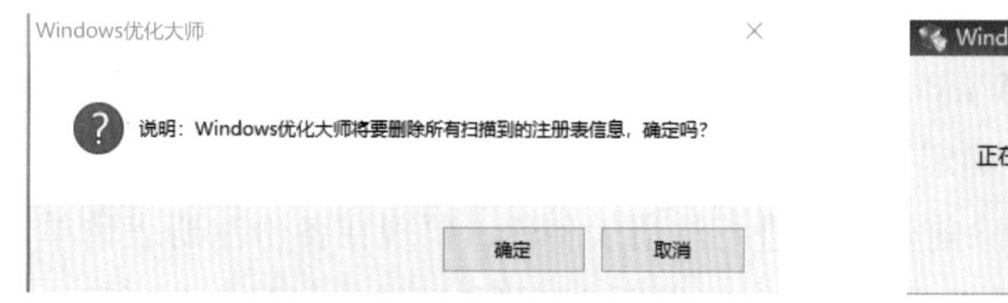

图 6–36 全部删除提示

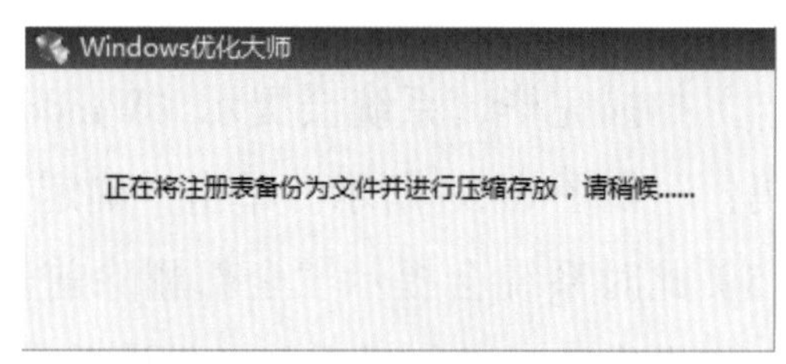

图 6–37 注册表备份提示

3. 对磁盘进行缓存优化

在很多时候，磁盘系统的性能可能会成为影响计算机性能的主要“瓶颈”。用户可使用优化大师对磁盘系统的性能进行缓存优化，从而提升计算机系统的整体性能。一般情况下，系统会自动设置使用最大容量的内存作为磁盘缓存，不过为了避免系统将所有的内存作为磁盘缓存，用户有必要对磁盘缓存空间进行设置，从而保证其他程序对内存的使用请求。

（1）打开 Windows 优化大师程序主窗口，在左窗格中单击“系统优化”按钮。

（2）在打开的下一级菜单中单击“磁盘缓存优化”按钮，这时在右窗格中会列出详细的优化项目，其中顶端的滑块用来设置“输入 / 输出缓存大小”，拖动滑块可以看到优化大师会根据计算机的物理内存容量推荐设置的参数，如图 6–38 所示。

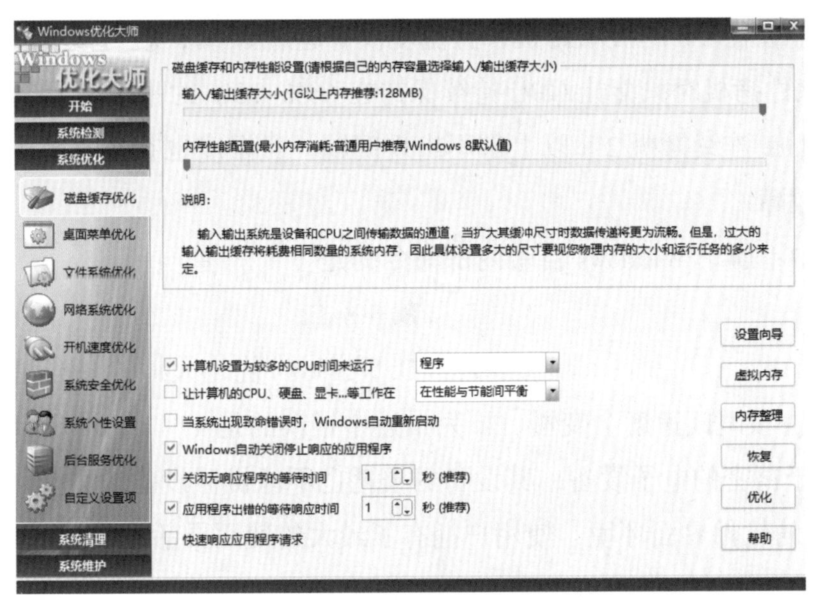

图 6-38 缓存优化

（3）勾选“计算机设置为较多的 CPU 时间来运行”复选框，并单击右侧的下拉按钮，选中“应用程序出错的等待响应时间”选项。

（4）单击“优化”按钮完成优化，根据提示重新启动计算机使设置生效。

达标检测

一、选择题

1. CPU–Z 软件是对 PC 机（　　）部件进行检测。

A. CPU　　B. 显卡　　C. 主板　　D. 内存

2. GPU–Z 软件是对 PC 机（　　）部件进行检测。

A. CPU　　B. 显卡　　C. 主板　　D. 内存

3. HD Tune 软件是对 PC 机（　　）部件进行检测。

A. CPU　　B. 显卡　　C. 主板　　D. 硬盘

4. 维修服务中，可以使用（　　），对内存进行检测。

A. Windows Memory Diagnostic　　B. GPU–Z

C. HD Tune　　D. CPU–Z

5. 3DMARK 软件是对 PC 机（　　）部件进行检测。

A. CPU　　B. 显卡　　C. 主板　　D. 硬盘

6. 出现花屏、黑屏现象的原因可能是（　　）

A. CPU 老化　　B. 显卡老化　　C. 主板老化　　D. 硬盘老化

7.FurMark 软件对显卡进行加压拷机测试，下列说法中错误的是（　　）。

A. 显卡温度超过 95℃就有可能出现花屏、黑屏、自动关机、死机等问题

B. 如果显卡能扛住 2 h 的极限拷机，且温度没有超过 85℃，就可以初步判定显卡正常

C. FurMark 软件拷机时只能让 GPU 持续保持在 60%~70% 的占用率上

D. 运行 FurMark 连续拷机 2 h 以上都不出现问题，且温度也在正常范围内，即可初步判定为显卡无硬件故障

8. 下列命令中不属于 Windows 自带内部命令的是（　　）。

A. msconfig　　B. regedit

C. ping　　D. Windows 优化大师“一键优化”命令

9. PC 机使用一段时间速度会变慢，下列描述中错误的是（　　）。

A. 计算机属于精密的电子设备，其设备的损耗也不像机械设备的磨损一样体现出来

B. PC 机开放的软件界面环境，使用户拥有了最大的使用灵活度的同时也对 PC 机的稳定性带来了影响

C. 使用计算机也是需要良好的习惯和一定的技巧的

D. 可能是 CPU 芯片坏了

10. 为什么要进行系统优化？下列描述中错误的是（　　）。

A. 减少安装常用软件不必要的自启动

B. 进行启动项目优化可优化提速系统的运行

C. 进行缓存清理可优化提速系统的运行

D. 系统优化是为了重新安装驱动程序

二、综合应用

1. 用一款测试硬盘的软件（自选），查明硬盘的名称、容量、转速、接口形式并记录下来。

2. 使用一款测试硬盘的软件（自选），查明硬盘的坏道并记录下来。

3. 使用一款综合测试的软件（自选），查明声卡、网卡、显卡、内存的各项技术指标。

4. 请你选择一款优化软件，对你当前使用的 PC 机进行缓存优化，并把优化结果记录下来。

5. 请你选择一款优化软件，对你当前使用的 PC 机进行注册表优化，并把优化结果记录下来。